Conexiones

Conexiones

Una historia de las emociones humanas

KARL DEISSEROTH

Traducción de
Martha Cecilia Mesa Villanueva

Papel certificado por el Forest Stewardship Council®

Título original: *Connections. A Story of Human Feeling*

Primera edición: abril de 2022

© 2021, Karl Deisseroth
Edición publicada bajo acuerdo con Random House,
una división de Penguin Random House LLC
© 2022, Penguin Random House Grupo Editorial, S. A. U.
Travessera de Gràcia, 47-49. 08021 Barcelona
© 2022, Martha Cecilia Mesa Villanueva, por la traducción

Printed in Spain – Impreso en España

ISBN: 978-84-17636-70-8
Depósito legal: B-2.684-2022

Compuesto en Pleca Digital, S. L. U.
Impreso en Black Print CPI Ibérica
Sant Andreu de la Barca (Barcelona)

C 636708

A nuestra familia

I offer you the memory of a yellow rose seen at sunset,
years before you were born.
I offer you explanations of yourself, theories about yourself,
authentic and surprising news of yourself.
I can give you my loneliness, my darkness, the hunger
of my heart; I am trying to bribe you with uncertainty,
with danger, with defeat.

JORGE LUIS BORGES, «Two English Poems»*

---

* «Te ofrezco el recuerdo de una rosa amarilla vista al atardecer, antes de que tú nacieras. / Te ofrezco explicaciones de ti misma, auténticas y sorprendentes noticias de ti misma, teorías acerca de ti misma. / Puedo darte mi soledad, mi umbría, el hambre de mi corazón; trato de sobornarte con la incertidumbre, con el riesgo, con la derrota». Trad. cast. de Gustavo Artiles, *El Trujamán. Revista de Traducción* (5 de diciembre de 2003).

Índice

Prólogo

Después de sonido, luz y calor, memoria, voluntad y entendimiento.

JAMES JOYCE, Finnegans Wake[1]

En el arte de la tejeduría, los hilos de la urdimbre son estructurales y fuertes y se anclan al origen, creando un marco en el que se entrecruzan las fibras a medida que se elabora el tejido. Al proyectarse más allá del borde que avanza en el espacio libre, esos hilos conectan el pasado ya formado, el presente irregular y el futuro todavía indefinido.

El tapiz de la historia humana tiene su propia urdimbre, cuyos hilos están arraigados en los profundos cañones de África oriental —que conectan las texturas cambiantes de la vida humana a lo largo de millones de años— y que incluye pictogramas cuyo telón de fondo son el hielo agrietado, los bosques angulosos, la piedra y el acero y las espléndidas tierras raras.

El funcionamiento interno de la mente configura estos hilos para crear en nuestro interior un marco sobre el que se puede materializar la historia de cada individuo. El sesgo y el color personales surgen a partir de los hilos entrecruzados de nuestras vivencias y experiencias, la fina trama de la vida, que se integra y oculta el armazón subyacente con una minuciosidad intrincada y a veces maravillosa.

He aquí una serie de historias acerca de este tejido deshilachado en la mente de quienes están enfermos; personas en las que la urdimbre quedó al descubierto, descarnada, y se volvió reveladora.

La desconcertante intensidad de las urgencias psiquiátricas brinda un contexto a todas las historias de este libro. Para que semejante escenario pueda revelar el tejido compartido de la mente humana, los estados internos alterados deben plasmarse con la mayor fidelidad posible. Por esta razón, las descripciones de los síntomas de los pacientes son reales y no se han modificado, para reflejar así la naturaleza esencial, el timbre y el alma verdaderos de dichas experiencias, aunque para mantener la privacidad se han cambiado muchos otros detalles.

Asimismo, las poderosas herramientas tecnológicas de la neurociencia que se describen —que complementan a la psiquiatría al ofrecer una manera diferente de estudiar el cerebro— también son del todo reales, a pesar de tener cualidades desconcertantes que parecen de ciencia ficción. Tal y como se detallan aquí, estos métodos se han extraído, sin introducir cambio alguno, de artículos revisados por expertos de laboratorios de todo el mundo, entre ellos el mío.

No obstante, incluso la medicina y la ciencia por sí solas resultan inadecuadas para describir la experiencia interna del ser humano, y por eso algunas de estas historias no se narran desde el punto de vista de un médico o de un científico, sino desde el del paciente, unas veces en primera o tercera persona y otras bajo estados alterados que se reflejan en el lenguaje alterado. Cuando las profundidades de una persona —sus pensamientos, sentimientos o recuerdos— se describen de esta forma, el texto no refleja ni la ciencia ni la medicina, sino un acercamiento de mi propia imaginación, prudente, respetuoso y humilde, para entablar una conversación con voces que nunca he oído y que solo he percibido en forma de ecos. El reto de intentar percibir y experimentar las realidades inusuales desde la perspectiva de un paciente constituye la esencia de la psiquiatría, que trabaja a través de las distorsiones tanto del observador como del observado. Sin embargo, es inevitable que las auténticas voces más íntimas de los ausentes y los silenciosos, de los que sufren y de los extraviados, permanezcan en la intimidad.

En este caso, la imaginación tiene un valor incierto y nada se da por sentado, pero la experiencia ha revelado las múltiples limitaciones de la neurociencia y la psiquiatría modernas cuando actúan por separado. Hace ya tiempo que las ideas de la literatura me parecen igual de importantes para entender a los pacientes; a veces ofrecen una ventana al cerebro más esclarecedora que cualquier microscopio. Todavía valoro la literatura en igual medida que la ciencia cuando reflexiono sobre la mente, y siempre que puedo regreso a mi amor de toda la vida por la escritura, aunque durante años este amor fue solo un rescoldo cubierto por la ciencia y la medicina, cual montones de ceniza y nieve.

En cierto modo, tres perspectivas independientes, la psiquiatría, la imaginación y la tecnología, pueden configurar en conjunto el espacio conceptual necesario; quizá porque tienen poco en común.

En la primera dimensión se encuentra la historia de un psiquiatra, narrada a través de una sucesión de experiencias clínicas, cada una centrada en uno o dos seres humanos. Así como cuando un tejido se deshilacha deja al descubierto los ocultos hilos estructurales (o cuando una porción de ADN muta se pueden inferir las funciones originales del gen alterado), aquello que está roto describe lo intacto, de modo que cada historia subraya cómo las ocultas experiencias interiores de una persona sana, y quizá también de un médico, podrían quedar al descubierto por las experiencias aún más crípticas y sombrías de los pacientes psiquiátricos.

Cada historia recrea asimismo la experiencia interior de las emociones que afloran en el ser humano, tanto en el mundo actual como a lo largo de las milenarias etapas de nuestro viaje, tras dejar atrás obstáculos en nuestro camino que quizá no pudieran superarse sin hacer concesiones. Esta segunda secuencia empieza con historias sobre circuitos sencillos y ancestrales imprescindibles para la vida: las células para respirar, los músculos para moverse o la creación de la barrera fundamental entre el yo y el otro. Ese límite más temprano y primigenio entre cada uno de nosotros y el mundo —llamado «ectodermo», una frágil y solitaria capa, del grosor de una célula— da origen tanto a la piel como al cerebro, de modo que es con este mismo límite temprano que el contacto entre los seres humanos se siente en todas sus formas, físicas o psicológicas; a través de todo el espectro, desde los estados sociales sanos hasta los alterados.

Las historias se mueven entre los sentimientos universales de pérdida y dolor en las relaciones humanas, pasan por las profundas fracturas en la experiencia básica de la realidad externa que se producen con la manía y la psicosis, y por último llegan a las perturbaciones que invaden incluso al yo interior: la pérdida de la capacidad de sentir placer en nuestra vida —como puede ocurrir en la depresión—, la pérdida de motivación para nutrirnos —como en los trastornos alimentarios— e incluso la pérdida del propio yo, a raíz de la demencia al final de la vida. En esta segunda dimensión, la de las emociones del mundo interior subjetivo, empezamos y terminamos con la imaginación, ya sea con relatos de la prehistoria (los sentimientos no dejan restos fósiles; es imposible saber qué se sentía en el pasado, y por eso no intentamos ser psicólogos evolutivos) o del presente (ya que ni siquiera hoy en día podemos observar de manera directa la experiencia interior de otro ser humano).

Sin embargo, cuando los efectos medibles de los sentimientos son uniformes en todos los individuos —hasta donde ello se puede determinar con una tecnología aplicada de manera cuidadosa— es posible desarrollar un conocimiento experimental del funcionamiento interno del cerebro. En una tercera dimensión, cada historia da a conocer este conocimiento científico en rápido desarrollo, con pistas sobre los estados tanto sanos como alterados, que cuentan con el respaldo de los experimentos y el incentivo de los resultados. En las notas del final del libro se incluyen breves referencias de los antecedentes científicos de cada historia; es posible que algunos lectores curiosos deseen adentrarse en ellas por diferentes caminos según su interés personal. En cada uno de los enlaces se mencionan muchas otras contribuciones importantes (así que sirven sobre todo como sólidos peldaños iniciales para una exploración posterior); sin embargo, en este libro solo se incluyen las referencias en formato de libre acceso para garantizar su disponibilidad a todos los interesados. Esta última dimensión es, por tanto, un eje científico destinado a guiar al público sin formación científica, personas que merecen comprender y apropiarse de cada una de las ideas y conceptos que aquí se exponen.

Así pues, este libro no se limita a exponer las experiencias de un psiquiatra, ni a imaginar el desarrollo de las emociones humanas, ni siquiera a presentar los últimos avances en neurotecnología. Cada una de estas tres perspectivas actúa tan solo como una lente enfocada de distinta forma en el misterio esencial de los sentimientos en la mente, y cada una de ellas ofrece una visión diferente de la misma escena. No es sencillo fusionar estas perspectivas disímiles en una sola imagen —aunque no es más fácil ser o convertirse en un ser humano—, y el libro puede en última instancia alcanzar una especie de resolución granulosa.

En estas páginas, manifiesto el profundo respeto y gratitud que siento por mis pacientes, cuyos retos nos han brindado esta perspectiva, así como por todos aquellos cuyo sufrimiento interior, conocido o desconocido, ha sido parte inextricable del extenso tapiz sombrío, angustioso, incierto y a veces maravilloso de nuestro viaje compartido.

Unas palabras acerca de mí y del camino que he seguido pueden resultar útiles para conocer mejor los sesgos del narrador; soy, al igual que todos, más subjetivo que objetivo, un simple pedazo de óptica humana defectuosa. En mis primeros años no hubo ningún indicio de que el camino particular que transitaba me llevaría a la psiquiatría, ni de que ese viaje fuera a serpentear también por el ámbito aún menos congruente de la ingeniería.

Mi infancia se desarrolló en un contexto siempre cambiante, de pequeños pueblos a grandes ciudades, de la costa Este a la costa Oeste, luego al centro del continente norteamericano y de vuelta otra vez, siguiendo a mi incansable familia —mi padre, mi madre y mis dos hermanas, que, como yo, parecían valorar la lectura por encima de cualquier otra actividad— porque cada cierto tiempo nos mudábamos a una nueva casa. Recuerdo que le leía a mi padre durante horas, día tras día, mientras atravesábamos el país en coche desde Maryland hasta California; mis ratos libres estaban llenos más que nada de historias y poemas, incluso mientras pedaleaba hacia la escuela y volvía de ella, con el libro del momento suspendido peligrosamente en el manillar de la bicicleta. Aunque también leía temas de historia y biología, los usos creativos del lenguaje me resultaban más atractivos, hasta que tropecé con un tipo de idea diferente que había estado al acecho a lo largo del camino.

El de escritura creativa fue el primer curso en el que me inscribí en la universidad, pero ese año, mientras conversaba con mis compañeros y luego en las clases, aprendí de manera inesperada la forma en que un estilo particular de abordar la ciencia de la vida —basado en el conocimiento de las distintas células, incluso para investigar los sistemas más complejos a gran escala— era útil para resolver algunos de los misterios más profundos de la biología. Durante mucho tiempo, estos interrogantes habían parecido casi inabordables: cómo puede desarrollarse un organismo a partir de una sola célula, o cómo puede formarse, preservarse y despertarse la intrincada memoria inmunitaria en células individuales que van a la deriva por los vasos sanguíneos, o cómo las diversas causas del cáncer —desde los genes hasta las toxinas y los virus— podían unificarse en un concepto basado en una sola célula que fuera relevante, de modo que resultara útil.

Estos diversos campos experimentaron una revolución cuando el conocimiento básico a pequeña escala fue extrapolado a los sistemas complejos a gran escala. El secreto compartido por la biología, a mi juicio, fue descender al nivel de la célula y sus principios moleculares y, en paralelo, mantener la perspectiva de todo el sistema, del organismo completo. La posibilidad de extrapolar esta simple idea celular a los misterios de la mente —la consciencia, las emociones, la suscitación del sentimiento mediante el lenguaje— evocó en mí una sensación interior de deleite puro y apremiante, como la «pícara anticipación con certeza» de Toni Morrison, ese estado universal de alegría inquieta del ser humano cuando ve un camino que se abre de repente.

A la hora de la comida, cuando hablaba con mis amigos de la residencia (todos, de manera inexplicable, estudiantes de física teórica), descubrí que esta era una sensación compartida por los cosmólogos que investigan los fenómenos que se producen en las escalas astronómicas del tiempo y el espacio. Ellos también empezaban por considerar las formas más pequeñas y elementales de la materia, junto con las fuerzas fundamentales que rigen las interacciones a través de distancias minúsculas. El resultado fue un proceso a la vez celestial y personal. La sensación fue a la vez de síntesis y análisis.

Casi al mismo tiempo, y de manera decisiva para lo que vendría después, conocí las redes neuronales, una rama de la informática en vertiginoso desarrollo en la que el almacenamiento de la memoria real, que no requiere guía ni supervisión,[2] se logra mediante simples agrupaciones de unidades, cada una de ellas similar a una célula y elemental —entes que existen en forma de código y que tienen sencillas propiedades abstractas—, pero que se conectan entre sí de manera virtual, mediante la intervención del programa. Las redes neuronales, como su nombre indica, se inspiraron en la neurobiología; sin embargo, estas ideas eran tan poderosas que este campo informático generaría después una revolución en la inteligencia artificial conocida como «aprendizaje profundo», que en la actualidad se vale de grandes agrupaciones de elementos similares a células para remodelar casi todos los ámbitos de la investigación y la información humanas, incluso la neurobiología, a la que devuelve el favor original. Al parecer, grandes grupos de pequeñas unidades conectadas pueden lograr casi cualquier cosa, siempre y cuando se conecten de la manera adecuada.

Empecé a considerar la posibilidad de comprender algo tan misterioso como la emoción, a escala celular. ¿Cuál es la causa de los sentimientos intensos en la persona sana o enferma, ya sean adaptativos o no? O, de forma más directa, ¿qué son en realidad esos sentimientos, en un sentido físico, al nivel de la célula y sus conexiones? Esto me causó una profunda impresión y me pareció el misterio quizá más profundo del universo, solo comparable a la pregunta sobre el origen de este último, su razón de ser.

Sin duda, el cerebro humano sería importante para abordar este reto, pues solo los seres humanos pueden describir de manera adecuada sus emociones. Los neurocirujanos, pensé, tenían el acceso más completo y privilegiado al cerebro humano; por tanto, parecía que el camino lógico, el que brindaba el enfoque más directo para ayudar, sanar y estudiar el cerebro humano, era la neurocirugía. Así pues, durante mis estudios de posgrado y mi formación médica, me encaminé en esa dirección.

Sin embargo, hacia el último año de la carrera de Medicina, al igual que todos los estudiantes, debía realizar una corta rotación en psiquiatría como requisito para graduarme.

Hasta ese momento, nunca había sentido ninguna afinidad particular por la psiquiatría; más bien, había percibido ese campo como algo desconcertante. Quizá era la subjetividad aparente de las herramientas disponibles para el diagnóstico, o tal vez había en mí algún aspecto incluso más profundo que no había abordado. Cualquiera que fuera la razón, la psiquiatría era la última especialidad que habría elegido. Por otro lado, mis experiencias tempranas con la neurocirugía habían sido estimulantes; me encantaban el quirófano, el drama de la vida y la muerte yuxtapuesto con precisión meticulosa y atención al detalle, la concentración, la intensidad y el ritmo de la sutura frente a la elevada carga de excitación. Por eso, cuando elegí psiquiatría, mis amigos y mi familia se sorprendieron, al igual que yo.

Me habían enseñado a ver el cerebro como un objeto biológico —como en efecto lo es—, un órgano formado por células y alimentado por la sangre. Sin embargo, en la enfermedad psiquiátrica el órgano en sí no tiene un daño visible, como ocurre con una pierna fracturada o un corazón que bombea sin fuerza. No es el suministro de sangre al cerebro, sino más bien su oculto sistema de comunicación, su voz interna, lo que tiene dificultades. No hay nada que podamos medir salvo con palabras; es decir, los mensajes del paciente y los nuestros.

La psiquiatría estaba estructurada en torno al misterio más profundo de la biología, quizá del universo, y solo podía usar las palabras, mi primera y gran pasión, para abrir una puerta que condujera al misterio. Esta conjunción, una vez que la comprendí, transformó mi camino por completo. Y todo comenzó como suelen ocurrir los cambios en la vida, con una experiencia singular.

El primer día de mi rotación en psiquiatría, estaba sentado en el puesto de enfermería mientras hojeaba una revista de neurociencia cuando, tras un breve alboroto en el exterior, un paciente —un hombre de unos cuarenta años, alto y delgado y con una barba rala y desaliñada— irrumpió por una puerta que tendría que haber estado cerrada. Al alcance de la mano, erguido sobre mí, fijó su mirada en la mía con unos ojos desorbitados por el miedo y la rabia. Se me encogió el estómago cuando empezó a gritarme.

Como cualquier urbanita, estaba habituado a la gente que dice cosas extrañas. Pero no se trataba de un encuentro en plena calle. El paciente parecía estar por completo alerta, no obnubilado; su vivencia era estable y cristalina, el dolor brillaba en sus ojos, el terror era real. Con una voz temblorosa que parecía ser todo lo que le quedaba y con una valentía enorme, se enfrentaba a la amenaza.

Su discurso era creativo pese al sufrimiento, lleno de frases que utilizaba no con su significado convencional, sino al parecer en sí mismas, como elementos de comunicación, con su propia gramática y estética, autónomas. Se enfrentaba directamente a mí —aunque no me conocía, afirmaba que yo lo había violentado—, pero lo hacía utilizando los sonidos como sentimientos, con unas conexiones que iban más allá de la sintaxis o el lenguaje. Pronunció una palabra novedosa que sonaba como una de una frase de Joyce que yo había leído hacía mucho tiempo: era «telmetale», aquello era *Finnegans Wake* en el pabellón cerrado, me iba hablando de aquello que resulta más denso que la piel o el cráneo, que el tronco o la piedra. Me quedé estupefacto, mi cerebro se reconfiguraba mientras él hablaba. Me hizo evocar la ciencia y el arte juntos, no en paralelo sino como una sola idea, fusionada; con la firme certeza y el resplandor irrefrenable de un amanecer. Fue impactante, único y significativo, y logró aunar por completo mi vida intelectual por primera vez.

Más adelante supe que padecía algo llamado «trastorno esquizoafectivo», una tormenta destructiva de emociones y realidad fragmentada que combina los principales síntomas de la depresión, la manía y la psicosis. También aprendí que esta definición no importaba en absoluto, porque la clasificación afectaba poco al tratamiento aparte de la simple identificación y el manejo de los síntomas en sí, y que no había ninguna explicación subyacente. Nadie podía responder las preguntas más sencillas sobre la naturaleza física de esta enfermedad, ni decir por qué esa persona la padecía, ni cómo un estado tan extraño y terrible se había convertido en parte de la experiencia humana.

Como seres humanos intentamos encontrar explicaciones, aunque esa misión parezca imposible. Y para mí, en adelante, no hubo vuelta atrás; cuanto más aprendía, menos razones había para mirar hacia otro lado. Ese mismo año elegí de manera oficial la psiquiatría como mi especialidad clínica. Tras cuatro años más de formación, y una vez que obtuve el título oficial de psiquiatra, puse en marcha un laboratorio en un departamento nuevo de bioingeniería, en la misma universidad del corazón de Silicon Valley donde había estudiado Medicina. Mi objetivo era tratar a los pacientes y, al mismo tiempo, diseñar herramientas para estudiar el cerebro. Tal vez, al menos sería posible plantear nuevas preguntas.

Por muy complejo que parezca, el cerebro humano no es más que un conjunto de células como cualquier otra parte del cuerpo. Se trata de células hermosas, por cierto, que incluyen más de ochenta mil millones de neuronas especializadas en la conducción de electricidad, cada una con la forma de un árbol desnudo en invierno con muchísimas ramificaciones, y cada una con decenas de miles de conexiones químicas, llamadas «sinapsis», con otras células. Minúsculas señales de actividad eléctrica fluyen sin cesar a través de estas células que emiten pulsos a lo largo de fibras de conducción eléctrica, llamadas «axones», que están aisladas por una capa de grasa y conforman en conjunto la materia blanca del cerebro; cada pulso dura solo un milisegundo y se puede medir en picoamperios de corriente. Esta interacción de electricidad y química de alguna manera da lugar a todo lo que la mente humana puede hacer, recordar, pensar y sentir, y todo lo hacen células que se pueden estudiar, conocer y modificar.

Así como fue necesario para el auge actual de otros campos de la biología (la biología del desarrollo, la inmunología y la biología del cáncer), primero había que implantar nuevos métodos al servicio de la neurociencia que permitieran un conocimiento más profundo de la célula dentro del cerebro intacto. Antes de 2005 no se disponía de ningún procedimiento para inducir una actividad eléctrica precisa en células específicas del cerebro. Hasta ese momento, la neurociencia electrofisiológica a escala celular se veía limitada en gran medida a la observación, es decir, a escuchar con electrodos las células que se activaban durante un proceso. Se trataba de un enfoque de inmenso valor por derecho propio, pero no podíamos inducir ni suprimir esos eventos de activación en células específicas para observar el papel de los patrones de actividad celular en los elementos de la función cerebral y el comportamiento: la sensación, la cognición y la acción. Una de las primeras herramientas tecnológicas que se desarrolló en mi laboratorio a partir de 2004 (denominada «optogenética») empezó a abordar esta limitación: el reto de inducir o suprimir una actividad precisa en células específicas.

La optogenética comienza con el traslado de un cargamento exógeno —un tipo especial de gen— tan distante como es posible imaginar en biología, desde células de uno de los principales reinos de la vida hasta células de otro reino. El gen no es más que un fragmento de ADN que dirige a la célula para que produzca una proteína (una pequeña biomolécula diseñada para realizar ciertas funciones en la célula). En la optogenética se toman prestados los genes de diversos microorganismos,[3] como bacterias y algas unicelulares, y este cargamento exógeno se introduce en células cerebrales específicas de algunos de nuestros parientes vertebrados, como ratones y peces. Es un procedimiento algo extraño, pero dotado de cierta lógica, ya que los genes particulares que tomamos prestados (llamados «opsinas microbianas»), tras su introducción en una neurona, dirigen de inmediato la síntesis de proteínas asombrosas que pueden convertir la luz en corriente eléctrica.

Por regla general, los hospederos microbianos originales utilizan estas proteínas para convertir la luz solar en información o energía eléctrica, ya sea para orientar el movimiento del alga unicelular que nada libremente hacia el nivel óptimo de luz en el que puede sobrevivir, o (en algunas bacterias antiquísimas) para ajustar las condiciones de recolección de energía de la luz. En cambio, la mayoría de las neuronas animales no responden por lo general a la luz; no habría razón para ello, ya que el interior del cráneo es bastante oscuro. Con nuestro enfoque optogenético (que utiliza trucos genéticos para producir estas exóticas proteínas microbianas solo en unos subgrupos específicos de neuronas cerebrales, pero no en otros), esas células cerebrales recién dotadas de proteínas microbianas se vuelven muy diferentes de sus vecinas. En este punto, las neuronas modificadas son las únicas células del cerebro capaces de responder a un pulso de luz aplicado por un científico, y el resultado se llama «optogenética».

Como la electricidad es la divisa fundamental de información del sistema nervioso, cuando le enviamos luz láser (suministrada a través de finas fibras ópticas o dispositivos holográficos que proyectan destellos de luz en el cerebro), y por tanto alteramos las señales eléctricas que fluyen a través de estas células modificadas, se producen efectos muy específicos en el comportamiento animal. Así es como se ha descubierto la capacidad que tienen las células seleccionadas de generar misteriosas funciones cerebrales como la percepción y la memoria. Estos experimentos optogenéticos han resultado muy útiles en neurociencia, porque nos permiten vincular la actividad local de células concretas con la perspectiva global del cerebro. En la actualidad, los análisis de causa y efecto se desarrollan en el contexto correcto; solo las células dentro de un cerebro intacto pueden generar las complejas funciones (y disfunciones) que subyacen al comportamiento, al igual que las palabras aisladas solo tienen sentido en la comunicación en el contexto de la oración.

Empleamos este procedimiento sobre todo en ratones, ratas y peces, animales cuyos sistemas nerviosos tienen muchas estructuras en común con las nuestras (estructuras que solo están un poco más desarrolladas en nuestro linaje). Al igual que nosotros, estos parientes vertebrados perciben, deciden, recuerdan y actúan, y al hacerlo, si se les observa del modo adecuado, revelan el funcionamiento interno de las estructuras cerebrales que comparten con nosotros. Así surgió un nuevo enfoque para investigar el cerebro, con métodos que recurren en nuestro beneficio a primitivos y minúsculos logros de la evolución, tomados de formas de vida que divergieron de nuestro linaje casi desde el comienzo, en el anclaje más antiguo y profundo de la urdimbre de la vida misma.

Una herramienta tecnológica desarrollada más adelante por mi equipo, también inspirada en este principio de resolución celular en el cerebro intacto, se conoce como «química de tejidos hidrogelificados». La describimos por primera vez en 2013, en una versión llamada CLARITY, y desde entonces se han desarrollado numerosas variaciones sobre el tema. En este enfoque, se utilizan trucos de la química para construir hidrogeles transparentes —polímeros suaves a base de agua— dentro de las células y los tejidos.[4] Esta transformación física permite que una estructura intacta como el cerebro (densa y opaca por naturaleza) adquiera un estado que permite el paso libre de la luz, de modo que es posible visualizar con una alta resolución las células que lo integran y las moléculas que estas tienen incrustadas. Todas las partes interesantes quedan estáticas, inmóviles dentro del tejido en 3D,[5] de una forma que evoca imágenes de golosinas infantiles: los postres de gelatina transparente con trozos de fruta incrustados que se pueden ver en el interior.

Un tema común a la optogenética y la química de tejidos hidrogelificados es que ahora es posible observar el cerebro intacto, y estudiar los componentes que lo hacen funcionar, sin desarmar el sistema, ya esté sano o enfermo. El análisis detallado, siempre parte esencial del proceso científico, puede realizarse dentro de sistemas que permanecen intactos. El entusiasmo suscitado por estas herramientas tecnológicas (y diversos métodos complementarios) se ha extendido más allá de la comunidad científica y ha propiciado iniciativas a escala nacional y mundial para comprender el circuito cerebral.[6]

Gracias a este enfoque —y a la integración de los avances tecnológicos de otros laboratorios en materia de microscopia, genética e ingeniería de proteínas—, la comunidad científica cuenta ahora con varios miles de datos sobre cómo las células determinan el funcionamiento y el comportamiento cerebrales.[7] Por ejemplo, los investigadores identificaron conexiones axonales específicas, que se proyectan por todo el cerebro (como los hilos de la urdimbre incrustados en un tapiz, entrelazados con otras innumerables fibras entrecruzadas), a través de las cuales las células de las zonas frontales del cerebro se adentran en regiones profundas que rigen emociones poderosas como el miedo y la búsqueda de recompensa, y ayudan a reprimir comportamientos que, de otro modo, convertirían estas emociones y deseos en acciones impulsivas. Estos descubrimientos fueron posibles porque las conexiones específicas, definidas por su origen y trayectoria a través del cerebro, pueden controlarse ahora de manera precisa y en tiempo real,[8] a la velocidad del pensamiento y el sentimiento, durante los complejos comportamientos de la vida animal.

Estos axones anclados en lo profundo ayudan a definir los estados cerebrales y guían la expresión de las emociones. Al basar nuestro conocimiento de los estados interiores en estructuras físicas definidas con precisión, también obtenemos una perspectiva concreta del pasado, de nuestra evolución. Esta visión surge del hecho de que esas estructuras físicas se formaron durante las etapas iniciales de nuestro desarrollo gracias a la actividad de nuestros genes, y la evolución ha utilizado los genes para configurar el cerebro humano a lo largo de milenios. Así que nuestros hilos internos, en cierto sentido, se proyectan a través del tiempo que hemos habitado, así como a través de nuestro espacio interior; son un legado, anclado en la prehistoria de la humanidad, que nuestros antepasados necesitaron para sobrevivir.

Esta conexión con el pasado no es mágica —no se trata de la comunicación del «inconsciente colectivo», en el sentido en que Carl Gustav Jung se refería a la vinculación mística con ancestros lejanos a lo largo del tiempo—, sino que surge de la estructura de la célula cerebral, una herencia física de nuestros predecesores. Seres que, por azar, crearon las primeras versiones de esas conexiones que tenemos y (estudiamos) hoy en día —con algunas variaciones de un individuo a otro—, que tal vez sobrevivieron y se reprodujeron con mayor eficiencia y, como resultado, nos transmitieron, a nosotros y a otros mamíferos del mundo moderno, los genes que rigen esa predisposición a dicha estructura cerebral. Así que en realidad sentimos lo que nuestros antepasados tal vez también sentían, no solo de manera azarosa, sino en momentos y de maneras que fueron relevantes para ellos.

Heredamos dichos estados internos a través de la implacable voluntad (y a veces la buena fortuna) de su supervivencia, la que dio origen a la humanidad, con nuestros sentimientos y nuestros defectos.

La promesa de la neurociencia moderna incluye hasta la perspectiva de abordar la fragilidad humana y de aliviar el sufrimiento humano, desde la orientación de terapias de estimulación cerebral gracias a nuestro reciente conocimiento sobre la relación causal (que en realidad permite que las cosas sucedan con precisión celular) en los circuitos neuronales hasta el descubrimiento de las funciones, en estos últimos, de los genes asociados con los trastornos psiquiátricos, o tan solo avivar la esperanza en pacientes que han sufrido y que han sido estigmatizados durante mucho tiempo. Así pues, el avance científico ha contribuido de manera profunda al pensamiento clínico —este es el valor que reviste la investigación básica; aunque no es nada nuevo, aún resulta maravilloso—, pero mi perspectiva también es la inversa, dado que el trabajo clínico ha guiado con la misma intensidad mi pensamiento científico. A su vez, la psiquiatría ha impulsado la neurociencia, lo cual resulta fascinante: la experiencia de seres humanos que sufren y los conceptos sobre el cerebro de ratones y peces se nutren entre sí. La neurociencia y la psiquiatría aúnan esfuerzos y están conectadas a un nivel profundo.

A la luz de estos avances de los últimos quince años, es interesante reflexionar sobre la falta de conexión personal que percibí desde el principio con la psiquiatría. El impacto de mi primer encuentro inesperado en el servicio de psiquiatría fue tan profundo —los gritos, el miedo, la vulnerabilidad al percibir una realidad aterradora a través de los ojos de otra persona— que a veces me pregunto si acaso no estaría preparado sin saberlo, ya sintonizado, para dejarme afectar de manera favorable por ese momento; un momento que para muchas personas no habría sido, como es lógico, nada más que un encuentro perturbador. La inspiración personal (como el descubrimiento científico) puede provenir de lugares inesperados, y por eso ahora considero que mi cambio de rumbo en ese instante fue como una especie de parábola sobre el peligro de los prejuicios y la necesidad de una exposición personal directa para comprender de verdad casi todos los aspectos del ser humano.

También existe otra alegoría en la que la historia de la optogenética brinda al mundo más amplio de la sociopolítica una lección sobre el valor de la ciencia básica. Los trabajos históricos sobre algas y bacterias, que se remontan hasta hace más de un siglo, fueron esenciales para crear la optogenética y adquirir conocimiento sobre las emociones y las enfermedades mentales; sin embargo, este camino no fue previsible desde el principio. La historia de la optogenética demuestra, como lo han hecho antes y lo volverán a hacer las innovaciones en otros campos científicos, que la práctica de la ciencia no debe volverse demasiado traslacional ni siquiera demasiado sesgada hacia asuntos relacionados con la enfermedad. Cuanto más pretendamos dirigir la investigación (por ejemplo, mediante la concentración excesiva de los recursos públicos de manera puntual en grandes proyectos dirigidos a posibles tratamientos específicos), más probabilidades habrá de que frenemos el progreso y los ámbitos por descubrir en los que las ideas que en realidad cambiarán el curso de la ciencia, del conocimiento y de la salud humanos permanecerán en la sombra. Las ideas e influencias provenientes de fuentes inesperadas no solo son importantes, sino también esenciales, para la medicina, para la ciencia y para todos nosotros a la hora de encontrar y seguir nuestros caminos por el mundo.

Hoy en día, a veces me imagino que busco a aquel paciente del trastorno esquizoafectivo, con quien compartí ese primer despertar tan estremecedor, para sentarnos juntos y disfrutar de un tranquilo momento de comunión, a pesar de que ha pasado mucho tiempo. Una receptividad a lo improbable se acerca mucho a la esencia de la enfermedad del espectro esquizofrénico, y, por lo tanto, aquel paciente no se sorprendería en absoluto al enterarse de que, cuando ese día cruzó el umbral del puesto de enfermería, pudo haber contribuido, a su manera, al avance de la psiquiatría y la neurociencia. En un sentido real, nuestra conversación podría confirmarnos ahora, tanto a él como a mí, que a pesar de la enormidad de su sufrimiento, desde algún ángulo, alguna perspectiva, su urdimbre se alinea con todas las nuestras y se mezcla por completo en el tejido compartido de la experiencia humana, dentro del cual él no está más enfermo que la misma humanidad.

1

El depósito de las lágrimas

Raudas y rectas marchan las líneas entre astros.
La noche no es la cuna que sus gritos pregonan
mientras ondulan frases de un océano profundo.
Son demasiado oscuras e intensas estas líneas.

La mente va alcanzando aquí simplicidad.
La mente no se posa en la hoja plateada.
El cuerpo no es un cuerpo que pueda ya ser visto
sino un ojo que estudia su párpado enlutado.

WALLACE STEVENS, «Estrellas en Tallapoosa»[1]

Solo pude retener en la cabeza la historia que contó Mateo cuando la simplifiqué, cuando aplané la imagen mental como una camilla plegable y le abrí un espacio entre todas las demás que había visto. Me ayudó a no pensar en el tiempo que había estado suspendido del cinturón de seguridad del coche volcado, a hacer caso omiso de la impotencia que sintió mientras su familia moría junto a él; en lugar de eso, aprendí a verla como un momento en el tiempo, como una imagen instantánea.

Asimismo, cuando logré simplificar al mismo Mateo y reduje su textura humana a un solo plano, logré disminuir su dimensionalidad, el espacio que ocupaba en mi mente. Entonces pude vincular su historia a otras parecidas que ya había oído o presenciado con anterioridad; se convirtieron todas juntas en una pila de periódicos en lote y sin características individuales, fundidos en un torrente de lágrimas. Así, como un simple objeto maleable, podría resumirse el sufrimiento de diez o diez mil vidas. «No sé por qué no puedo llorar», dijo para empezar, y cuando todo quedó por fin dicho y aclarado el resultado no fue ni mayor ni menor que el de cualquier otro final de un universo humano.

No existe un protocolo formal en la práctica médica para proteger el corazón desnudo de un facultativo en estos momentos de particular desolación. Los médicos y enfermeras, los combatientes de una guerra, el personal que atiende situaciones de crisis...; al final todos aprenden a defenderse por su cuenta para poder vivir en los límites del sufrimiento humano. No solo la magnitud del dolor, sino también su constancia —el descenso inexorable al abismo día tras día, año tras año—, serían insoportables sin ningún tipo de salvaguarda.

Nuestro impulso natural es conectarnos de manera profunda y generosa con alguien que sufre una pérdida personal, tratar de percibir en nuestra mente una representación completa y compleja del otro para comprender a fondo el significado de la tragedia. Sin embargo, en el contexto extremo de un sufrimiento espantoso, por el contrario, puede ser útil reducir nuestra perspectiva para preservar la empatía al tiempo que encontramos un lugar donde observar dentro del tapiz más amplio de la vida del paciente y nos centramos en un solo punto de hilos entrelazados que crean la forma y el color locales.

Es importante saber que la perspectiva completa sigue estando disponible, aunque sentir con intensidad no le da sentido a la tragedia, y la profundidad de las emociones no parece ser útil en las tareas de precisión que requieren los momentos álgidos, ya sea una hábil punción lumbar de la columna vertebral o una compleja entrevista psiquiátrica para desencadenar sentimientos inarticulables. Nuestra perspectiva se amplía cuando puede, a veces sin previo aviso, en el trayecto de regreso a casa o con un repentino sollozo de nuestros hijos. Hasta entonces, fuera del alcance de la vista, pero siempre accesible, está la trayectoria de los hilos del paciente con todo el despliegue de la vida y los sueños, desde sus anclajes y orígenes, a través de los viajes y las relaciones que confluyeron en ese momento de catástrofe y conflicto.

Cada tragedia se siente todavía de manera intensa, y cada ser humano que sufre se lleva con cuidado en el corazón sin importar cuántos más lleguen a lo largo de los años: cada padre atónito y desconsolado después de un accidente automovilístico, cada madre que se esfuerza por articular una palabra mientras escucha el diagnóstico de su hijo: cáncer cerebral. Y es necesario tener cuidado; cuando los casos acumulados son todavía pocos, al comienzo de la vida o la formación de un médico (y a veces aún más tarde), una sola experiencia puede irrumpir y abrumar al ser interior, a aquella parte nuestra que ve y percibe las representaciones de los seres humanos, las imágenes matizadas de los seres queridos, dispuestas con esmero como tapices en los salones más íntimos iluminados por el fuego, los espacios recónditos del ser. En el torreón si fuéramos castillos.

Debería haber estado mejor preparado, pero no hubo ningún aviso de que el torreón era vulnerable. Hasta que conocí a Mateo (en mi condición de jefe de residentes de psiquiatría que estaba de turno y al que llamaron al servicio de urgencias para que lo evaluara), mi empatía no me había herido demasiado en muchos años, al menos no desde mi época de estudiante joven e inexperto. Pero en aquel entonces todo era diferente: en la Facultad de Medicina, la mayoría de mis sentimientos eran solo sentimientos, no sentimientos sobre los sentimientos, la forma, más segura, que adoptaron más adelante. Y como estudiante era más vulnerable: me acercaba a la mayoría de edad en los pasillos de la facultad sin poder todavía dar órdenes ni extender recetas, seguía como aprendiz del lenguaje de la profesión a la vez que, en el mundo exterior, criaba a mi hijo como padre soltero.

Esa noche que me afectó por primera vez y de la manera más profunda, años antes de conocer a Mateo, yo era el estudiante de Medicina que rotaba en pediatría en nuestro hospital infantil y estaba de turno en una noche tranquila. Mi primera labor de la tarde —un breve preludio de lo que sucedería más adelante— había sido realizar el ingreso y registrar los datos del historial clínico de una familia con fibrosis quística. Los pacientes eran unos gemelos de tres años que habían llegado con disnea. Les costaba mucho respirar.

El servicio conocía bien a la familia, como solemos decir. Antes ya habían estado hospitalizados muchas veces, y los padres eran unos expertos en el proceso, hasta el punto de que respondieron mis preguntas apenas empecé a formularlas, e incluso me contaron que estaban en proceso de divorcio.

Con el nacimiento de los gemelos habían descubierto un defecto, al parecer desconocido, de su matrimonio. En la mayoría de las familias con fibrosis quística, los padres no tienen síntomas, pero cada uno es portador de una copia de un gen mutado. Los mamíferos tienen dos copias de casi todos los genes, de modo que si está alterado un solo gen no se observan efectos nocivos; la otra copia puede permitir una vida saludable.

En la fibrosis quística, la madre y el padre son portadores sanos de una carga que no suele conocerse hasta que un hijo nace con una carga mucho más pesada: las dos copias del gen alterado. El cálculo matemático es simple, y esa noche supe que los padres, a pesar de su extrema juventud, habían tomado la decisión práctica y sencilla de separarse para buscar cada uno un individuo no portador y volver a casarse con la ilusión de formar una familia más sana. Pero mientras tanto, antes de que este desafío de las leyes invisibles de la genética de poblaciones pudiera materializarse, tuve que esforzarme, a través del montón de mucosidades de los gemelos enfermos que berreaban, para confeccionar con paciencia mi inventario de los hechos, registrar su historial clínico por encima del estruendo y completar el ingreso.

Hacia la medianoche, cuando por fin se había restablecido la calma, tuvimos noticia de un traslado de última hora desde un hospital situado en las afueras: una niña de cuatro años, Andi, con un problema en el tallo cerebral.

Durante años llevaría conmigo esa historia, así como lo que sucedió después: una herida profunda, quizá más profunda de lo que todavía me parece. Tal vez llegó hasta el fondo. Ayudé a hospitalizar a Andi; se la veía hermosa y soñadora con su alta coleta, arrodillada en la cama del hospital mientras arreglaba las muñecas que tenía alrededor, y tenía los ojos un poco desviados hacia arriba y uno girado un poco hacia dentro. Era algo que había pasado casi desapercibido mientras jugaba a la pelota con su familia al comienzo de la tarde, un detalle apenas advertido a causa de la emoción particular de quedarse fuera más tiempo de lo habitual; tan solo un poco de visión doble hacia el crepúsculo y luego una punzada como para preocuparse.

Me involucré de lleno y de inmediato, aun cuando era la persona menos importante de un pequeño grupo que se reunió a analizar el caso, hacinado en la sala de reuniones del pabellón de hospitalizados. Al comienzo de la reunión estaba recostado contra una pared, y enseguida me resultó imposible considerar la posibilidad de sentarme o incluso de trasladar el peso de mi pierna encalambrada a la otra, a medida que el impacto emocional de la escena se desplegaba ante mis ojos. Me quedé petrificado hasta que terminamos, casi al amanecer.

Los padres habían traído una tomografía del tallo cerebral, una sola placa rectangular y gris que apretaban y detestaban, su tíquet para salir a la carrera del hospital en dirección a las profundidades del valle. Habían cargado con la placa toda la tarde para traerla a la sala de reuniones, que no tenía ventanas, y ahora se encontraba atascada en el negatoscopio, un réquiem gris retroiluminado. Los padres de Andi, con los ojos enrojecidos por las lágrimas contenidas, estaban frente a mí, al parecer en un espacio separado, de alguna manera aislados en la sala abarrotada. El médico responsable —adjunto de neurooncología pediátrica— estaba justo a mi izquierda, sentado e inclinado hacia delante. Le habían avisado y pedido que viniese, a pesar de que era muy tarde, no para realizar un procedimiento ni para tomar una decisión clínica —no había nada que hacer esa noche—, sino para explicarle a la familia las conclusiones del examen físico y de la lectura de la tomografía.

Aquella noche, las palabras fueron la única herramienta del neurólogo. Estuvo inclinado hacia delante durante horas, sin recostarse ni una sola vez, sin mirarme a mí ni a nadie más del equipo; dirigió sus palabras solo a dos personas en aquella sala repleta: al padre y la madre, solo a ellos dos en el transcurso de toda la noche.

La visión doble no era un misterio para nosotros. En la tomografía había algo que no debería haber estado ahí. Se observaba una sombra a través del puente de Varolio.

En el tallo cerebral, en la base del cráneo, hay una protuberancia de células y fibras llamada «puente de Varolio» —denso y vital— que conecta todo lo que nos hace humanos en el cerebro, ubicado en la parte superior, con la médula espinal y los nervios que salen del cráneo por la parte inferior. Si se produce una interrupción en el trayecto de las fibras que atraviesan el puente, los médicos pueden ver lo que ocurre sin necesidad de una tomografía computarizada ni de una resonancia magnética; sin imágenes médicas, solo con imágenes humanas, solo con mirar los ojos del ser humano.

Andi tenía los ojos desviados, pero solo uno se dirigía hacia dentro, hacia la línea media, porque un pequeño músculo situado en el lado del globo ocular izquierdo (llamado «recto lateral», por su cometido de dirigir la mirada hacia fuera en el plano horizontal, para seguir una bola de béisbol lanzada a lo ancho) había fallado. La fina fibra muscular ya no recibía instrucciones del cerebro; su canal de comunicación específico, el nervio, había enmudecido.

El sexto par de los nervios craneales (de los doce que salen del cráneo) se llama «abducens», y los confundidos estudiantes de Medicina lo adoran por su trayectoria inusualmente recta (en comparación con los otros nervios craneales, que serpentean, se ramifican y se cruzan). El abducens, el sencillo sexto nervio, sirve a un solo músculo, el recto lateral, en su exclusiva función: abducir el ojo. El abducens está situado en un lado del tallo cerebral, y sus fibras se sumergen en el centro del puente de Varolio para llevar a cabo su singular tarea.

Sin embargo, esa noche el abducens desempeñaba otro papel, el de informar de algo anormal en el tallo cerebral; contaba que algo andaba mal, y en la tomografía, que confirmaba el diagnóstico, podíamos ver una silueta, una mancha oscura que se extendía a través del puente. Los hilos neuronales de un lado del puente estaban rotos, de modo que los ojos ya no giraban juntos, ya no se alineaban hacia su objetivo común.

Esta coordinación de los ojos es maravillosa cuando funciona, cuando se unen para afrontar el mundo juntos en los primates como nosotros. Ambos reciben la misma señal del cerebro para seguir la pelota lanzada por papá en el frío atardecer. Sin embargo, los dos ojos, cada uno con una forma y unos ángulos un poco diferentes, no están conectados entre sí. Se necesitan muchos más ajustes perfectos para que los dos se muevan al unísono y se evite la visión doble de imágenes desfasadas de la misma escena.

Este desafío resulta de especial interés para los bioingenieros, pues constituye un paradigma de la importancia del diseño. Semejante sincronía y simetría en la biología, cuando se alcanzan, implican confianza, certeza y salud. Dos sensores, los dos ojos, se equilibran juntos en el umbral más delicado del tiempo. En los sistemas biológicos siempre hay fallos de comunicación —interferencia, variación, caos; a veces el engaño resulta incluso beneficioso—, de modo que cada sistema necesita retroalimentación para poder verificar y calibrarse. A una edad temprana, antes de que seamos conscientes, la visión doble funciona como esa señal errónea de retroalimentación, y luego nuestros cerebros enmiendan ese error ajustando las instrucciones transmitidas por los nervios craneales a los músculos oculares, mediante alineaciones y sincronizaciones cuidadosas, hasta que el desfase desaparece y vemos el mundo como uno solo.

El mundo se convierte en una sola realidad hasta que, en algunos casos, un engaño vuelve a aparecer; estaba allí esa noche en Andi, algo que ya no tendría solución. Cuando un miembro de este par se desvía infinitesimalmente, se revela la presencia de un intruso y se diagnostica una enfermedad; las fibras nerviosas que atraviesan el puente de Varolio se interrumpen cada vez más a medida que la sombra se extiende. En este caso, no podría haber sido ningún otro nervio craneal, sino que era el abducens, el sexto nervio de los doce; en este cáncer del tallo cerebral es siempre el sexto, alerta y directo, una división fronteriza que informa sin falta sobre los primeros y lejanos golpes de los cascos invasores.

Esa noche, el médico adjunto se cuidó de no dar un pronóstico definitivo, aunque yo había puesto la suficiente atención en clase y en las rondas como para saber que la marcha de la muerte había empezado. Se trataba de un GPID, un glioma pontino intrínseco difuso, y a Andi le quedaban de seis a nueve meses de vida. Sus padres lo percibían, aunque no lo supieran; no captaban cifras, sino que sentían el desmoronamiento a medida que una nueva realidad se consolidaba, que un intruso fibroso se insinuaba a través de su mundo interior, enmarañando cada uno de sus pensamientos y sensaciones, hasta la percepción del aliento, de la vida misma. Sus palabras se secaban, se asfixiaban y les salían a rastras de la garganta.

Yo sabía algo mucho peor, lo que ellos no podían sospechar entonces. Sabía qué clase de muerte le sobrevendría. En unos pocos meses, Andi no podría hablar, no podría moverse; quedaría paralizada con los ojos muy abiertos, todavía tan vivaz, alerta y perceptiva como aquella noche. Quedaría presa —en un estado de pesadilla sin fin— mientras el puente se derrumbaba, mientras todas sus conexiones cedían.

De repente todo había cambiado. Una simple consulta al médico de cabecera una noche entre semana con motivo de la visión doble de la niña. Mi primer hijo tenía casi la misma edad, casi cuatro años, aunque me costaba pensar en eso durante más de un instante. Aquella noche, cada vez que ese pensamiento aparecía lo silenciaba con temor por medio de algún otro proceso interno, con la sensación de una pesada puerta que se cierra de golpe. Era una defensa rudimentaria e inmadura, como reconocía incluso entonces —no mirar, no conectarse—, pero eficaz por el momento.

En los días siguientes conocí un nuevo tipo de dolor. Como aprendí a dejar esa puerta entreabierta, apenas una rendija, apenas lo suficiente para permitir el paso de un poco de luz, apenas lo suficiente para ver la conexión entre Andi y mi hijo —y vislumbrar así el dolor de sus padres, mucho más allá de lo que podía imaginar—, vertía lágrimas de rabia mientras sentía una ira irracional contra la enfermedad, ira por que el GPID formara parte de nuestro mundo. Tenía que haber esperanzas de derrotar esa crueldad, tenía que haber esperanzas para Andi.

En mi peor momento, un pensamiento inesperado, sembrado por aquella niña y alimentado por esa ira, apareció en mi mente: que algunos podían vivir así, pero yo no. No podría continuar en el mundo de la Medicina, no durante el resto de mi vida. En cambio, me retiraría a un refugio silencioso —«al laboratorio», me dije—, el puerto de la ciencia que conocía tan bien, un lugar donde las niñas no mueren.

No obstante, con el paso del tiempo esta tormenta de dolor, rabia, falsas esperanzas y renuncia amainó. Del pensamiento y la percepción salieron a flote nuevas experiencias. Me curé, si bien todavía de forma inmadura, aislando poco a poco la herida, como cuando se forma un absceso para acordonar una infección. A la postre perdí la esperanza; todo lo que se me ocurría era que el mundo necesitaba algo más que esperanza por mi parte.

No había nada que hacer por Andi. En el caso del GPID no había cirugía que pudiera abrirse camino sin riesgo dentro y alrededor de las fibras de la vida, la respiración y el movimiento que se encuentran en el puente de Varolio, y no había ningún compuesto químico o radiación que tuviera un efecto duradero. Al igual que sus padres, no podía protegerla de lo que había aparecido, de lo que se ocultaba en la oscuridad fantasmal del tallo cerebral, sigiloso bajo el cráneo y la piel y bajo la fina membrana que aún acunaba su cerebro. Conocemos esa membrana como «piamadre»; la madre amorosa.

Cuando perdí la esperanza, mis lágrimas cesaron. Me enfoqué en el entorno, en los detalles domésticos que conforman nuestra vida. Salí de la rotación de pediatría y nunca volví a ver a Andi. Era algo insoportable, pero se soportaba; conocía su final, pero no lo presencié, y ahora ella vive dentro de mí.

Todavía hoy, esos sentimientos inundan casi todas las partes de mi ser, aunque ahora se detienen antes del llanto. Ese estado interior siempre está ahí, presto a regresar, aunque ahora la emoción es más delicada y compleja; el mundo ha cambiado y yo también. En lo profundo de mi ser anidan más representaciones de otros interconectadas con la de Andi y le sirven de apoyo.

Además, estos recuerdos ahora están matizados por el progreso de la ciencia y el desarrollo del método de la optogenética, que me ha permitido asomarme al funcionamiento interno del cerebro para explorar cómo se construyen los estados internos de la emoción a escala celular y evaluar la relevancia de dichos elementos. Este método se basa en la reconstrucción de una parte del diseño de un organismo dentro de otro ser vivo, de manera que esta nueva parte pueda mantenerse en el receptor e integrarse al conjunto. La parte, un gen, influye entonces en la actividad del organismo receptor al proporcionarle un nuevo código de conducta, como puede hacerlo una percepción o una experiencia novedosa.

En biología es frecuente que un organismo cruce el límite hacia el interior de otro, a veces de manera espontánea, a veces por el diseño. Puede tratarse de una sola célula que cruza la frontera, llevando consigo la esencia universal de la vida —el ADN, un programa genético, un ácido viviente— dentro de una delicada cubierta de lípidos, y la transporta de manera sutil a través del límite fronterizo en este frágil barco de la vida. Esta es la historia de la vida en la Tierra y aparece por doquier. Sobre todo cuando la distancia es grande y las barreras son formidables, la oportunidad es enorme para los que están a ambos lados de la frontera.

Todas las plantas y animales que habitan la Tierra, y por tanto los seres humanos, deben su vida a estos viajeros de un reino diferente —miembros de una primitiva clase de microbios llamados «arqueobacterias»— que trajeron la misteriosa capacidad de utilizar el oxígeno como fuente de energía cuando llegaron y se quedaron a vivir en el interior de nuestros antepasados celulares hace más de dos mil millones de años.[2] ¿Fueron esos viajeros invasores los que al entrar rompieron la barrera con el objetivo de consumir y destruir, o fueron nuestros propios ancestros genéticos los agresores que persiguieron e incorporaron a esos pequeños y eficientes consumidores de oxígeno que vivían en libertad?

Al final lo que importa es la topología, no la intención. Lo relevante es que una entidad ha cruzado la frontera. La migración es arriesgada para ambos, pero cuando el organismo más grande aprende del más pequeño y lo retiene en vez de destruirlo, entonces el peligroso cruce de la frontera puede dar lugar a un nuevo tipo de organismo. En el caso de nuestro linaje, nos trajeron el aliento de la vida misma.

Al convivir de repente, los dos tipos de vida tenían que coevolucionar si podían, ajustándose cada uno a las limitaciones y particularidades del otro. Había tiempo suficiente para poner todo en orden, cientos de millones de años —siempre y cuando la unión no fuera enseguida un desastre—; tiempo para que el nuevo ser conjunto evolucionara según las mismas leyes de la selección de Darwin que originaron la vida, y que habían permitido que cada parte, cada socio, surgiera al principio de manera independiente.

Los subcultivos pueden conservarse cuando se unen. Los pequeños consumidores de oxígeno se convirtieron en nuestras mitocondrias, las fábricas de energía de todas las células. Tienen un origen tan antiguo que utilizan un dialecto diferente del código ADN de la vida; han conservado su lengua materna para fines privados durante la convivencia de miles de millones de años con nosotros. Al mismo tiempo, los microbios se adaptaron a nuestro cultivo de innumerables formas diferentes con vistas al propósito compartido de la supervivencia. Y nosotros también nos adaptamos y nos volvimos dependientes de los consumidores de oxígeno de manera tan absoluta como ellos lo son de nosotros; ya se han convertido en parte de nosotros y nunca nos volveremos a separar.

Estas migraciones microscópicas, del microbio al animal o del microbio a la planta, son significativas a escala global. Dichas transiciones pueden modificar el flujo completo de la energía del planeta, del sol a la planta y al animal, y transformar el paisaje de la Tierra. Tales migraciones han ocurrido muchas veces, y en algunos casos han perdurado. Aunque la tasa de éxito es infinitesimal, el universo ha tenido miles de millones de años para trabajar en el asunto, y en el transcurso de ese tiempo las bajas probabilidades se convierten en certezas.

Sin embargo, en los últimos quince años, gracias al atajo que han tomado las manos humanas con la optogenética, el ADN microbiano ha regresado a las células animales.[3] Los genes microbianos no se introducen en nuestro cuerpo sino en las células de los animales de laboratorio; es decir, no se dispersan por los reinos mediante encuentros aleatorios, sino bajo la guía de científicos que aceleran esta transferencia de información abarcando inmensos espacios genéticos y conceptuales para tender puentes entre las ramas del árbol de la vida.

Hoy en día, al buscar el control preciso de las células cerebrales —para descubrir cómo surgen las funciones del cerebro a partir de los pulsos de actividad eléctrica de las células— suplantamos el papel aleatorio de la evolución. Como no queremos esperar mil millones de años, introducimos directamente en neuronas de mamíferos ciertos genes provenientes de una fuente ancestral diferente de ADN y que aún persisten en los microbios del mundo natural. Hacemos esto para aprovechar una alquimia distinta desarrollada por este tipo de microorganismos —la conversión no del oxígeno, sino de la luz en energía e información— mediante genes especializados (conocidos como «opsinas microbianas»); estos permiten convertir la luz en corriente iónica que fluye a través de la membrana celular. Y resulta que el flujo de iones, el movimiento de partículas cargadas, es la señal natural de activación e inactivación de las neuronas.

La mayoría de las neuronas no responden de manera natural a la luz, pero todo lo que necesitan para lograrlo es un único gen extraño: una opsina microbiana. Con algunos recursos adicionales de los investigadores —herramientas genéticas para introducir las opsinas en los tipos específicos de células que se van a analizar (de modo que solo ellas respondan a la luz mientras las otras permanecen inalteradas) y estrategias especiales para controlar el suministro de luz láser (mediante fibras ópticas u hologramas, para que la luz solo llegue a determinadas estructuras celulares)— nació la optogenética.

Así pues, podemos inducir actividad eléctrica en las neuronas, enviando luz desde cierta distancia a los animales que ejecutan las complejas tareas de la vida, al igual que un director hace brotar música de la orquesta. Si el funcionamiento cerebral —percepción, conocimiento, acción— es la música, entonces las células cerebrales son músicos que miden diez millonésimas de metro y de los que hay entre millones y miles de millones en los mamíferos. La optogenética consiste en la inducción de actividad en los circuitos neuronales mediante la luz, lo cual genera una melodía del mundo natural que los animales ejecutan según su diseño, y en ella la forma y la función surgen al unísono de las distintas células y tipos de célula que hay en el cerebro.

La optogenética reunió a estos dos pacientes míos —una niña y un joven, Andi y Mateo— al vincular como dos notas de un acorde menor a estos dos seres humanos que habían acudido a mí en busca de ayuda, cada uno con una enfermedad que había alterado una armonía interna natural diferente, casi en el mismo punto diminuto, en lo más profundo de la región más primitiva del cerebro de los mamíferos.

«¿Por qué estoy aquí esta noche?», preguntó Mateo. Se quitó las gafas y las dejó con cuidado sobre la camilla. «Porque no sé por qué no puedo llorar».

Se miró las manos, abiertas sobre el regazo, y contempló una palma y después la otra, al parecer desconcertado por su vacío. Luego volvió los ojos hacia los míos y su historia empezó a drenar de manera lenta y pasiva, como impulsada por la fuerza de la gravedad.

Lo habían traído a urgencias sus tres hermanos, que se encontraban reunidos en la diminuta sala de espera ubicada al final del pasillo. Mi primera impresión cuando entré en el consultorio fue que parecía un niño: tenía apenas veintiséis años, pero parecía más joven; tenía la piel tersa y unos grandes ojos de color café enmarcados por unas gruesas gafas negras, y esperaba en soledad en el Consultorio Ocho. Parecía que hubiera perdido su mochila, o tal vez estuviera preocupado por sus deberes. Sin embargo, esa impresión solo duró un breve instante.

Ocho semanas antes, me dijo, su esposa —con la que se había casado un año antes y que estaba embarazada— había quedado aplastada y había muerto en su automóvil. Se la habían arrebatado de su lado a altas horas de la noche, cuando avanzaban en medio de la oscuridad por una carretera rural. Regresaban de un fin de semana de descanso en un hostal de Mendocino cuando una furgoneta blanca se cruzó en su carril.

Mateo no pudo frenar a tiempo; la furgoneta se acercaba, la muerte se cernía. En el último momento luchó con tanta fuerza como cualquier mamífero podría haberlo hecho. Dio un volantazo hacia la izquierda, su pequeño coche volcó sobre la medianera y se estrelló contra un árbol encorvado que llevaba cincuenta años en silencio, esperando ese momento. Estuvieron colgados con la cabeza hacia abajo durante una hora; Mateo estaba ileso, atrapado junto al cuerpo destrozado de su esposa. La joven pareja quedó suspendida de los cinturones de seguridad junto con una criatura que se enfriaba poco a poco dentro de ella, indefensa en su suave seno.

Se quedó mirando la pared sin parpadear, con los brazos caídos. Dos meses después, aún persistía un terror visceral en su corazón, pero además permanecía en un aislamiento improductivo. «No sé por qué no puedo llorar». Dejando que llevara la iniciativa en la conversación, durante la siguiente hora indagué un poco más para saber de su vida, su vocación, su traslado desde Barcelona. Era arquitecto y amante del ajedrez; había llorado el día de su boda al ver avanzar a su novia por el sendero del jardín y de nuevo, poco después, cuando supo que estaba embarazada.

Se trataba de un hombre cuyo ser interior —sus emociones— se había proyectado hacia el mundo exterior, aunque ahora su dimensionalidad había quedado reducida. Incluso sus frases eran monótonas y descoloridas. Parecía estar apartado, aislado en el tiempo, con la mirada fija en una sola dirección. Cuando le pregunté por sus planes, no tenía ninguno en absoluto. Ni podía ver siquiera unos minutos más allá del presente, vislumbrar el futuro, que era invisible, imposible, una pared blanca y anodina.

Así como su futuro estaba en blanco, Mateo aún sufría en el alma la complejidad de su pasado. Un tema en particular lo obsesionaba. Su cerebro, agitado y revuelto, se centraba en una experiencia que había tenido años atrás, cuando había atropellado y matado a un mamífero muy inteligente, un mapache, también en una carretera. Había sido muy temprano —apenas había amanecido—, iba solo y conducía a toda velocidad por la amplia I-280, y el mapache estaba allí, en el carril rápido, petrificado, mirándolo. No giró el volante, confiando en el coche, su gran máquina, consciente del riesgo que suponía desviarse a esa velocidad; tan solo siguió adelante por el bien de todos y principalmente porque debía tomar la decisión, porque se trataba de su vida. El impacto duró un instante, un golpe. La familia había regresado a su hogar en la madriguera a la espera de calor y comida, pero no llegarían, ni ahora ni nunca. El coche siguió su camino, llegó a su destino y llevó a Mateo —solo a Mateo— a casa.

Se esforzaba de verdad en comprender lo que había pasado. ¿Cuánto de lo que había hecho antes importaba después? Repasó y volvió a repasar las acciones de su vida; ¿tenía que dar un volantazo tan brusco al ir conduciendo acompañado de su esposa porque no lo había hecho antes, porque no había procurado perdonarle la vida a otro ser? Su mente estaba ocupada en desmontar el sinfín de decisiones pasadas, en desmenuzar las elecciones, los vínculos y las conexiones; pero ahora todo era una incesante reflexión infructuosa. Se había quedado solo en el tablero; era un rey solitario, inútil, en tablas. Quería atizar la Tierra, exigirle a Dios que le dijera por qué seguía aquí. «No sé por qué no puedo llorar».

La ausencia inesperada de lágrimas en un recién casado que está desolado, la presencia inesperada de lágrimas en un joven estudiante de Medicina y todas las demás ocasiones en que las lágrimas nos sorprenden: esta complejidad y subjetividad pueden parecer inalcanzables para la ciencia. Para acercarse un poco a la comprensión de estos misterios, un científico podría buscar primero una forma de reducir, de simplificar, de encontrar una perspectiva que elimine la subjetividad y que deje algo que se pueda medir. Aun así, en este caso el todo y la esencia parecen ser subjetividad.

Semejante enigma no tiene por qué suponer que dejemos de buscar la explicación; la mayoría de los campos de investigación actuales, en algún punto inicial de su historia, no fueron acogidos de inmediato en las conversaciones y cánones de la ciencia. Durante un tiempo, las nuevas ideas suelen quedar relegadas a la periferia, pero en algún momento se convierten en un discurso científico aceptable, siempre y cuando haya algo interesante que se pueda medir de manera sistemática. Por ejemplo, de acuerdo con una de las más recientes y espectaculares de dichas transiciones científicas, ahora sabemos con certeza que nuestra especie, *Homo sapiens*, se apareó con homínidos prehistóricos, los neandertales, con quienes coexistió en Eurasia durante muchos miles de años. Este interrogante, que hace solo unas décadas era objeto de especulación y fabulaciones románticas, ha dado lugar en años recientes a un conocimiento inequívoco de los hechos. No solo sabemos que sí se produjo dicho mestizaje, sino también qué proporción exacta del moderno genoma humano euroasiático surgió de esta interacción, alrededor de un 2 por ciento.[4] Esta transición de la ficción a la ciencia fue fruto del desarrollo de un nuevo tipo de medición —en realidad de un nuevo campo, llamado «paleogenética»— que surgió de la unión de la tecnología (para secuenciar el ADN de los huesos fósiles) y la curiosidad humana (encarnada en el trabajo de algunos laboratorios pioneros en genética moderna).

Las preguntas sobre quiénes somos y la naturaleza de nuestros orígenes se plantean mejor ahora, tras tener conocimiento de esa proporción del 2 por ciento. Sin embargo, aún quedan por explorar muchos detalles (algunos accesibles mediante la secuenciación del ADN) del drama y la tragedia que giran en torno al caldero africano y euroasiático del apareamiento entre homínidos y la extinción de los neandertales hace cuarenta mil años; hace solo mil cuatrocientas generaciones, el último neandertal inspiró sin fuerza y dio en silencio un último suspiro en el aire frío y húmedo de una caverna recóndita, en el último reducto neandertal cerca de la costa ibérica.[5]

Con todo, tras obtener esta medida, paradójicamente, el misterio de la larga travesía de la humanidad no disminuyó por la asociación de una pregunta con una respuesta y el hallazgo de esa cifra del 2 por ciento. El conocimiento científico expande el alcance de la imaginación humana para que la fantasía pueda ponerse en marcha desde los cimientos más profundos del entendimiento, ubicados en el lecho rocoso del mundo natural, y llegue más lejos. Hoy en día, en esta misma trayectoria figuran otros recién llegados a las ciencias exactas, incluso los estados internos de la mente, como la ira, la esperanza y el dolor psicológico; estados que antes solo conocíamos por la experiencia propia, pues llegan sin invitación, como la luz y el clima, como la tormenta y el amanecer y los sigilosos crepúsculos.

El proceso científico empieza casi siempre con la medición, y los estados internos, aunque se experimentan de manera subjetiva, pueden tener manifestaciones susceptibles de ser medidas. Estas manifestaciones, como han mostrado los experimentos optogenéticos, pueden adquirir una forma física a partir de la trayectoria de los axones, los hilos que configuran el tapiz tridimensional del cerebro de los mamíferos. La exploración de los hilos de la ansiedad fue un ejemplo temprano de este tipo de avance científico.

La ansiedad es un estado complejo, con características que conocemos a partir de la introspección: cambios en la función corporal (frecuencia cardiaca elevada, respiración rápida y corta), alteraciones del comportamiento (aprensión y nerviosismo, evitación de las situaciones de riesgo aunque no exista una amenaza inminente) y por último, ya en el plano subjetivo, un estado interno negativo o de aversión (sentirse mal, se podría decir).

Estas características tan diferentes tendrían, quizá, que generarse en las correspondientes células del cerebro. La optogenética (junto con otros métodos) esclareció la forma en que diferentes células y conexiones cerebrales pueden armar y desarmar este complejo estado, que tan familiar nos resulta a la mayoría de nosotros. Se descubrieron las diferentes fibras axonales que podían ser las responsables de cada uno de estos componentes de la ansiedad (la frecuencia respiratoria, la evitación del riesgo y esa desagradable sensación interna), y fue posible acceder a ellas y controlarlas de manera independiente por medio de la optogenética. Veamos cómo se hizo.

Imaginemos una zona profunda del cerebro, un único punto de anclaje, con muchos hilos que salen como rayos de un telar a otro, cada uno extendido para conectarse con un sitio específico del cerebro. Esto es similar a la forma en que las conexiones neuronales (en forma de axones) se aventuran desde una única región que controla la ansiedad, una estructura cerebral profunda llamada «amígdala»; con mayor exactitud, desde una parte de la amígdala conocida como «núcleo del lecho de la estría terminal» o BNST, por sus siglas en inglés.[6]

Estos hilos se extienden, se sumergen y se adentran en las profundidades hasta encontrar las células necesarias para configurar todos los componentes de la ansiedad. Incluso uno llega al puente de Varolio, la zona donde se encontraba la sombra de Andi.

En medio de la imbricada complejidad del cerebro, ¿cómo podemos saber que estos hilos en particular son en realidad los relevantes? Aquí es donde podemos introducir los genes microbianos para proporcionarle una nueva lógica a cada hilo. En la apacible oscuridad que reina bajo el cráneo insertamos un nuevo código de conducta proveniente de un organismo extraño. Instruimos a una conexión, luego a otra y después a otra para responder a la luz.

Utilizamos un solo gen microbiano que tomamos prestado de un alga verde unicelular; este gen no es más que una serie de instrucciones en forma de ADN para fabricar una proteína que se activa con la luz, la llamada «canalrodopsina», que permite el ingreso en la célula de iones de carga positiva (un estímulo activador que hace que las neuronas reaccionen y emitan señales). Introducimos este gen en el BNST de un ratón, haciéndolo pasar de contrabando en un virus seleccionado por su capacidad para transportar el ADN al interior de las neuronas de los mamíferos. Las células del BNST, que de esta forma adquieren inadvertidamente el gen del alga, empiezan a producir la proteína canalrodopsina del alga conforme a las instrucciones del ADN, el manual de ensamblaje escrito en el libreto universal de la genética de la vida en la Tierra.

En este punto, si las células del BNST se iluminaran con luz azul brillante, cada una activaría los potenciales de acción, las señales definidas de la actividad eléctrica neuronal (y el estímulo luminoso se aplicaría con facilidad mediante una fibra óptica casi del grosor de un cabello, ubicada de manera estratégica para que la luz láser enviada a través de la fibra brille en el BNST). Se trataría de una capacidad por completo nueva, un lenguaje novedoso impartido, con nuestra ayuda, por las algas a los animales. Sin embargo, en estos experimentos sobre la ansiedad, en realidad la luz no se aplica de inmediato. Esperamos y surge un lenguaje aún más rico.

Al cabo de varias semanas, la canalrodopsina (que hemos unido a una proteína amarilla fluorescente, para poder ver dónde se produce y rastrear su ubicación) llena no solo las células del BNST sino también sus hilos, los axones, que al fin y al cabo forman parte de cada célula. Cada neurona del BNST cuenta con su propia conexión axonal de salida, y diferentes células envían sus hilos a distintas partes del cerebro. Después de varias semanas, los trazos amarillos de la proteína fluorescente unida a la canalrodopsina, que salen como rayos de sol del BNST, se extienden por el oscuro y secreto interior a todas las zonas del cerebro a las que el BNST les habla, que necesitan oír un mensaje de este centro de la ansiedad.

Ahora, la nueva característica se hace evidente. Se puede colocar una fibra óptica no en el BNST, sino en una región periférica;[7] de hecho, en cada uno de los diferentes destinos regionales del BNST en todo el cerebro. La luz láser enviada a través de esta fibra óptica puede entonces hacer algo muy especial. La única parte sensible a la luz de cada región de destino, sobre la que se posa un hilo amarillo —por ejemplo, el puente de Varolio—, es el conjunto de axones que se extienden desde el BNST hasta esa región. Así, la luz suministrada (en este caso al puente de Varolio, ese profundo pedestal oscuro del tallo cerebral) activa de manera inequívoca un solo tipo de célula en el cerebro: la que reside en el BNST y envía conexiones axonales al puente de Varolio. Un solo tipo de hilo del tapiz, definido por su anclaje y destino e identificado entre todas las fibras entretejidas, se puede ahora controlar directamente por medio de la luz.

Cuando esto se llevó a cabo en ratones, se descubrió que una conexión que va desde el BNST hasta el puente de Varolio —donde residen el abducens de Andi y también una subregión conocida como «núcleo parabraquial», que está involucrada en la respiración— controlaba los cambios en la frecuencia respiratoria cuando se activaba, y que no tenía ningún otro efecto que pudiéramos constatar. La estimulación de esta vía mediante la optogenética afectó a la frecuencia respiratoria tal y como se observa en los cambios producidos por la ansiedad, pero, curiosamente, no tuvo ningún efecto sobre las demás manifestaciones de la ansiedad; los ratones no mostraron ningún cambio en la evitación del riesgo, por ejemplo.

Por el contrario, la evitación del riesgo estaba controlada por un hilo diferente: la conexión del BNST con otra estructura llamada «hipotálamo lateral» (no tan profunda como el puente de Varolio). La activación de las células de esta vía mediante la optogenética alteró la intensidad con la que el ratón evitaba las áreas expuestas de un entorno (el centro de una zona abierta, el lugar más peligroso donde estar si uno es un ratón y es vulnerable a los depredadores) sin cambiar nada más (por ejemplo, no se observó ninguna modificación en la frecuencia respiratoria). De este modo, se identificó de manera inequívoca una segunda característica de la ansiedad, definida por otro tipo de célula, y empezamos a comprobar que los diferentes componentes de los estados internos están cartografiados en diferentes conexiones físicas.

¿Y qué podemos decir de la tercera característica del estado de ansiedad, la sensación de malestar? La conocemos como «valencia negativa», y su contraria es la «valencia positiva» (una sensación agradable, como la del repentino alivio de la ansiedad, que se percibe como algo que va mucho más allá de la simple ausencia de negatividad). A primera vista este aspecto parece difícil de evaluar, sobre todo en un ratón que no puede usar las palabras, y quizá también en el caso de las personas, en que incluso las palabras son imprecisas y no del todo dignas de confianza. Sin embargo, tal estado interno —aunque sea subjetivo, aunque lo experimente un ratón— puede tener características externas susceptibles de ser medidas.

En un test experimental llamado «preferencia de lugar», a un animal se le deja en libertad para que explore dos estancias similares que están conectadas, como si un ser humano tuviera vía libre para explorar dos habitaciones idénticas en una casa nueva. Si a la persona en esa situación se le hiciera sentir una intensa emoción positiva (como esa ráfaga interna que procura un ardiente beso correspondido, y de alguna manera sentirla en ausencia del beso) cada vez que tuviera la oportunidad de entrar en una de las habitaciones, y se le retirase en cuanto saliera de ella, imaginemos lo rápido que esa persona elegiría sin duda pasar todos los momentos posibles en una de las habitaciones. Una sola característica medible —la elección de la habitación asociada con esa emoción— informa al observador sobre el estado interno intangible. El observador no puede concluir con precisión cómo se siente esto, por supuesto, solo que tiene una valencia positiva, y una serie de pruebas adicionales puede confirmar dicha interpretación. La valencia negativa también se puede evaluar. Si la sensación inducida va más bien en esa dirección (negatividad interior, quizá en el mismo sentido que la repentina y devastadora pérdida de un familiar), entonces es la evitación, en lugar de la preferencia, la que se vuelve susceptible de ser medida.

Así pues, es posible explorar la valencia en los animales, y la optogenética ofrece un medio para analizar al instante el impacto de la actividad en células y conexiones específicas del cerebro. En la versión para ratones de la preferencia de lugar,[8] se da rienda suelta al animal para que explore dos estancias similares de un escenario, primero sin intervención de la optogenética. A continuación, se utiliza un láser, configurado para que la luz llegue de manera automática al cerebro a través de una fina fibra óptica, pero solo cuando el ratón se encuentra por azar en una de las dos estancias (por ejemplo, la de la izquierda). Si la actividad del objetivo optogenético concreto del momento (el hilo neuronal específico que se ha hecho sensible a la luz en ese animal) es aversiva o negativa, el ratón empieza pronto a evitar la estancia de la izquierda. Al parecer, no quiere pasar tiempo en lugares asociados con experiencias negativas, como tampoco lo haríamos nosotros. Por el contrario, si hay una asociación interna positiva, el ratón pasará más tiempo en la estancia relacionada con la luz, revelando así la preferencia de lugar.

¿Qué hilo de las profundidades del cerebro, que serpentea desde el BNST, gobierna esta característica esencial relacionada con la ansiedad, la de la valencia positiva o negativa, quizá equivalente a la sensación subjetiva de nuestro propio estado interno? De manera sorprendente, ninguna de las otras dos conexiones mencionadas hasta el momento, las que llegan al puente de Varolio o al hipotálamo lateral, rige este comportamiento desde el BNST. En lugar de ello, esta tarea está a cargo de una tercera proyección que sale del BNST hacia otro punto recóndito, casi hasta el puente de Varolio, pero no del todo: el área tegmental ventral (ATV), donde residen las neuronas que liberan un pequeño neurotransmisor químico llamado «dopamina». Este grupo de células tiene su propio abanico de funciones y acciones, pero en general está relacionado de manera íntima con la recompensa y la motivación.

La actividad a lo largo de las otras dos proyecciones, al puente de Varolio y al hipotálamo lateral, no les parece en absoluto relevante a los ratones, ya que su estimulación afecta a la respiración y la evitación del riesgo, pero no a las asociaciones positivas o negativas, al menos hasta donde el test de preferencia nos puede informar. Más sorprendente aún, el tercer hilo, el que va a la ATV, ejecuta su tarea de preferencia de lugar en los ratones (y por tanto podría estar a cargo de la subjetividad en las personas) sin afectar a la vez a las otras características: la frecuencia respiratoria y la evitación del riesgo. De esta forma, un estado interior complejo puede deconstruirse en características independientes[9] a las que se accede mediante conexiones físicas separadas (haces de hilos definidos por su origen y destino) que se proyectan a través del cerebro.

Esta estrategia no se limitó al estudio de la ansiedad, sino que después resultó aplicable al comportamiento de los mamíferos en general. Incluso el complejo proceso de la crianza, es decir, el íntimo cuidado que los mamíferos dispensan a sus crías, fue pronto deconstruido en sus componentes, que se cartografiaron en proyecciones por todo el cerebro.[10] Este descubrimiento lo hizo cinco años después otro grupo de investigadores, que utilizaron el mismo equipo de herramientas optogenéticas y la estrategia enfocada en las proyecciones. Por supuesto, quedan por resolver muchos misterios sobre la ansiedad. Por ejemplo, esta deconstrucción del estado interno de ansiedad no ofrece ninguna respuesta (aunque lo enmarca de manera contundente) a un rompecabezas eterno: el dudoso valor de que los estados internos tengan positividad o negatividad. La nítida disociación que existe entre la preferencia de lugar y la evitación del riesgo pone de manifiesto una pregunta de una sencillez engañosa: ¿por qué debemos sentir mal (o bien) un estado particular? Si el comportamiento ya está ajustado y controlado en función de la supervivencia —si el riesgo ya queda descartado, tal y como dicta la proyección al hipotálamo lateral—, ¿qué sentido tiene la preferencia, o la sensación subjetiva, generada por la conexión a la ATV?

Pensamos que la evolución por medio de la selección natural depende de las acciones que se realizan en el mundo —que aquello que un animal hace, más que lo que siente, afecta a su supervivencia o reproducción—, así que, si la acción ya está en marcha, tal vez no debería importar la sensación interna del animal ni la nuestra. Si el ratón ya evita el peligroso espacio abierto, como debe hacer para sobrevivir y como ordena el hilo que va del BNST al hipotálamo lateral, sin ninguna asociación positiva o negativa en absoluto, entonces ¿cuál es el propósito del hilo separado que va a la ATV y sus asociaciones? Sentirse mal parece inútil; es más, parece una enorme e innecesaria fuente de sufrimiento. No obstante, gran parte de la discapacidad clínica en psiquiatría surge de la negatividad subjetiva de estados como la ansiedad y la depresión.

Una razón puede ser que la vida requiere tomar decisiones entre categorías por completo diferentes que no pueden compararse de manera directa. La subjetividad —sentirse bien o mal, por ejemplo— puede ser una especie de instrumento monetario universal para la economía interna del cerebro, que permite convertir en una sola moneda común la positividad o negatividad de diversas actividades, desde la alimentación hasta el sueño, el sexo y la vida misma. Este acuerdo permitiría tomar decisiones difíciles entre categorías diferentes y optar con rapidez por las acciones más apropiadas a las necesidades de supervivencia del animal en particular y de su especie. De lo contrario, en un mundo complejo y vertiginoso, se tomarían decisiones equivocadas: frenar cuando hay que girar, girar cuando es necesario frenar.

Puede que estos factores de conversión sean aspectos sobre los que trabaja la evolución del comportamiento. El valor relativo (de la moneda común de la subjetividad) asignado por el cerebro a los diferentes estados determinará de modo inevitable las posteriores decisiones —incluso existenciales— que tome el organismo o el ser humano. Sin embargo, estas conversiones monetarias también deben ser flexibles, pues requieren cambiar a lo largo de la vida y de la evolución, a medida que los valores cambian, y esta flexibilidad podría adoptar una forma física, como los cambios en la fuerza de los hilos que se conectan con las regiones asociadas a la valencia, por ejemplo la ATV.

El estudio optogenético de la ansiedad me permitió constatar que el valor subjetivo (positivo o negativo) y las características externas medibles (la respiración, o quizá el llanto) podían agregarse a los estados cerebrales o sustraerse de ellos con una precisión escalofriante. Sin embargo, adquirí este conocimiento años más tarde, mucho después de que Mateo hubiera pasado por mi vida. En aquel momento en la sala de urgencias, no tenía forma de saber que la independencia de un elemento de un estado interior podía ser tan precisa, ni que esto podía ser el resultado de la forma física adoptada por ese elemento (que involucra una actividad eléctrica que viaja a lo largo de una conexión de una zona del cerebro a otra). Cuando atendí a Mateo, no tenía ningún marco conceptual para entender por qué no podía llorar como lo haría en circunstancias normales, pues no carecía de ninguno de los otros elementos humanos de la tristeza profunda.

Todavía hoy, los arcanos de nuestros estados internos permanecen lejos del alcance de la ciencia. Puede parecer de mal gusto estudiar el amor, la consciencia o el llanto. Con razón: si no existe todavía ninguna herramienta objetiva y cuantitativa (como la paleogenética para estudiar a los neandertales, o la optogenética para descubrir los principios del funcionamiento del cerebro), las respuestas pueden estar fuera de nuestro alcance.

En el caso del llanto, un biólogo debería presumir que, si un fluido se expulsa por un conducto similar al de nuestras glándulas lagrimales —con una sincronización precisa y en contextos uniformes para los individuos de la especie—, es probable que exista una razón evolutiva y que el asunto resulta bastante objetivo para la ciencia. Si los cambios en el funcionamiento del conducto vienen acompañados de un sentimiento intenso, un estado interno subjetivo, entonces la combinación de lo subjetivo y lo objetivo debería intrigar a un científico, a un psiquiatra o a cualquier estudioso de la mente y el cuerpo humanos.

El llanto es significativo en psiquiatría. Nuestros pacientes experimentan emociones muy intensas, y trabajamos con dichas emociones, con su articulación, reconocimiento y expresión. También tenemos experiencia a la hora de percibir las lágrimas menos genuinas, a través de un espectro asociado al engaño que va desde las lágrimas de un sufrimiento leve fabricadas con pudor hasta las muy profesionales lágrimas de la manipulación. No obstante, poco se sabe en la ciencia de las lágrimas emocionales tal y como son.

El llanto emocional no puede estudiarse bien en los animales. Las lágrimas de emoción pura, tal como las experimentamos nosotros, no se dan con claridad en ningún otro ser vivo, ni siquiera entre nuestros parientes cercanos de la familia de los grandes simios; la razón, si existe, es un misterio. Las lágrimas son un potente mecanismo de vinculación emocional;[11] se sabe que la modificación digital de las lágrimas en imágenes de rostros humanos provoca cambios significativos en la simpatía y el impulso de ayuda suscitado en los espectadores (mucho más que la alteración de otros rasgos faciales). Aunque no somos más sociables que nuestros primos —los chimpancés y los bonobos—, aun así, apelando al misterio de las lágrimas, solo nosotros lloramos, y lo hacemos solos.

Manifestamos nuestro estado interior con esta curiosa señal externa, con o sin público, sin necesidad de que haya voluntad ni intención; tan solo transmitimos nuestros sentimientos a todos los observadores y a nosotros mismos. Pero no solo nuestros parientes, los grandes simios, parecen estar excluidos; incluso muchos de los *Homo sapiens* no derraman lágrimas de emoción, y por eso viven un poco aislados. Esta separación puede ser unidireccional —aquellos cuyos cuerpos no generan dicho lenguaje siguen pudiendo entender las lágrimas emocionales de los demás y responder a ellas—, pero perderse incluso esta parte de la conversación puede tener un coste;[12] se ha observado que las personas que no lloran muestran escaso apego personal, aunque no se sabe si esta asociación se debe más a la experiencia vital o a una predilección innata.

El hecho de que esta señal involuntaria de las lágrimas emocionales esté ausente en algunos seres humanos y en nuestros parientes no humanos cercanos puede ser indicativo de una innovación evolutiva aún no establecida por completo, quizá porque su valor no es universal ni siquiera en la actualidad, o porque se trata de un experimento reciente: un accidente que aún está en proceso de manifestarse de lleno —o de no hacerlo— en la estirpe humana. Cada innovación de la evolución es accidental al principio; quizá el llanto emocional surgiera como una reconexión fortuita de los axones. Al igual que las diferentes proyecciones que salen del BNST, todos los axones son guiados durante el desarrollo del cerebro para que crezcan en direcciones específicas gracias a una serie de moléculas que establecen en el camino señales tan fuertes como las guías de hilo de un telar: pequeños postes indicadores que envían un haz de axones que crece poco a poco hacia la siguiente región del cerebro, o que lo mandan de vuelta si ha llegado demasiado lejos, o que lo envían a través de la línea media cerebral hacia el otro lado del cuerpo. Todo esto, como cualquier cosa en biología, surgió a partir de mutaciones aleatorias que tuvieron lugar a lo largo de millones de años y, por lo tanto, puede evolucionar hacia una nueva funcionalidad, también mediante mutaciones fortuitas.

Solo se necesitaría una mutación en cualquiera de estos pasos, en cualquiera de los genes que guía la ubicación de las moléculas que establecen las rutas para reorientar esos hilos de largo alcance, los axones, a través del cerebro. Las fibras procedentes de las áreas emocionales del cerebro cambiarían de rumbo un poco, y entonces nacería en el mundo un nuevo tipo de ser humano, con una nueva forma de expresar los sentimientos.

Tales innovaciones podrían abrir un canal de comunicación independiente, de asombrosa eficiencia, si consideramos que los cambios biológicos necesarios para que se dé dicha innovación serían muy pequeños: un haz de axones al que le falte un poste de señalización y que se desplace un poco más lejos durante el desarrollo. Como suele suceder en el caso de la evolución, los actores principales ya habrían estado presentes y solo necesitarían que se les enseñara una nueva pauta para crear un nuevo papel. En este caso, los axones relevantes —como los que ya viajan desde las zonas anteriores del cerebro, como el BNST, hasta zonas más profundas y primitivas del tallo cerebral, como el núcleo parabraquial, para los cambios respiratorios— ya habrían sido desviados en parte hacia un nuevo destino.

Cerca del núcleo parabraquial se encuentra el origen de dos nervios craneales; no solo del sexto, el abducens, el que había resultado afectado por el cáncer de Andi, sino también de su vecino, el séptimo, llamado «nervio facial». Todas estas estructuras —tan solo grupos de células, el sexto, el séptimo y el parabraquial— se concentran en un pequeño lugar del puente de Varolio,[13] apiñadas en ese tramo que va del cerebro a la médula espinal. Sin embargo, allí el nuevo objetivo de las lágrimas serían las células del séptimo nervio. Este último es en sí mismo todo un maestro de la expresión emocional, mucho más intrincado y multifuncional que el abducens, pues envía y recibe ricos flujos de información, hacia y desde numerosos músculos de la cara y sensores de la piel. El séptimo, el nervio facial, es el gran maestro de las expresiones faciales, pero también de la glándula lagrimal, el depósito de las lágrimas.

Es probable que el sistema lagrimal evolucionara para expulsar los irritantes oculares mediante el enjuague de las partículas molestas. En cierto momento, mediante un recableado casi trivial, tal vez lo reclutara de manera involuntaria un torrente de emociones, quizá junto con otras fibras que llegan a los centros respiratorios —el parabraquial y otras más—, y arrancó de nuestro interior la contracción diafragmática y catártica del sollozo. Cuando el primer ser humano con esta mutación lloró, y tal vez incluso sollozó, ¿cuál debió de ser el efecto que produjo en los que estaban cerca —los amigos, los familiares o los rivales— y que nunca habían visto eso antes? La comunicación a través de los ojos ya debía de haber sido importante durante mucho tiempo, siempre un foco de atención para los seres humanos —los ojos son ricos en información y siempre se accede a ellos—, de modo que la innovación habría ocurrido por azar en un sector de sumo valor para el envío se señales. Sin embargo, es posible que en ese momento no se comprendieran las lágrimas ni se reaccionara de forma emocional a ellas; es decir, que solo se prestara atención a la inusual y llamativa señal. El significado y el valor real para la supervivencia o la reproducción quizá tardaran generaciones en evolucionar.

Si el llanto tiene algún significado evolutivo, entonces los momentos en que el llanto emocional se produce pueden aportar algunas pistas. El llanto, una señal bastante involuntaria en los seres humanos —mucho más alejada de nuestro control consciente que, por ejemplo, la sonrisa o la mueca—, es un periodista bastante sincero que por alguna razón informa sobre un tipo de sentimiento. Los estudiosos se han enfocado en su valor para la comunicación social, pero el llanto emocional también se produce y se siente como algo importante —incluso productivo, al atender alguna necesidad— cuando estamos solos.

Si se tienen en cuenta todos los riesgos que implica revelar los verdaderos sentimientos (y todos los beneficios personales de la transmisión exitosa de sentimientos falsos para los individuos de entornos sociales complejos), el precario control ejercido sobre esta información emocional parece, en principio, más una desventaja que una ventaja; algo que el individuo debería descartar antes que escoger. En la señalización hacia uno mismo o hacia los demás, en cualquier caso, es interesante que esta señal haya seguido siendo en gran medida involuntaria y, por tanto, en gran medida auténtica.

¿Acaso el llanto sigue evolucionando, bajo la presión de la selección, para escapar a nuestra voluntad o para quedar sujeto a ella? Es posible que con el paso del tiempo lleguemos a controlar el llanto con la misma facilidad que la sonrisa, a menos que su naturaleza involuntaria sea más útil que las distintas ventajas que se derivarían del control voluntario. Y ahora mismo, en cierto sentido, la especie conoce a fondo esta propiedad de señalar la verdad, que está programada en los observadores humanos para tener un mayor impacto que las expresiones faciales más fáciles de manipular, como la sonrisa; de esta forma, aumenta su efecto sobre los demás y quizá atrae a los seres humanos para forjar vínculos y dar apoyo, acaso en momentos de una necesidad auténtica y apremiante.

En ese caso, es posible que se esté produciendo una especie de evolución conjunta de dos comportamientos relacionados con los sentimientos —el llanto y la respuesta al llanto— entre los miembros de nuestra especie. Se trataría de un código, un lenguaje interno de relevancia compartida tanto para el individuo como para el grupo pero que se puede manipular, como todo en el ámbito de la biología. El engaño siempre es lucrativo hasta cierto punto, pero, si es lo bastante raro, todo el programa del llanto y la respuesta podría conservar su valor como un canal de la verdad.

Para el conjunto de nuestra especie, así como para sus integrantes, semejante canal quizá fuera favorable una vez que nos convertimos en seres cognitivos socialmente complejos, capaces de engañar y negar y con un fuerte control voluntario de nuestras expresiones, pues si todos los mensajes emocionales pueden manipularse, entonces significan poco, y la comunicación social pierde muchísimo valor. Así pues, se produce una carrera armamentista entre la verdad y el engaño; se detiene cuando se logra por fin el control cognitivo (benéfico para el individuo que puede alcanzar dicho control) sobre la nueva señal (que entonces pierde su característica de autenticidad de cierto valor para la especie), y se reinicia un millón de años después, cuando una vía de axones errónea se abre paso sin previo aviso en un nuevo grupo de células del cerebro, tal vez aquellas que rigen la fisiología de la superficie de la piel, y al final genera rubor, llanto y lo que sea que venga después.

Dado que el llanto emocional es un rasgo uniforme en toda la humanidad, podemos tener la certeza de que no lo adquirimos de los neandertales, que legaron su genoma principalmente a los linajes euroasiáticos. No se sabe si los neandertales también compartían este rasgo; es muy probable que así fuera si la capacidad de llorar hubiera aparecido en un ancestro común que todos los seres humanos compartimos con ellos. Los neandertales tenían comunidades sociales estables, conservaron sus tradiciones culturales, se tomaron el tiempo de hacer arte simbólico, incluso mientras se extinguían, y enterraban a sus entrañables hijos. Así que, al menos en mi imaginación, derramaron lágrimas como las nuestras, hasta el final.

Mateo no tenía tendencias suicidas, pero le diagnostiqué una depresión mayor. Esa noche le puse esa etiqueta. Sin embargo, parecía una gran simplificación; entre otros síntomas característicos de la depresión, tenía una enorme desesperanza, que se manifestaba en su incapacidad para mirar hacia delante. Sin esperanza en el futuro, Mateo solo podía mirar al pasado.

Nunca lloró por su familia aquella noche; al menos yo no lo vi ni él me contó después que lo hubiera hecho. Al reflexionar al respecto y sobre las razones que tenemos para llorar, me pareció que una extraña armonía vincula las lágrimas de la tristeza, cuando se producen, y las más misteriosas lágrimas de la alegría. Las lágrimas brotan cuando sentimos a la vez esperanza y fragilidad, como una unidad. Me las arreglé para no escribir esto en el historial clínico, o que a Mateo ya no le quedaba ninguna esperanza por la cual llorar.

Los logros materiales modestos que no requieren un nuevo modelo de yo ni de las circunstancias —como el hecho de ganar un poco más de dinero de acuerdo con las probabilidades conocidas del mercado— no harán llorar a la mayoría de las personas. No obstante, cuando de verdad lloramos de alegría —como cuando sentimos la calidez y esperanza repentinas de la conexión humana en una boda, o cuando vemos una inesperada dosis de empatía en un niño— puede aparecer un destello de esperanza en el futuro de la comunidad, de la humanidad, en contra de la indiferencia. Podemos llorar en una boda o cuando nace un bebé, al ser testigos de una ilusión sincera, pero siendo a la vez profundamente muy conscientes de la fragilidad de la vida y del amor; «deseo que la alegría que veo allí no muera nunca, deseo que el mundo tenga la amabilidad suficiente de permitir que esto dure para siempre, deseo que estos sentimientos sobrevivan, aunque sé muy bien que tal vez no lo harán».

Este parece ser un tipo de ansiedad incluso en el caso de lo que consideramos lágrimas de alegría, pues se conoce y se percibe una amenaza (aunque no inmediata).

En el otro polo del valor, el verdaderamente negativo, en los seres humanos adultos las lágrimas de tristeza brotan de forma similar, es decir, no por pérdidas leves fruto de riesgos conocidos, sino por la súbita comprensión personal de la adversidad que debe afrontarse, como el impacto de una traición cuando la esperanza que teníamos en el futuro se tambalea y nuestro modelo del mundo, nuestro mapa de posibles caminos en la vida —la esperanza es un mapa—, debe volver a dibujarse. Cuando lloramos, incluso cuando el sentimiento es negativo, la esperanza puede estar presente; bajo unas nuevas condiciones, pero al fin y al cabo es esperanza. Entonces, de manera veraz e involuntaria, transmitimos esta señal de fragilidad de nuestro futuro y del hecho de que nuestro ideal está cambiando; en el momento en que nos damos cuenta, se lo comunicamos a nuestra especie, a nuestra comunidad, a nuestra familia y a nosotros mismos.

¿Será que a la evolución le importa la esperanza? Por muy abstracta que parezca, la esperanza es un lujo que los seres vivos deben administrar con cuidado, en dosis apenas suficientes para motivar la ejecución de acciones razonables. Cuando es irracional, la esperanza puede ser nociva, incluso mortal. Cada organismo debe preguntarse a su manera «¿cuándo debo luchar?» y «¿cuándo debo ahorrar energía y reducir el riesgo a la espera de que pase la tormenta?». La ira o el descanso, la lucha o la hibernación, llorar o no hacerlo; todo ser vivo necesita tomar tales decisiones, calcular la dureza del mundo y, si no puede superarse el reto, retirarse de la lucha. El circuito del control de la esperanza necesita funcionar, y hacerlo bien. Dado el elevado consumo energético que implica nuestro estilo de vida de primates —solo el cerebro quema una cuarta parte de nuestras calorías—, es posible que el primitivo circuito de retirada de la acción de nuestro linaje llegue a renunciar a la esperanza misma, a una ilusión a veces costosa que ocupa a nuestro cerebro más que a nuestros músculos.

Los primitivos y preservados circuitos ya estaban disponibles para ayudar a nuestra evolución a desarrollar esta capacidad; incluso los peces, que tienen la sangre fría, pueden tomar la decisión de enfrentarse con pasividad a la adversidad en lugar de actuar. En 2019 se estudiaron las células de todo el cerebro del diminuto pez cebra.[14] (Se trata de un vertebrado emparentado con nuestra especie que tiene una columna vertebral y un diseño cerebral básico muy parecido al nuestro, aunque es tan pequeño y transparente que nos permite ver su interior tras aplicar luz para acceder a la mayoría de sus células en el momento en que realiza una actividad). Se observó que dos estructuras en lo más profundo del cerebro del pez, llamadas «habénula» y «núcleo del rafe», trabajan de manera conjunta para guiar la transición del afrontamiento activo al pasivo de un reto (el comportamiento pasivo es aquel en el que el pez ya no hará ningún esfuerzo para superar un desafío).

Se descubrió que la actividad neuronal en la habénula (inducida mediante optogenética) favorecía el afrontamiento pasivo (en esencia, quedarse quieto durante un reto); en cambio, la actividad en el núcleo del rafe (fuente de la mayor cantidad del neuroquímico llamado «serotonina») favorecía el afrontamiento activo (un compromiso intenso con el problema). Al estimular o inhibir la habénula optogenéticamente, fue posible reducir o aumentar de inmediato las probabilidades de que el pez gastara energía para afrontar un desafío; por el contrario, cuando se estimuló mediante optogenética el núcleo del rafe, se observaron efectos opuestos a los vistos con la manipulación de la habénula.

Años antes, la optogenética y otros métodos habían mostrado que en los mamíferos estas dos mismas estructuras estaban involucradas[15] en el mismo tipo básico de transiciones del estado conductual, y que el efecto se producía en la misma dirección en cada estructura. Ahora, al observar estos resultados en el pez cebra, un pariente tan distante, se puede afirmar con seguridad que el fundamento biológico de la inhibición de la acción, cuando un buen resultado es casi imposible, es algo primitivo, poderoso y que se ha conservado en el tiempo, de modo que tal vez sea importante para la supervivencia.

Cualquier animal pequeño puede encontrar una grieta o una madriguera y quedarse quieto para enfrentarse de manera pasiva a la adversidad. Incluso el minúsculo nematodo *Caenorhabditis elegans* parece calcular[16] el valor relativo de buscar comida de manera activa o de quedarse quieto, con todo el poder de sus 302 neuronas. Sin embargo, los cerebros más grandes consideran muchas más acciones y resultados posibles cuando reflexionan de manera incesante y se preocupan, y elaboran árboles de decisión repletos de ramificaciones y con posibilidades que se proyectan muy lejos en el futuro. Tal vez también sea necesaria una pasividad del pensamiento; una gran reducción del valor de las propias acciones, así como de los propios pensamientos. La esperanza consume recursos de nuestro presupuesto asistencial y emocional, y quizá sea mejor ahorrarse el esfuerzo y la lucha y evitar la molestia de las lágrimas cuando la esperanza se desvanece.

Aquella noche, en la sala de urgencias, me costó mucho encontrar la forma de ayudar a Mateo. El hospital estaba lleno, no había ninguna habitación disponible para él. Como no tenía tendencias suicidas y no quería estar en el hospital, no me resultaba fácil admitirlo en el pabellón cerrado, y el abierto estaba repleto. Existía la posibilidad de trasladarlo a otros hospitales, aunque después de considerarlo en detalle con Mateo y sus hermanos terminamos enviándolo a casa en compañía de estos —y con una cita para recibir atención ambulatoria, terapia y medicación—, no sin antes tomarme el tiempo de realizar una sesión de psicoterapia de una hora de duración antes del amanecer, allí mismo, en la sala de urgencias, para ir preparando el terreno.

A menudo, cuando es posible, sacamos el tiempo para hacer esto en psiquiatría, de manera casi instintiva, incluso en medio de las prisas que nos agobian en un turno, incluso en los confines estrechos e incómodos de un cubículo como el Consultorio Ocho en el que estábamos aquella noche. Puede ser difícil disuadirnos, así como lo es impedir que un cirujano haga una incisión para curar a alguien; todos vivimos y nos movemos en el ámbito que hemos elegido.

Sin los cimientos adecuados, nada funciona en psiquiatría. Sin hilos estructurales sobre los cuales tejer, no se puede crear un nuevo patrón. Como psiquiatras, nuestro primer impulso es empezar a configurar lo que la recuperación significará para esa persona —los hilos entrelazados de lo biológico, lo social y lo psicológico—, sin prisas pero conscientes del tiempo necesario para construir algo fuerte y estable. Lo hacemos aunque nunca volvamos a ver al paciente, como sospeché esa noche; di de alta a Mateo para que su familia lo cuidara y para que recibiera tratamiento ambulatorio. Yo seguiría en mi rotación por el hospital, en mi propia trayectoria elíptica, y Mateo seguiría su arco en el universo; con toda probabilidad, nuestros caminos nunca volverían a cruzarse.

Sin embargo, me di cuenta de que había transcurrido mucho tiempo cuando ya había pasado casi una hora. Solo después del turno, mientras regresaba a casa en el coche con lágrimas en los ojos, que difractaban las luces de los semáforos, visualicé un panorama más amplio y vi que se trataba también de otro ser humano, de otro paciente.

Esa noche dediqué tanto tiempo a Mateo porque no estaba listo para su caso, para ese infierno en particular en el que antes había estado solo una vez; y por eso la terapia era también para mí, para las lágrimas que brotaban de mis ojos. Una conexión a través del tiempo se había formado en mi mente. Solo a raíz de esas lágrimas logré ver el vínculo con Andi, que me había llevado al mismo lugar y para la que tampoco había estado listo. Andi, la niña con una lesión en el tallo cerebral que se había ido hacía tiempo en un viaje que nadie podía compartir.

Esa vez, con Mateo, pensé que podía hacer algo; no mucho, pero algo. Y eso es importante; darse cuenta en un lugar y un momento dados que nos han llamado para ser lo que sea que esta humanidad pueda ser para una persona. Eso no es poca cosa.

Años más tarde, tras nuestro trabajo de optogenética sobre la ansiedad y su relación con el BNST, quedó al descubierto una conexión aún más profunda entre Andi y Mateo. Había un curioso común denominador en estos pacientes, que representaban los dos momentos más difíciles a los que me había conducido la medicina, de los que más me había costado salir. En realidad, lo que había llevado a cada uno de ellos al hospital esas noches en que estaba de turno había sido la alteración de unas fibras ubicadas prácticamente en la misma zona profunda del sistema nervioso. Ese sitio, el puente de Varolio, era la base y cimiento del cerebro, donde se controlan el movimiento de los ojos, las lágrimas y la respiración, y donde los vecinos, en el caso de mis pacientes, se habían alterado: el sexto y el séptimo, los finos acordes de la armonía perdida.

Sin embargo, no puedo especificar la relevancia de esto, si es que la tiene. Solo sé que la zona es recóndita y primitiva.

El naturalista Loren Eiseley escribió que un símbolo «una vez definido, deja de satisfacer la necesidad humana de los símbolos». Eiseley recopilaba observaciones de la naturaleza y registraba como símbolos las ideas que le suscitaban dichas imágenes; como la de una araña fuera de temporada que sobrevive en pleno invierno tras construir una telaraña junto a una fuente de calor artificial, la bombilla de una lámpara exterior. Esta imagen lo conmovió a pesar de la certeza casi absoluta de que «su denuedo contra las irracionales fuerzas del invierno, su apropiación de ese cálido globo de luz, no serviría de nada y no había remedio [...]. Allí había algo que debería transmitirse a quienes librarían nuestra última batalla glacial contra la nada [...] en los días de la búsqueda helada de un rastro de sol». La esperanza, representada en la vida compleja que lucha contra el frío inexorable, conmovió a Eiseley y conmueve a los científicos y artistas por igual. Está cerca del núcleo de lo que nos conmueve hasta las lágrimas.

Para Mateo no quedaba ninguna esperanza por la cual llorar, ahora que su esposa y su bebé habían desaparecido. Su falta de lágrimas también era su ceguera acerca del futuro. Sin embargo, de alguna forma, yo sabía o creía saber que podría volver a amar, a su debido tiempo. La esperanza no había muerto aunque él no pudiera verlo, y por eso las lágrimas venían por mí y no por Mateo.

El verdadero fin de la esperanza solo se manifiesta con la extinción, cuando el último miembro vivo de una especie vuelve solitario al barro. En la historia de nuestro linaje, este desenlace debe de haberse producido muchas veces en las finas ramas perdidas de nuestro árbol genealógico más extenso. Los neandertales y otros, en los últimos compases de sus días postreros, vivieron esa tragedia para la cual todo lo demás es una metáfora.

La extinción es algo normal. Al parecer, toda especie de mamífero tiene una existencia promedio de alrededor de un millón de años,[17] con unos pocos episodios de supervivencia por los pelos hasta que llega el fin. Hasta ahora, los humanos modernos solo hemos vivido alrededor de una quinta parte de ese lapso, aunque ya hemos sobrevivido a algunas crisis misteriosas que pueden inferirse de los genomas humanos, episodios en que el tamaño de la población mundial susceptible de reproducirse se redujo quizá a unos pocos miles de individuos.[18]

Este tipo de eventos demográficos podrían por sí solos contribuir a explicar la prevalencia de rasgos extraños con poco valor aparente; comportamientos poco sofisticados que la población adquirió de manera parcial (como en el caso del llanto) debido al escaso beneficio que reportaban. Cuando una especie pasa por un cuello de botella que afecta al tamaño de la población —en que solo una pequeña fracción sobrevive (o migra)—, los rasgos que estaban presentes en los supervivientes o migrantes fortuitos gozan durante algún tiempo de una prevalencia exagerada, tuvieran o no dichos rasgos una importancia inusual de cara a la supervivencia. Este podría ser el caso de las lágrimas emocionales, y permite explicar la aparente singularidad de semejante rasgo entre los animales.

Por otro lado, tal vez necesitábamos este canal de la verdad, más que en el caso de otras especies emparentadas, para construir estructuras sociales cada vez más grandes y complejas en el transcurso del tiempo. Puede que el llanto surgiera en un principio como una proyección mal encaminada del tallo cerebral, pero es posible que las poblaciones de África oriental, en pleno proceso de fusión, hubieran adquirido esa variante genética a medida que surgía nuestro linaje moderno; en aquel entonces usábamos los dedos y el cerebro para construir casas de manera conjunta y conformar comunidades duraderas a un elevado coste. Tal vez, las lágrimas pasaron a ser necesarias después de que nos hubiéramos vuelto expertos en la farsa definitiva, en manipular la última señal de burla o de queja. Los constructores necesitan cimientos sólidos; los constructores sociales, la verdad cimentada.

El último neandertal —un humano casi moderno, recio, de cerebro grande, el último miembro de una rama de nuestro árbol genealógico que enterraba a sus muertos con rituales y esmero— murió hace apenas un parpadeo, agazapado hasta el final en las cavernas cercanas a lo que ahora es la costa de Gibraltar, en su último refugio, escondiéndose de, como dijo Eiseley, «los primeros arqueros, los grandes artistas, las terribles criaturas de su misma sangre que nunca estaban quietas». Es posible que también llorasen en las bodas y en los nacimientos; sin embargo, cuando el último neandertal hambriento miró al último bebé tratando con desesperación de amamantarse, piel contra piel, pero sin fluido en los conductos... ya no quedaban esperanzas ni siquiera de albergar la duda, no quedaba ningún futuro que cuestionar o temer. Entonces ya no brotaron lágrimas bajo la luna sin respuestas; solo quedó un arroyo seco alejado de un mar salobre.

2

La primera ruptura

Los cuernos del viejo ciervo comenzaron a brotar,
el cuello se extendía, las orejas se volvían largas y puntiagudas,
los brazos eran patas, las manos eran pies, la piel
un cuero moteado, y el corazón del cazador se llenó de espanto.
Huye raudo, y al hacerlo se asombra
de su propia velocidad, y al final ve reflejados
sus rasgos en un estanque tranquilo. «¡Ay!»,
intenta decir, pero no tiene palabras. Gime,
el único lenguaje que tiene, y las lágrimas resbalan por
las mejillas que no son suyas. Solo le queda
una cosa, su antigua mente. ¿Qué debería hacer?
¿Adónde debería ir, de vuelta al palacio real
o encontrar algún lugar de refugio en el bosque?
El miedo argumenta contra uno, y contra el otro la vergüenza.
Y mientras tanto duda; ve a sus sabuesos,
Pie Negro, Rastreador, Hambre, Huracán,
Gacela y Guardabosques, Manchas y Silvestre,
Alado, Cañada, de raza lobo, y la perra Arpía
con sus dos cachorros, medianos, a su lado,
Tigresa, otra perra, Cazador y Larguirucho,
Mandíbulas, y Hollín, y Lobo, con la marca blanca
en el hocico negro, Montañero y Poderoso,
Asesino, Torbellino, Blanquito, Piel Negra, Garras,
y otros que sería demasiado largo mencionar,
sabuesos de Arcadia, y de raza cretense y espartana.
Toda la manada, con sed de sangre a cuestas,
llega con aullidos sobre los acantilados, los riscos y los salientes

donde no hay senderos: Acteón, antes perseguidor
en este mismo suelo, es ahora perseguido,
huye de sus antiguos compañeros. Querría gritar:
«Soy Acteón: ¡reconoced a vuestro amo!».
Pero las palabras no salen, y nadie puede oírlo.

OVIDIO, «La historia de Acteón»,
Las metamorfosis, libro III

Una imagen puede echar raíces y crecer. En este caso, se trata de un joven padre con su hija de dos años en el 767 que se ladeaba despacio hacia el puerto mientras se acercaba a la torre de acero en llamas.[1] Es un fotograma del instante en que por fin advierte la verdad imposible; su pulso late con fuerza, pero la pequeña está tranquila en medio del caos, porque papá dijo que no había monstruos. Gira con firmeza la cabeza de su hija hacia la suya —ella es un frágil punto cálido que brilla en la fría eternidad— en un momento de comunión silenciosa antes de la sublimación.

Una niña y su padre buscan en el otro la gracia mientras el avión ruge hacia la segunda torre; tras diseminarse por el mundo, esta imagen sin palabras se materializó en la mente fértil de un hombre llamado Alexander mientras navegaba por las Cícladas. La escena imaginada se avivó, germinó y cobró forma; invadió todo el terreno de sus pensamientos, mientras extraía con voracidad todo el fluido de su alma.

Poco antes de que llegara septiembre, las pautas básicas de la vida de Alexander ya se habían reconfigurado, así que es posible que su cerebro —en barbecho durante décadas— estuviera preparado cuando el mundo exterior también se transformó. En 2001, mientras los últimos días del verano se acortaban y traían consigo tardes heladas y hojas carmesíes a la península de San Francisco, Alexander había renunciado, a los sesenta y siete años, a la compañía de seguros en la que había trabajado durante décadas como un subdirector bastante eficiente, pero en la que ya no demostraba la destreza necesaria para lidiar con los cambiantes estamentos de Silicon Valley. Ahora, su único territorio sería su hogar entre las secuoyas costeras de Pacífica, en la casa de techo alto que, veinte años antes, había construido con su mujer en una hondonada brumosa, lo bastante grande para sus tres hijos y quizá algunos nietos. Era un hombre de porte elegante, algo encorvado, en medio de la creciente calma.

No había habido ninguna señal de advertencia previa en su vida, ningún antecedente ilustrativo que su familia pudiera mencionar, cuando los conocí seis semanas después del 11-S en la sala de urgencias. A esas alturas, su mundo entero había volado en pedazos, no por la explosión del queroseno de un avión, sino por una manía feroz, eufórica e incontenible, que no se parecía a nada de lo que le había ocurrido antes en la vida. Fue la primera ruptura, ese momento en el que los vínculos con la realidad se quiebran en respuesta a un vendaval de estrés, a la guadaña del trauma o a otros detonantes desconocidos, y por primera vez el ser humano se zafa de sus ataduras; el primer episodio, cuando aquellos con manía o esquizofrenia se desconectan y, expuestos a un gran peligro, la enfermedad los lanza por los aires.

En septiembre, cuando la ciclogénesis empezó a arreciar, Alexander apenas había empezado a disfrutar de su jubilación; navegaba por el Egeo con su esposa, en un viaje por la Antigüedad. Menos de dos meses después de haber regresado a casa, cuando su familia y la policía lo trajeron al servicio de urgencias, se había transformado. La información que el protocolo hospitalario había recogido y registrado, lo primero que vi, no mostraba ningún problema evidente. Como no lo conocía, solo vi a un hombre muy alerta que hojeaba con vehemencia el periódico mientras permanecía cruzado de piernas junto a la camilla.

El elusivo y voluble misterio de la psiquiatría se presenta después: descubrir qué era lo que había cambiado para esta persona y por qué. No hay tomografías cerebrales que puedan orientar el diagnóstico. Podemos utilizar escalas de valoración para evaluar los síntomas, pero incluso esas cifras son solo palabras transformadas. Así que ensamblamos palabras; eso es lo que tenemos. Reunimos las frases y las convertimos en una historia.

Todas las personas involucradas —en diferentes combinaciones: el paciente, la policía en el pasillo, la familia en la sala de espera— hablamos en busca de la explicación adecuada. Al tratarse de alguien sin antecedentes de manía en su historial ni en el de su familia, ¿por qué le había sucedido a él, por qué en ese momento? Había experimentado aquel día, el del ataque al corazón de su país, con la misma intensidad que cualquier otra persona.

Ni siquiera el dolor que había sentido, al empatizar con los desaparecidos, justificaba de por sí ese efecto descomunal. La muerte sienta mal a los seres conscientes; siempre ha sido así. Lo inimaginable es universal, pero la manía no es común. Sin embargo, le llegó a Alexander... pasado un tiempo.

Tras el 11-S, durante una semana Alexander permaneció más bien en el lado estoico y se limitó a hacerse eco de la conmoción y el dolor que proliferaban a su alrededor. Leyó las historias de las víctimas, pero después empezó a centrarse en dos de ellas, un padre y una hija, una combinación que no había vivido en persona. Apareció una escena y poco a poco se llenó de detalles; habló con su familia acerca de cómo imaginaba sus últimos momentos, mientras que en el interior de su cerebro daba inicio un reajuste secreto. Mediante un proceso aún misterioso, se formaron nuevas sinapsis y se rompieron las conexiones más antiguas. Los patrones eléctricos se modificaron a medida que se reformulaba la secuencia de comandos. Durante una semana, su biología aprendió en silencio un lenguaje nuevo, que después se desplegó y por último se expresó con elocuencia.

Las primeras manifestaciones fueron físicas. Casi no dormía, y se convirtió en una persona completamente alerta y llena de vida veintidós horas al día. Alexander, que nunca había sido muy hablador, ya no podía contener el enorme caudal de palabras que brotaban en un torrente impetuoso —turbulento y discontinuo— aunque aún coherente, al menos al principio. El contenido de su discurso también cambió; Alexander era más incisivo, carismático, estimulante e inspirador. Más allá del lenguaje, todo su cuerpo se vio afectado; con el ardor de la nueva juventud, se volvió de repente voraz y tenía una conducta sexual compulsiva. Ya no era un viejo toro dedicado a pacer, sino un ser vivo preparado de nuevo para reaccionar, para interactuar; la superficie de su piel era útil y estaba disponible. La vida era exquisita, atractiva, seductora.

Los proyectos y objetivos aparecieron después. Eran muchos y audaces, y tenían un matiz de excitación, un toque de riesgo. Se compró una nueva camioneta Dodge Ram, con enganche reforzado para el remolque y cabina doble. Corría durante toda la noche, leía libros durante todo el día, estudiaba teoría de la guerra y escribía páginas sobre movimientos de tropas y fuerzas de reserva. La idea del sacrificio surgió y se volvió cada vez más fuerte; escribió cartas en las que se ofrecía como voluntario para alistarse en la marina, y una noche lo encontraron en medio de la niebla haciendo rápel por un tronco de secuoya, entrenándose para la guerra. Estaba rompiendo su crisálida de toda la vida para convertirse en una joven mariposa monarca.

La transición había tenido su encanto, hasta cierto punto, pero luego derivó en especulaciones sobre el bien, el mal, la muerte y la redención. Hasta ese momento había vivido en una especie de luteranismo incólume, sin tormentas y modestamente enriquecedor; con una vinculación mínima con las demás partes de esta vida. Entonces empezó a hablar con Dios; primero con calma, luego con frenesí, después a gritos. Entre esas plegarias había sermones para los demás, en los que se volvía irascible, oscilando entre la euforia y el llanto.

Hacia la medianoche del día anterior al ingreso en el hospital, salió corriendo de la casa con su escopeta para cazar codornices y les lanzó ramas y trozos de corteza a sus hijos cuando intentaron detenerlo en el patio. La policía lo encontró dos horas más tarde, acurrucado en un matorral cerca de un arroyo seco, dispuesto a acribillar la maleza. Lo atraparon y redujeron con las minucias de las peroratas medicojurídicas, mientras toda la energía aún bullía detrás de sus ojos bañados en lágrimas.

La furia externa se apaciguó durante las horas que estuvo en el hospital. Cuando hablé con él, solo presentaba un patrón motor rítmico, como el de un león que camina enjaulado, excepto que era una vocalización, un estribillo que repetía una y otra vez: «No lo entiendo». Sin albergar la menor duda, convencido de su identidad y su papel, no podía entender la reacción de su familia; ¿por qué no les parecía que cada una de sus acciones era la más lógica, un ejemplo que todos deberían seguir?

La fijación era sorprendente y pura. La primera ruptura de Alexander había sido una separación limpia, sin las confusas rupturas múltiples de la psicosis o las debidas al consumo de drogas. Estaba dislocado. No estaba sometido a ningún condicionante.

¿Qué le esperaba al nuevo guerrero?, ¿tal vez antagonistas de los receptores de dopamina? No quería ayuda, no veía la necesidad de someterse a nuestro programa y rechazó el tratamiento. En el sistema cerrado de su lógica, sellado a presión, solo había claridad y el peligro de una explosión. Cual mensajero inseguro, vacilé ante él mientras describía la imagen que se había desarrollado en su mente, la de la niña en el avión con el padre que le sujetaba con suavidad y firmeza la cabeza para inmovilizar su mirada, de modo que solo pudiera verlo a él hasta el final.

Me llegaban imágenes, intensas asociaciones. La singular abstracción de la psiquiatría —ciencia y lenguaje, medicamento y texto, en la que se fundamenta la atención más adecuada— me permitía pasar todos los días inmerso en palabras e imágenes, y moverme más allá de la historia hacia la alegoría, aun cuando hacerlo fuera inútil; en diálogo con la historia, con la neurociencia, con el arte y con mi propia experiencia. En este caso, la primera historia que su transformación me evocó, tal vez inspirada por la imagen de Alexander navegando por las islas griegas, fue la del cazador Acteón de Ovidio —hijo de un pastor—, a quien la iracunda diosa Artemisa convirtió en ciervo como castigo por haberlo sorprendido espiándola mientras se bañaba en un manantial. Tenía una fuerza, una velocidad y una figura nuevas —lo había dotado de fuertes cuernos y veloces pezuñas—, pero el momento no era el adecuado y el escenario no era el mejor. Se convirtió en un animal de presa en medio de sus propios sabuesos —Pies Negros, Rastreador, Hambre, Huracán—, que lo despedazaron. Tal vez fuera un Acteón lo que veía ante mí, transformado por la diosa de la Luna, con la policía y yo mismo como sabuesos de Arcadia, de Creta y de Esparta; toda la jauría, sedienta de sangre, aullando por los acantilados, los riscos y los salientes donde no hay senderos.

Sin embargo..., a diferencia de la historia de Acteón, cuya nueva figura de ciervo no tenía ningún valor, la nueva apariencia que se le había otorgado a Alexander sí que tenía un propósito nefasto y apropiado. En este sacrificio, era más bien como el de Juana de Arco, que al igual que Alexander había nacido lejos de la vida militar. En su caso, fue en una pequeña granja de Lorena donde el misterio comenzó a hablarle. Sin tratar de diagnosticar a un personaje histórico —algo siempre tentador, pero por lo general insensato, para los psiquiatras—, no pude dejar de imaginar cómo su perturbación le dio buenos resultados en tan poco tiempo. Con solo diecisiete años, cuando Francia empezaba a ceder ante los ejércitos ingleses, surgió en ella una nueva forma de ser, no desorganizada como en la esquizofrenia, sino orientada a alcanzar objetivos, centrada en la política continental y la estrategia militar. Se puso del lado del delfín con la firme convicción de que era imprescindible y con una poderosa religiosidad que le permitió infundir a la lucha un espíritu considerado divino; con estandartes en lugar de espadas, atravesó enjambres de flechas de ballesta y avanzó a través de su propia sangre hacia la coronación.

La transformación de Alexander también surgió en la calma bucólica de un país en peligro —una perturbación creada por ese mismo peligro—, y su nueva condición se ajustó a la crisis. Algunos detalles no eran los apropiados —el talante de la cultura actual no encajaba con aquello en lo que Alexander se había convertido— y él no era el receptor idóneo, aunque ¿acaso lo era menos que una campesina de diecisiete años sin formación en estrategia ni política? Cuando fue capturada por los ingleses y quemada en la hoguera, Juana ya había salvado a su país y ganado la guerra. Y hete aquí que estábamos a punto de curar a Alexander, de cauterizar esta enfermedad, de quemar el espíritu. Como psiquiatra de pacotilla estaba preparado, con mis herramientas medievales.

Entonces, en ese momento incierto —atrapados los dos en una diminuta contracorriente personal, perdidos en la vasta atmósfera global que ya llevaba meses ensombrecida por la carne quemada y las estelas de los depredadores aéreos—, un delgado y frágil hilo de la memoria, de mi propia historia, subió a la superficie.

Me encontraba apoyado en una valla metálica, el perímetro de una estación exterior de la línea T del metro de Boston. Era un frío día de octubre, poco antes de la medianoche. Agotado tras un largo día en el laboratorio y un experimento fallido, estaba exhausto e irritado. La zona parecía casi desierta, excepto por dos hombres que hablaban en voz baja en el otro extremo de la estación apenas iluminada. Un par de siluetas, una alta y otra baja. Durante un minuto de paz, cerré los ojos e incliné la cabeza mientras esperábamos.

Cuando abrí los ojos para divisar el tren, vi una hoja de veinte centímetros, plateada y dorada bajo el resplandor del metro, fina en la punta, incluso delicada, que casi tocaba mi camisa y por poco a mí. Solo pude ver con un increíble detalle la hermosa hoja, y todo lo demás desapareció. Quedé pasmado, no había nada más en el mundo; en ese instante fui consciente de todos los acontecimientos, interacciones y pasos mediante los cuales el universo me había puesto allí, y me pareció entender que ese destino había sido preparado para mí con cuidado y esmero. Había llegado a donde debía estar, y me invadió una extraña paz, una gracia.

Entregué mi mochila y esperé impasible mientras la alta sombra la vaciaba, sin dejar de mirar en ningún momento la hoja que el otro sostenía. Mi dulce misericorde, la fina hoja de clemencia que se utilizó tras las batallas medievales para asestar el golpe de gracia a los moribundos en Orleans y Agincourt. El acero parecía palpitar bajo la luz surrealista de la estación del metro, y su ritmo inmovilizaba todas las células de mi cuerpo.

El contenido de la mochila quedó al descubierto —sabía que solo era una revista de biología del desarrollo y setenta y cinco centavos para el metro— y los recuerdos de lo que pasó a continuación están fragmentados. Una ráfaga de palabras llenas de furia, el cuchillo pareció crisparse con una intención poco clara y, de repente, dejé de ser pasivo. Recuerdo que extendí el brazo izquierdo hacia arriba y hacia fuera para crear un espacio estrecho y huir hacia la derecha. En mi siguiente recuerdo consciente estoy a manzanas de distancia, sin saber dónde, corriendo solo en la helada noche llena de estrellas.

En las siguientes semanas me invadió una gran energía, un burbujeo interior de ira y euforia, una sensación en el pecho cual géiser a punto de estallar. Luego, la sensación bajó a una ligera presión que duró una o dos semanas; después, todo se condensó en una apacible lucidez, y al final... no quedó nada. Se marchó, para no volver nunca más; una desviación menor, un paseo, un viaje de un día en mi interior, real pero débil, que nunca trascendió.

Mientras pensaba en Alexander, me pareció que su cerebro, a diferencia del mío, tenía que haber estado preparado: un terreno en pleno barbecho, fértil y a la espera de la semilla. Sin embargo, incluso él podría haberse librado de la manía si no hubiera sido por el 11-S. Como la manía tiene un coste elevado, su cerebro había fijado un umbral alto, ajustado para responder de esa manera solo ante una amenaza potencial a la colectividad; toda su comunidad parecía estar en peligro por los invasores que se abatían sobre ella. Su imperturbable odisea de lo útil y lo bueno terminó tan solo con torres en llamas, y, una vez iniciada, su transición fue rápida y firme, una segunda pubertad que lo redefinió por última vez. Las hormonas esteroides del estrés recorrieron su cerebro al igual que la hormona juvenil recorre una oruga y pone fin a la incómoda e indefensa fase de paz, las viejas neuronas larvarias se suicidan, involucionan de manera implacable, precisa y meticulosa. En el caso de la manía, surgieron alas para la mente. La metamorfosis tuvo lugar.

Tal vez me faltaban los genes, el temperamento o el paisaje mental para revitalizarme por completo. O tal vez mis circunstancias eran diferentes a las de Alexander. Yo estaba solo, el asalto iba dirigido contra mí, no contra mi comunidad, y pude escapar; apenas necesité dos minutos de neuroquímicos perfectos derivados de la adrenalina para hacer frente a la amenaza, tan solo esa respuesta de lucha o huida afinada de manera tan exquisita. Un cambio de comportamiento estable, de semanas o meses, no habría tenido ningún sentido. La manía, al menos cuando los síntomas y la amenaza coinciden (como en el caso de Alexander), parecería más bien una furia social permanente —prolongada por algún propósito o posibilidad— para defender a la comunidad mediante una actividad dirigida a un objetivo, pero solo si se necesita una nueva forma de ser, un estado elevado. La elevación del estado de ánimo puede generar energía para la construcción social —durante el tiempo necesario para levantar terraplenes defensivos ante el rumor de la guerra,[2] para que el clan afectado por la sequía pueda migrar sin descanso durante semanas en busca de agua o para cosechar todo el trigo del invierno cuando las langostas eclosionan— y con toda la celeridad de un objetivo constructivo, esa gratificante sensación necesaria para reajustar durante un tiempo las prioridades predefinidas, para armonizar todo el sistema de valores internos de una persona de modo que pueda afrontar la crisis.

Pero en nuestro mundo la manía está plagada de peligros: es perjudicial para el paciente y costosa para la comunidad; es la excepción, no la regla, que los síntomas parezcan siquiera apropiados. Frustrada en el mundo moderno por nuestras intrincadas convenciones y rígidas reglas, la mariposa monarca que no acaba de eclosionar queda atrapada en una carcasa agrietada y endurecida; sus alas nuevas se atascan y empiezan a rasgarse en la impetuosa lucha por emerger.

Mientras hablábamos, pude sentir que la habitación estaba cargada de esa energía atrapada. En su enfado y agitación, sin saberlo, Alexander generó en mi mente escenas imaginarias de su vida que arraigaron en mí como lo había hecho la escena del avión en su caso, sin palabras, pero con una claridad y un grado de detalle asombrosos.

Dejé que la visión creciera y entonces vi que de vuelta a casa, después de su odisea de octubre, sus propios ojos descubrían a un perro castrado que estaba sobre la alfombra, con el vientre hinchado al descubierto y con una respiración estertórea y desacompasada mientras Pachelbel sonaba en el polvoriento equipo de sonido. El perro era el Alexander de los últimos treinta años: débil, estéril, asincrónico. La necesidad de saltar y golpear —de actuar— había aparecido.

Su esposa le propuso una excursión a un estuario costero para pasar un rato tranquilo entre la elegancia de las garzas de la zona; sin embargo, lo que en realidad le importaba a Alexander eran los alcaudones y las aves carnívoras del desierto, los depredadores que sobrevolaban Mazār-e Sharīf. Lo habían llamado a filas, la época de Kandahar estaba de vuelta; era hora de partir una vez más de Macedonia rumbo a Oriente. Alexander había sentido un creciente remolino de rabia. Pero no, se trataba de su libido. Sus conductos se habían sentido llenos de fluido, todos ellos, con el músculo liso ductal tenso contra lo que había almacenado durante décadas. Exprimía lo que tenía, lo que tenía para dar. Potente como el queroseno de un avión.

Había sido imposible detener de forma natural el nacimiento de este nuevo ser, así como tampoco se puede detener un parto, y la manía como tal puede durar semanas o más. Sin embargo, en el hospital cualquier parto puede retrasarse o detenerse durante un tiempo. Cuando Alexander pidió salir de urgencias desató las desesperadas súplicas de su familia, y bajo mi supervisión médica se le quitó la libertad y se le despojó de sus derechos civiles de manera temporal. Así, atado al mástil, recibió olanzapina —un modulador de la dopamina y la serotonina, para bloquear los cantos de sirena de la manía— y al cabo de una semana estaba, como solemos decir, en vías de normalización.

Sin embargo, los resultados no merecieron una sensación de satisfacción; normalizarlo no constituyó una victoria rotunda. El equipo clínico no intercambió ningún comentario grato en las rondas. En lugar de ello, solo hubo discusiones vacilantes en la sala de residentes sobre el significado de la manía y la ética de la intervención.

La manía no puede trivializarse ni idealizarse. Por muy interesante que resulte ese estado —y por muy eufóricos que puedan sentirse los pacientes, que, al menos durante un tiempo, animan a todos los que les rodean con su contagiosa creencia en lo que podría ser posible— la manía es destructiva. En las personas vulnerables, aquellas predispuestas al trastorno bipolar, la manía no suele desencadenar amenazas en absoluto, y ni siquiera tiene visos de ser útil;[3] más bien, es impredecible y puede ir acompañada de psicosis, una ruptura del proceso por el que se rige el pensamiento, la catástrofe de la depresión suicida y la muerte.

En la actualidad, cualquier valor de la manía es mudable, pero los estados de energía elevada son uniformes; es una herencia común de la humanidad a través de culturas y continentes. No todos estos estados encajan a la perfección en el mismo contexto. Las variantes pueden incluir el *amok* en Malasia, un estado de intensa melancolía seguido de ideas persecutorias y una actividad frenética, o el *bouffée délirante* en África occidental y Haití, un estado repentino de agitación, excitación y paranoia.[4] Ambas, así como la propia manía, que se observa en todo el mundo, pueden corresponder a finos perfiles de una estructura multidimensional mucho más amplia y compleja, un conjunto de posibles comportamientos, de estados alterados. Las diferentes culturas hacen sus propios cortes transversales para describir dichos estados, cada una bajo una óptica diferente.

Desde luego, la evolución humana no ha dado con una estrategia única o ideal para elevar de forma continua el estado de ánimo, si es que puede haber una, y muchos genes diferentes tienen que ver con el trastorno bipolar. Como testigos de las luchas pasadas de la evolución humana, nuestros genomas están cargados de otras soluciones de primer orden que todavía hay que perfeccionar. En gran parte de la medicina moderna, excepto la psiquiatría, desde hace mucho tiempo es posible preguntar e incluso responder por qué una enfermedad genética puede ser común. Para explicar la persistencia de la anemia falciforme, podemos contar, por ejemplo, la historia de nuestra coexistencia con el parásito microbiano *Plasmodium malariae*, el cual, al evolucionar con nosotros, impulsó la adaptación de las células sanguíneas y del sistema inmunitario en una angustiosa concatenación de preguntas y respuestas que tuvo lugar durante millones de años.

La anemia falciforme y las enfermedades relacionadas con ella llamadas «talasemias» (un nombre clásico, dada su distribución por el Mediterráneo) son cargas que portan muchos seres humanos modernos que comparten raíces genéticas periecuatoriales, las zonas donde abundan el *Plasmodium* y el mosquito que lo transmite. La carga adopta la forma de mutaciones en la hemoglobina, la proteína de los glóbulos rojos que suministra oxígeno a las mitocondrias (orgánulos que en el pasado fueron microbios inmigrantes, como el *Plasmodium*, y que ahora son socios simbióticos que contribuyen a nuestra supervivencia). Si logra entrar en nuestros glóbulos rojos, el *Plasmodium* se establece en su interior, y las mutaciones de la hemoglobina actúan en su contra y eliminan la malaria porque bloquean la propagación del *Plasmodium*, este antiguo enemigo, a través de la sangre. Sin embargo, las mutaciones también conllevan el riesgo de que los glóbulos rojos se deformen y provoquen los síntomas de la enfermedad: dolor, infecciones e infartos.

Al igual que en la fibrosis quística, los humanos con un solo gen mutado no suelen presentar síntomas, y solo cuando hay dos genes mutados se produce la anemia falciforme. Sin embargo, a diferencia de los portadores de un solo gen de fibrosis quística (al menos tal y como se entiende hoy en día), los portadores de la anemia falciforme (los que tienen un solo gen mutado, que no están enfermos) tienen una ventaja evidente porque son resistentes a la malaria; se revela así un cruel arreglo evolutivo: solo los que tienen dos copias de la mutación pagan un precio muy alto a cambio del beneficio del que disfrutan aquellos con una sola copia, los que no sufren. Así pues, estas mutaciones son medidas precarias, atajos rápidos, que todavía compiten en la lentísima arena de la selección natural.

La lección que enseña la célula falciforme es que la enfermedad y los enfermos solo tienen sentido en conjunto en el contexto más amplio del linaje humano y de su evolución. Si bien no siempre es fácil para los científicos descubrir estas perspectivas, el simple hecho de encontrar una explicación es importante porque nos ha permitido liberarnos de las garras del misticismo y la culpa. La psiquiatría, sin embargo, carece de dicha perspectiva. A pesar de ser más importantes que cualquier otro tipo de dolencia —en cuanto a mortalidad, discapacidad y sufrimiento en todo el mundo—, las enfermedades mentales siguen en esencia sin contar con una visión de este tipo, y en la actualidad no existe una explicación definitiva.

Sin embargo, la neurociencia ha alcanzado un punto de inflexión. Por primera vez, la explicación científica, desde el punto de vista biológico, de estas enfermedades parece estar al alcance de la mano, y como en el caso de la anemia falciforme, así como en el de todo lo relacionado con la salud y la enfermedad humanas, la prevalencia de la enfermedad mental debería estar sujeta a las consideraciones evolutivas; y es que, como escribió Theodosius Dobzhansky en 1973, nada en biología tiene sentido si no es a la luz de la evolución.

Con todo, pensar en las compensaciones de la supervivencia y la reproducción puede ser un error si las preguntas que se formulan son ingenuas o incompletas. Por ejemplo, el daño que las enfermedades psiquiátricas causan a los pacientes parece evidente, pero ¿quién sería el receptor del beneficio evolutivo, si es que existe alguno, que permite que dichos rasgos persistan? En el caso del rasgo falciforme, los que reciben el beneficio no son los mismos que sufren. ¿Acaso es así también en las enfermedades mentales, es decir, que hay algún beneficio solo para los parientes cercanos? O bien, ¿puede ser que los enfermos mentales se beneficien directamente (en algún momento, de alguna manera)?

Debemos reconocer que el mundo actual no tiene una respuesta; la evolución es lenta, mientras que los cambios culturales son rápidos, y la sociedad está lejos de alcanzar un estado estacionario. Es probable que estemos adaptados de modo imperfecto a nuestro mundo. Aun así, hay esperanzas de que podamos entenderlo; es probable que los rasgos que poseemos y los estados que experimentamos hayan sido importantes para la supervivencia hasta hace muy poco, a lo mejor hasta nuestros días. Lo que no es relevante para la supervivencia desaparece pronto y solo deja rastros, huellas en la arena húmeda de los genomas, que se desvanecen con el oleaje de las generaciones. En el linaje de los mamíferos, los genes de la yema del huevo se perdieron tan pronto como la leche evolucionó (aunque algunos fragmentos rotos de los genes de la yema persisten incluso en nuestro propio genoma).[5] Los peces de las cavernas y las salamandras de las cuevas —en colonias sin sol, aisladas del mundo de la superficie— perdieron los ojos tras generaciones de oscuridad y cubrieron con piel estirada las cuencas del cráneo,[6] una reliquia de un sentido que ya no se necesita.

Para comprender esta rareza de su diseño, una salamandra de las cavernas tendría que conocer algo que está más allá de su alcance conceptual, el mundo iluminado de sus antepasados, y por tanto el valor de los agujeros gemelos de su cráneo: vías de información en un antiguo mundo luminoso, pero solo puntos vulnerables en el mundo actual. Asimismo, las profundidades incomprensibles de nuestros sentimientos y flaquezas también podrían entenderse mejor en el contexto del largo camino hacia nuestros rasgos actuales, sin que el mundo de hoy en día tenga muchas explicaciones. Pero hay que tener cuidado: no solo nos faltan datos, sino que nuestra imaginación es subjetiva y nuestra perspectiva, limitada y sesgada. Las fronteras que separan lo fragmentado de lo intacto pueden desplazarse, difuminarse e incluso desvanecerse a medida que nos acercamos.

En la actualidad es imposible tener certezas sobre el papel de la evolución en la enfermedad mental. Pero el origen y la evolución del ser humano tienen que formar parte del panorama cuando se piensa en la psiquiatría, como en cualquier asunto de la biología que refleja conflictos y concesiones que surgieron, y se pusieron a prueba, a lo largo de muchas generaciones. Hace más de cien mil años, un individuo que se dedicaba solo a la caza y la recolección podría no haber necesitado la intensidad prolongada de la manía, y se habría beneficiado tan solo con reducir las pérdidas pasando de la amenaza o el conflicto a nuevas posibilidades más allá del horizonte. No obstante, cuando construimos —como lo hemos hecho en tiempos recientes: casas, granjas, comunidades, familias multigeneracionales, cultura—, la amenaza existencial podría afrontarse mejor con un estado de ánimo elevado, aunque sea insostenible.

La neurociencia ha progresado poco en la comprensión de la manía o de los síndromes del trastorno bipolar, que configuran un espectro de gravedad en el que todos comparten un estado de tipo maniaco. En efecto, la manía no es binaria, sino que varía en cuanto a intensidad desde la hipomanía leve (un estado de ánimo elevado y continuo que no requiere hospitalización) hasta las manías espontáneas recurrentes (que se agravan en cada episodio —a veces de tipo psicótico con rupturas en la percepción de la realidad— y que terminan en un estado similar a la demencia si no son tratadas).

Los neurocientíficos interesados en la manía han explorado algunos tipos de células cerebrales que son relevantes en los síntomas principales. Por ejemplo, las neuronas dopaminérgicas han llamado la atención por su reconocido papel en la orientación de la motivación y la búsqueda de recompensa,[7] elementos a todas luces desmesurados en la manía, que se manifiestan en ese notable síntoma conocido como «potenciación del comportamiento dirigido a un objetivo», y que ilustran los numerosos proyectos, inversiones, planes y dispendios de energía del renacimiento de Alexander. También se han investigado los circuitos del ritmo circadiano, ya que uno de los rasgos más llamativos de la manía —empleado también en el diagnóstico, y que era prominente en Alexander— es una fuerte disminución de la necesidad de dormir. Este síntoma es de especial interés porque la manía no provoca en sí misma una falta de sueño (ni los problemas inherentes al insomnio, como el letargo, la somnolencia, etc.). En la manía hay una verdadera disminución de la necesidad de dormir —como la que experimentaba Alexander—, junto con un funcionamiento continuo y a pleno rendimiento del cerebro y del cuerpo durante largos periodos, en los cuales se descansa muy poco o apenas se necesita descansar.

¿Acaso estas pistas que proporcionan los circuitos dopaminérgicos y circadianos personifican las vías para resolver el misterio que constituye la manía? En 2015 se logró unir los elementos dopaminérgicos y circadianos mediante la optogenética.[8] Se descubrió que los ratones con una mutación en el ritmo circadiano, en un gen llamado *Clock*, mostraban un comportamiento que podía interpretarse como maniaco, caracterizado por fases prolongadas de movimiento muy intenso. Se descubrió que este estado se producía al mismo tiempo que las fases de mayor actividad de las neuronas dopaminérgicas. ¿Podía ser esa dopamina elevada la causante de los movimientos frenéticos de los ratones? Mediante la optogenética, el equipo descubrió que la mayor actividad de las neuronas dopaminérgicas podía en efecto inducir el comportamiento maniaco; además, la supresión de la actividad de las neuronas dopaminérgicas podía revertir el estado maniaco en los ratones con el gen *Clock* mutado. Estamos lejos de adquirir un conocimiento profundo de la manía, pero la optogenética ha permitido unificar dos de los principales mecanismos hipotéticos del circuito. De cara al futuro, puede ser útil tener en cuenta que la población de neuronas dopaminérgicas no es monolítica, sino que se compone de tipos diferentes que pueden identificarse de manera individual en las primeras etapas del desarrollo del cerebro de los mamíferos;[9] los estudios futuros pueden permitir la selección de subtipos específicos relevantes para la manía, como las neuronas dopaminérgicas específicas que se proyectan hacia las regiones del cerebro involucradas en la generación de acciones y planes de acción.

¿Existen otros genes relevantes para la manía en los seres humanos? Los trastornos bipolares son heredables y abundan en ciertas familias, pero hay pocos genes que puedan por sí solos determinar la enfermedad; de hecho, puede haber decenas de genes o más que contribuyan cada uno con efectos pequeños, como ocurre con el rasgo de la estatura. Algunos de estos genes son muy uniformes cuando se analizan los genomas humanos completos en los estudios del trastorno bipolar tipo I, el grupo de manías espontáneas y graves con un mayor componente hereditario entre las enfermedades psiquiátricas. Uno de estos genes es el *ANK3*, que dirige la producción de una proteína llamada «anquirina 3» (o «anquirina G»), encargada de organizar la infraestructura eléctrica del segmento inicial del axón: la primera sección de cada filamento de salida,[10] esa línea de transmisión de información eléctrica que conecta cada célula cerebral con todos sus destinatarios a través del cerebro.

Estas mutaciones, que contribuyen al trastorno bipolar en algunas personas, pueden producir una cantidad insuficiente de anquirina 3. En 2017 se creó una línea de ratones con déficit de anquirina 3;[11] el resultado fue que tuvo lugar una organización inadecuada en los segmentos iniciales de los axones de estos animales, algo que llamó la atención. Las sinapsis inhibitorias que por naturaleza se agrupan en ese punto crucial del axón, y que actúan como amortiguadores para evitar la sobreexcitación, habían desaparecido. Y los ratones mostraban algunas características similares a las de la manía: unos niveles de actividad física mucho más altos, en términos tanto de locomoción general como de movimientos específicos encaminados a superar retos estresantes; es decir, había un aumento del comportamiento dirigido a alcanzar objetivos. De manera sorprendente, este patrón pudo bloquearse en los ratones mediante medicamentos, incluido el litio, que son muy eficaces en el tratamiento del trastorno bipolar en los seres humanos.

Por muy interesante que sea el gen *ANK3* para los psiquiatras y neurocientíficos, sus mutaciones no pueden explicar *per se* toda la manía, y el trastorno bipolar en general todavía está lejos de ser comprendido. Tampoco entendemos la asociación de la manía con la depresión, ese otro «extremo» de la bipolaridad. Las manías suelen terminar en una depresión profunda, y muchos pacientes pasan de los estados elevados a los bajos: de la manía a la depresión, o de la depresión a la hipomanía y viceversa; aun así, nadie sabe el porqué, y los estudios sobre el gen *ANK3* no ofrecen una respuesta. ¿Será que existe algún tipo de recurso neuronal que la manía consume y que conduce a la depresión? ¿O acaso se trata de una corrección excesiva por parte de un sistema responsable de desactivar la manía cuando la amenaza ha pasado, pero que a veces se excede? Es un truco impreciso, por cierto, que en el pasado nuestra especie pudo haber tolerado mejor en conjunto que el individuo afectado.

La evolución de la civilización es mucho más rápida que la de la biología. El alcance mundial y el poder de los seres humanos, a lo largo del espacio y del tiempo, hacen que la hipomanía y la manía sean ahora más peligrosas, y más destructivas. Algunas figuras relevantes de la historia, al igual que Alexander, soportaron sin duda esta carga u otra similar, tuvieron que afrontar los retos de su tiempo y, por un instante, encontraron el camino a un estado de vigor, optimismo y carisma que, desde cierto punto de vista, es una expresión elevada de lo que puede ser un ser humano. No obstante, el desastre llegaría para muchos de ellos, y para Alexander, nacido en un tiempo y un lugar equivocados, no había ninguna oportunidad de completar de manera segura la metamorfosis, de responder a esa misión.

Al salir del mundo perturbado del hospital, como cuando se abandona la tierra de Oz de L. Frank Baum, cada paciente parece recibir de alguna manera un regalo de despedida. En los servicios quirúrgicos, algunos pacientes reciben incluso un corazón nuevo. En psiquiatría, como decimos en el hospital, la mayoría de los pacientes son Dorothies: lo único que consiguen es irse a casa. Este era el único camino para Alexander: un tratamiento forzoso, la renormalización y el regreso a su comunidad, el objetivo común de todas las personas que lo atendimos.

En la consulta de control que se realizó un año después, la esposa de Alexander lo describió como «mejor que nunca». La sombra de su enfermedad había sido aquella oscuridad que brillaba de manera fulgurante en el *Ulises* de Joyce; una oscuridad que la claridad no pudo comprender. Aunque ya no era maniaco, seguía siendo incapaz de repudiar el estado al que había llegado ni sus acciones fruto de este. Todavía no entendía por qué habíamos actuado como lo hicimos. Me pareció que estaba un poco abatido por todo ello, pero a fin de cuentas se le había dado la oportunidad de volver a vivir con su esposa, de retirarse sin rectificaciones ni consecuencias, y de ir de excursión a la zona de las garzas.

3

La capacidad de comunicación

En lo que corresponde al tono, la voz personal es un dialecto; forma su propio acento, su propio vocabulario y su propia melodía, desafiando el concepto imperial del lenguaje; el lenguaje de Ozymandias, de las bibliotecas y los diccionarios, de las cortes de justicia y los críticos, las iglesias, las universidades, el dogma político y la dicción de las instituciones.

DEREK WALCOTT, «Las Antillas: fragmentos de una memoria épica», conferencia pronunciada en la entrega del Premio Nobel (1992)[1]

«Tuve un teratoma cuando vivía en París —dijo Aynur—. Se desarrolló a partir de un óvulo en mi ovario, y le salieron dientes, neuronas vivas y mechones de pelo; todo junto creció en mi vientre. Los médicos franceses me extirparon el tumor, pero después de la cirugía casi no podía caminar, agacharme ni sentarme. Vivía sola, y tenía que hacerlo todo muy despacio.

»En esos momentos, recibí por correo una extraña carta de mi madre, con doce fotografías de mi ciudad natal, sin ninguna explicación. Recuerdo que caminé con cuidado por la buhardilla para extender las fotos sobre la mesa del desayuno.

»Sentí algo de la calidez de mi familia. Era como si mi madre en realidad me tocara con la mano extendida a través de Asia y Europa.

Las fotos eran de calles conocidas, de edificios arracimados junto a las carreteras, con las típicas ventanas redondas y balcones de hierro forjado, y con personas vistosas que resaltaban contra el cielo gris del otoño, como gotas de tintura.

»Los colores de nuestra ropa... es inconcebible ver una escena como esa, en Palo Alto. Rojos profundos, añiles intensos, amarillos muy brillantes —y todos de pigmentos naturales—, el café oscuro de la corteza del nogal, ese púrpura pálido del taray. Tal vez haya visto esos tintes en nuestras sedas, en la seda uigur que nosotros llamamos *atlas*, que significa "seda grácil". Es suave pero fuerte, y se utiliza en los trajes de las mujeres y en las cintas y los tapices. Creo que el mundo acaso conozca nuestras sedas, aunque no sepa nada más de nosotros. Y también hay colores similares en la ropa de trabajo, incluso en las chaquetas manufacturadas —púrpura brillante, melocotón, naranja y dorado, prendas fabricadas en serie que llegan en camión desde Ürümqi, la capital—; todo tiene el mismo espíritu, nuestro estilo, el contraste de los colores fuertes.

»Pero había un problema. Cuanto más miraba las fotos y la nota, más sentía que había algo extraño. No había ninguna explicación en la breve carta de mi madre, ni comentario alguno sobre las fotografías, y sus líneas eran solo una respuesta seca a mi último mensaje.

»Le había enviado un correo electrónico con información detallada de mi trabajo de graduación y, como no tenía noticias de mi esposo desde hacía dos semanas, le había preguntado si debía ir a casa a visitarlos. Volví a mirar la carta de mi madre y releí sus palabras: "Es mejor que no vengas. Aquí todavía hace demasiado calor y ya has perdido la costumbre. Llevas tanto tiempo en Francia que es preferible que te quedes allí". Pero en realidad era Francia la que sufría olas de calor, y ya se lo había comentado a mi madre. Ese año, el verano en París había sido más caluroso que nunca, pero, en cualquier caso, en las fotos se veía que los niños de mi tierra ya llevaban puestos los abrigos de otoño.

»Tras unos minutos, me di cuenta de otra cosa: no había hombres jóvenes en las calles. Se veían muchos niños, mujeres y motos. Pero todos los hombres, de la edad de mi esposo, habían desaparecido de las calles. En todas las fotografías.

»Recuerdo que entonces, en mi prisa por salir para encontrar un cibercafé abierto, casi me caí por las estrechas escaleras que daban a la calle lluviosa. Cuando llegué a la puerta de mi apartamento, ya había empezado a sentir un dolor punzante en la zona de la cirugía, pero solo cuando llegué a la calle me di cuenta de que era grave. No pude volver a subir. Ni siquiera podía caminar.

»Allí, en la calle de París, comprendí que estaba herida en lo más profundo de mi ser. Estaba oscuro y los adoquines estaban mojados. Mi familia estaba en peligro y yo, sola. Y allí, cuando no pude caminar, descubrí que podía correr».

Aynur estaba animada y efusiva, y a veces mostraba una amplia sonrisa que no concordaba con la tristeza de su historia y el *crescendo* de dolor físico y emocional. Empecé a preguntarme qué proceso natural del cerebro define el momento de la toma de conciencia del sufrimiento. Pero a la vez, en un flujo de pensamiento paralelo, en el fondo me asombraba su imaginario. Era sorprendente y espontáneo, y su historia brotaba en un torrente que se volvía cada vez más poderoso.

La percepción de cualquier cosa, incluidas nuestras sensaciones internas —la consciencia, dirían algunos—, no se enciende y se apaga sin más, como si estuviera controlada por un interruptor. La percepción incluso del dolor se acumula, y parece surgir con el paso del tiempo, a lo largo de una ruta que va de un instante a otro.

Cada sensación se entrelaza de manera íntima —y quizá incluso idéntica— con una actividad cerebral que aumenta, llega a un punto máximo y disminuye. Esa escala de tiempo abarca, en un sentido, cientos de milisegundos, y en otro, millones de años. Las sensaciones son, al igual que las personas, senderos que discurren en el curso del tiempo.

Los elementos de la subjetividad humana —qué y cuándo percibimos con nuestra mente consciente— pueden existir en el mundo moderno solo en la medida en que dichas percepciones provocaron antes, en el pasado remoto, acciones necesarias para la supervivencia. Por eso, para Aynur y para mí, con hogares ubicados en extremos casi opuestos de la Tierra, las sensaciones que teníamos en común eran relevantes, y tal vez también importaba cómo eran sentidas hace muchos milenios. El reconocimiento de esta conexión me pareció una especie de privilegio, concedido a nuestros extintos ancestros a través de la fría dimensión del tiempo, así como un alivio en la actualidad: reconocer a todos los interlocutores de esta conversación familiar y ver las sensaciones no como inyecciones clínicas de información desde el mundo exterior a nuestra mente, sino más bien como conexiones con el resto de las personas, a través de la dispersa vastedad y la larga historia no escrita del linaje humano.

En el otro extremo de la escala cronológica de la biología, así como Aynur experimentó la aparición de su dolor visceral, nuestras experiencias internas como animales también las define el paso del tiempo, en una fracción de segundo. Cada experiencia consciente es dinámica en esta escala temporal. Se manifiesta, alcanza su punto máximo y perdura, y lo hace manteniendo su propio ritmo, separada del estímulo que le dio origen.

La consciencia requiere mucho tiempo para consolidarse —es cien veces más lenta que la señalización eléctrica en células cerebrales aisladas—, algo así como doscientos milisegundos en lugar de dos. Cada vez que el mundo nos envía nuevos bits de información —un pinchazo, un sonido inesperado, un ligero roce— transcurre casi un cuarto de segundo antes de que brille ese exquisito resplandor de la percepción consciente. Los reflejos son un caso aparte —los procesos inconscientes pueden ser mucho más rápidos—, pero la consciencia, por alguna razón, se toma su tiempo.

Así pues, la experiencia subjetiva —en el momento de nuestra percepción— puede entenderse desde un punto de vista tanto evolutivo como neurobiológico, y no solo como un vertedero de datos del mundo exterior. Las mareas del océano sensorial externo no solo alcanzan las profundidades, sino que «se reúnen hasta alcanzar un

LA CAPACIDAD DE COMUNICACIÓN

significado», como escribió Gerard Manley Hopkins al referirse a la grandeza de lo divino, en una misteriosa espiral a través de los pantanos internos y las vías fluviales del cerebro, para manifestarse finalmente con plenitud. Sucede algo especial.

Los neurocientíficos han podido conocer este extraño fenómeno de la consciencia de los mamíferos gracias a muchos tipos de experimentos, la mayoría de ellos basados en la medición directa de la actividad eléctrica en el cerebro. Antes de que se produzca una respuesta a un silbido, un sonido o una señal luminosa inesperados, transcurren doscientos o trescientos milisegundos en nuestra corteza cerebral,[2] esa fina y arrugada cubierta de células que envuelve como un chal el cerebro de todos los mamíferos.

Esto no solo le parece un eón de silencio a un fisiólogo celular como yo (acostumbrado a pensar en escalas temporales más cortas, de solo dos o tres milisegundos, a través de las sinapsis y a lo largo de los axones), sino que también sorprende a quienes no son científicos, a cualquier persona que haya observado a un gato que persigue a su presa, a un boxeador que retrocede ante un puñetazo o simplemente a dos personas que interactúan en una animada conversación; todo eso se desarrolla en escalas de tiempo mucho más rápidas. El boxeador entrenado parece esquivar el golpe con antelación, reacciona ante la trayectoria de una amenaza específica en menos tiempo que el que tardaría si dependiera de la consciencia. Y la interacción social entre seres humanos, en particular, parece imposible a la luz de esta cifra. Qué extraño nos parecería, qué torpemente lento resultaría, que para responder a cada nuevo bit de información verbal tuviéramos que esperar casi un cuarto de segundo... o incluso más si se produjera una reflexión en toda regla.

Y eso solo en cuanto al habla; aún más desconcertante es la interacción social en conjunto, con todos sus flujos de información. ¿Qué pasa con la integración de los *inputs* visuales ricos en bits de información transmitidos por el contacto visual, el movimiento de las manos y la postura? ¿Qué pasa con cada sutil subangulación de un labio o con el cambio de orientación del cuerpo, con el reconocimiento de cada estímulo visual esencial para generar una respuesta adecuada? Estos flujos de información se necesitan unos a otros para cobrar sentido, así como las personas se necesitan unas a otras para encontrarlo. ¿Y qué decir de las interacciones más amplias, en un equipo o en un consistorio? Los grupos humanos están repletos de deseos contradictorios, mentiras piadosas o malévolas, posturas cambiantes; cada flujo de información no solo se desarrolla en paralelo, sino que involucra a los demás para generar un significado, y eso requiere una reinterpretación y una cointerpretación constantes, mientras que los hablantes —y sus modelos acerca del mundo y los demás— también cambian con el paso del tiempo.

Las percepciones más profundas tienen permiso para tardar más y pueden llegar mucho después —una vez que toda la información esté en el interior, tras semanas o meses de incubación como una oruga en su capullo de materia blanca, encerrada en la seda de los axones interconectados—, hasta que la nueva consciencia surge un día, liberada por completo.

«A partir de ese momento —me dijo Aynur—, no tuve contacto con mi esposo en los siguientes tres meses. Tenía mucho miedo. Mis padres también tenían miedo, pero eran muy prudentes. Incluso cuando por fin contacté con ellos mediante una videollamada, no dijeron nada. No pude saber si estaba vivo. No dijeron si habían oído algo. No pude preguntar sin rodeos por las fotos; no sabía si estaba prohibido enviarlas, ni quién podría estar escuchando. Pero es de cajón que una esposa pregunte por su marido, creo. Sería más extraño no hacerlo. De todos modos, no sirvió lo que les pregunté a mis padres sobre él: "No lo sabemos", respondieron en todo momento, y eso fue todo.

»Todo era incierto. Al cabo de dos meses ya no podía dormir. No se trataba solo del desconocimiento. Es que no había nada que hacer al respecto. No podía ayudar a mis seres queridos. Estaba como paralizada. Algo me corroía por dentro, no hay nada parecido que me permita explicártelo. Todo era lo opuesto a la vida que tiene usted ahora, en que todo está bajo control.

»Algo se había arrastrado hasta mi interior, y empezó a roerme la columna vertebral y a vaciarme desde dentro. No dejó ningún conocimiento ni energía, en mi interior no quedó nada. No había nada que hacer, ni nadie a quien contárselo. Y fue entonces cuando por primera vez empecé a pensar en el suicidio.

»Sin embargo, llegué a eso poco a poco. Creo que fue por pasos. Primero, me di cuenta de que sería mucho mejor plantarle cara a un miedo real, a un verdugo concreto. Enfrentarse a un enemigo conocido, aunque fuera la muerte en un plazo determinado, parecía en comparación como estar en el paraíso. Llegué a soñar despierta con esa muerte, durante todo el otoño y hasta bien entrado el invierno. Y después pensé en alcanzar un control total de esa muerte y ser yo quien pudiera fijar la fecha y la hora exactas en un paso final que nadie pudiera impedir, ya que así recuperaría el control de mi vida. Así que, en cuanto lo concebí, lo deseé con todas mis fuerzas.

»No sé si estaba deprimida. Creo que es una palabra que ustedes utilizan cuando oyen hablar de suicidio. Sé que aquí, en Occidente, en su Occidente, les gusta usarla en psiquiatría. Y está bien, puede llamarla "depresión" si le parece; por supuesto, no estaba feliz. Pero déjeme decirle que hay otra forma de verlo.

»En los campos de algodón de mi tierra, nuestro occidente, en lo que ustedes conocen como Xinjiang, los agricultores tienen problemas con los pulgones, y en la escuela los estudiantes interesados en biología, como yo misma, aprendíamos sobre las avispas que el Gobierno llevaba para acabar con los pulgones. A muchos niños uigures interesados en la biología los orientaron hacia ese campo —el partido buscaba empleos modernos para nuestro pueblo—, no porque en verdad les importara, sino para impedir la radicalización.

»Desencadenar una guerra con avispas tiene cierto sentido; cada tipo de avispa es específico, se circunscribe a una especie en particular, de modo que el riesgo de causar nuevos problemas es mínimo. La avispa hembra inocula un huevo dentro de un pulgón que haya capturado; el huevo pasa por el aguijón, llamado «ovipositor» —a veces junto con una sustancia paralizante—, y luego, cuando el huevo eclosiona, la larva de la avispa vive dentro del pulgón, crece y se come parte de sus entrañas, con cuidado de no dañar los órganos vitales del pulgón.

»Después, la larva de la avispa rompe el vientre del pulgón para salir, pero aun así se asegura de mantenerlo vivo, se queda cerca e hila su capullo junto al pulgón indefenso que le sirve de escudo —el pulgón está paralizado, pero puede hacer algunos movimientos sencillos si se acerca algo, de modo que protege a su invasor, defiende a su asesino—, hasta que la nueva avispa adulta emerge del capullo, y solo entonces, por fin, el pulgón puede morir.

»Y yo ahora le pregunto: si ese pulgón pudiera ser consciente, si pudiera llegar a comprender su situación y elegir la muerte, ¿lo haría? Por supuesto que sí. Y si el pulgón pudiera cobrar conciencia poco a poco, sintiendo toda la agonía de su situación como podría hacerlo un ser humano, como si la muerte fuera una opción, ¿diría que el pulgón está deprimido? Supongo que tal vez sí, pero no tendría sentido, ya que ningún medicamento ni ningún tratamiento factible valdrían la pena, aun cuando pudiera cambiar la percepción interior.

»No importa; son solo palabras. Yo quería morir y planeé mi muerte. Eso es lo que importa».

Fue en ese momento cuando empecé a darme cuenta de la responsabilidad, y el privilegio, que se me habían concedido al encontrarme con este ser humano y su historia. No merecía ser yo quien la escuchara, pero el destino había creado un asombroso entrecruzamiento de hilos esenciales —históricos, médicos, emocionales— en ese momento del tiempo y del espacio, y por eso no pude interrumpirla cuando la hora de la cita terminó. Dejé que su historia se desplegara por completo, que sus imágenes cobraran forma en mi interior, que su experiencia se vinculara a mis conocimientos en materia de ciencia y medicina.

Desde el momento en que nos vimos por primera vez, Aynur se sintió muy a gusto y parecía dispuesta a compartir ricas historias personales, con un estilo de comunicación más propio de antiguos compañeros de la escuela que se encuentran en una reunión. Si bien esto podía ser una señal de alarma, tanto para el paciente como para el terapeuta —y la interacción entre ambos—, no pude encontrar ningún indicio, ni en ella ni en mí, de lo que un psiquiatra puede buscar en estos casos. Por ejemplo, nunca identifiqué patrones interpersonales en su pasado que quizá yo le evocara —un profesor influyente, un hermano mayor o un médico de su localidad natal—, ni percibí que Aynur sacara a la luz ningún patrón de mi propia vida. Siempre existe el riesgo de que el paciente y el psiquiatra coincidan en los roles y evoquen sentimientos de experiencias vividas en el pasado; suele ser un problema, y a veces una solución en las relaciones terapéuticas.

Tampoco había indicios en Aynur de un problema de personalidad o del estado de ánimo. Los rasgos del trastorno límite de la personalidad y los de la personalidad histriónica serían en principio los primeros de la lista —junto con la hipomanía, caracterizada por una viveza constante e incluida en el espectro de los trastornos del estado de ánimo—, pero no había nada que los corroborara. Aynur se limitó a narrar historias muy personales en un marco natural de amistad, en un estado social tan puro y comprometido como jamás había visto o imaginado, con un discurso rico y anécdotas llenas de matices, y de alguna manera lo hizo en un idioma que no sabía bien y en un país que conocía desde hacía menos de un año.

Me parecía que Aynur era un arquetipo del estado social que la evolución de nuestro linaje tal vez hubiera permitido, y mientras la escuchaba pensé en el elevado coste de todo ello —la factura metabólica abonada día tras día, los recursos cerebrales asignados a cada individuo, para que semejante estado fuera posible—, y también que el origen de todo esto en los mamíferos sociales de nuestro linaje se remontaba quizá a los grupos de primates primitivos. El precio tuvo que ser considerable, pensé, ya que no hay nada tan incierto, y por tanto tan difícil de calcular, como la interacción social en biología, ni siquiera la caza de una presa impredecible. El gato no puede prever qué camino tomará la rata, pero no hay tantas posibilidades como en una interacción humana. Además, no hay intenciones ocultas: la rata solo quiere vivir; pero ¿qué rayos quiere otra persona en una conversación? Y, por supuesto, la rata por lo general solo puede manifestar su deseo de vivir en dos dimensiones, corriendo sobre el plano del suelo. Del mismo modo, el boxeador solo tiene que preocuparse de las manos izquierda y derecha, y de algunas secuencias y trayectorias de cada una de ellas.

Sin embargo, el cerebro social necesita un nuevo modo de funcionar, uno que también requiere rapidez pero que además trabaja en medio de un enorme número de dimensiones, que opera en un entorno en el que unos cuantos bits de información nueva —cualquier desviación del modelo vigente, quizá captada y codificada en unas pocas células— deberían poder inclinar al observador hacia un modelo mejorado de la otra persona y a la interacción hacia una línea temporal que se pudiera predecir mejor. No obstante, el cerebro del observador tampoco debería ser demasiado sensible, y de hecho tendría que poder resistir la interferencia en el sistema que podría provocar el hecho de pasar a un modelo incorrecto. Incluso sería importante que pudiera suprimir el encendido espontáneo de una falsa percepción, una perspectiva perjudicial que podría surgir de chispas aleatorias del fuego neuronal.

La relevancia de este proceso, como todo en biología, puede evaluarse por los efectos de su ausencia. Conocemos la barrera, la falta de conexión —frialdad y recelo—, cuando el contacto visual apenas dura un instante. Sin embargo, el contacto visual que se prolonga durante una fracción de segundo también tiene un efecto escalofriante si no va acompañado de una señal social de calidez. Tanto en la interacción social como en cualquier otro asunto en biología, la precisión temporal es sin duda esencial: presiona con intensidad a los circuitos encargados de imponer el extraño y lentísimo ritmo de la consciencia, ese lapso de doscientos milisegundos.

Una posible solución para acelerar este toma y daca sería la premodelación, una simulación inconsciente de los eventos en el cerebro. Esta hazaña podría lograrse si el ser social contara con la ejecución simultánea de muchos modelos del mundo —así como de su interlocutor—, un sistema subyacente que predijera las acciones y percepciones del otro en el futuro.

Una función clave —quizá la más importante— de la corteza cerebral de los mamíferos podría ser la de resolver este problema predictivo, ejecutar modelos del presente y el futuro, reuniendo toda la información contextual posible del mundo para alimentar dichos modelos. Al mismo tiempo, el sistema cortical tendría que ser muy sensible para detectar hasta las más pequeñas sorpresas —las desviaciones del modelo vigente—, que indicarían la necesidad de pasar a un modelo diferente. La ejecución simultánea de estos innumerables modelos haría que fuera innecesario calcular y poner en marcha toda una nueva línea temporal en la mente consciente con cada nuevo bit de información, ya que cada modelo proporcionaría y prescribiría acciones, respuestas, alternativas hacia el futuro —movimientos y contramovimientos— durante muchos intervalos de tiempo, en un hiperajedrez condicional de la mente social.

La energía computacional que el cerebro necesitaría para ejecutar sin cesar estos modelos predictivos inconscientes sería enorme. Tal vez, este elemento fungible sea el recurso del circuito neuronal que se agota rápido en la persona introvertida, o en aquellas —la mayoría— que se cansan con una interacción social prolongada. Por otro lado, las personas dotadas de recursos extraordinarios para dicho estado cerebral serían las verdaderamente extravertidas que florecen con el contacto humano constante; era el caso de Aynur, como fue evidente desde que empezó la cita programada, que se suponía que iba a ser una evaluación rápida y sin complicaciones, una especie de chequeo a raíz de la tendencia suicida pasajera que había manifestado cuando vivía en Europa. A tenor de mi experiencia, fue una entrevista excepcional —no solo por las dramáticas circunstancias de su vida, sino también por su carácter sociable tan marcado—, y en el centro de todo ello había un ser humano que había deseado morir.

«Había dos formas de lograrlo —dijo Aynur—. En mi ciudad natal los edificios no eran lo bastante altos para que un salto garantizara la muerte, pero en Kashgar sí, y también sin duda en París. Por otro lado, la seda *atlas* es muy resistente. Yo tenía muchas fajas, y era fácil apilar ladrillos o libros debajo de una viga, o tal vez bajo el enrejado de un jardín, y luego apartarlos de una patada.

»¿Por qué no lo hice? Por mi madre, creo. Si me obligaran a renunciar a todos mis sueños de científica y solo pudiera comer un trozo de pan al día durante el resto de mi vida, lo aceptaría siempre y cuando pudiera quedarme con mi mamá.

»Los parisinos dicen que son más sociables que los estadounidenses, y en cierto modo lo son; pasan mucho más tiempo con su familia y sus amigos. Pero nada como los uigures. Se va usted a reír, pero después de casarme seguí durmiendo entre mis padres, en su cama, durante meses, como había hecho toda mi vida. Esto sería imposible en su Occidente, poco propio de una esposa, o algo peor. Pero estamos así de unidos. No pude acabar con mi vida por mi familia, porque no podía causar daño a esas personas cercanas. No podía cortar de raíz esas relaciones.

»Así que seguí adelante, sola en París, carcomida por dentro, y entonces, cuando después de tres meses seguía con vida a pesar de los pesares, en el abismo del invierno, mi esposo quedó en libertad y logró comunicarse conmigo. Al igual que a todos los jóvenes de allí, a mi marido lo habían enviado a un campo de concentración. Es posible que haya otra palabra para eso en inglés, no lo sé, pero el caso es que no los mataron, la verdad es que no lo hicieron.

»Cuando lo liberaron me llamó, hablamos por videochat. Estaba mucho más delgado, tenía la cabeza rapada y su voz era muy débil. No sabía si lo habían torturado, pero estaba mucho más callado, incluso más abatido que yo, y no quería hablar de lo que había sucedido. Me contó que lo iban a trasladar fuera de Xinjiang, a trabajar en las ciudades situadas más cerca de la costa. Eso fue todo lo que pudo decir, que lo iban a enviar al este, y que no estaba seguro de si volveríamos a vernos ni cuándo. Así que eso es todo por ahora, vive como una sombra que se mueve con dificultad.

»Así siguen en buena medida las cosas. Eso fue el año pasado, antes de mudarme de París a Estados Unidos por mis estudios, cuando el Gobierno todavía negaba la existencia de esos campos. Este año admitieron que sí existían, pero que eran centros educativos. Enviaban allí a la gente que no sabía o que no pronunciaba el juramento de lealtad en mandarín. O a los "hipócritas", como dicen; es decir, a los que recitan a la perfección todas las palabras, pero actúan sin la pasión idónea o no tienen un profundo compromiso con el Estado.

»Ah, y derribaron las mezquitas de la ciudad, mientras los jóvenes estaban en los campos».

Como Aynur era mi última paciente de la mañana, no tuve que interrumpirla para la siguiente consulta, sino solo sacrificar mi hora de almuerzo, algo que no me supuso ningún problema. Hacía rato que había completado mi evaluación, y estaba clara: solo había tenido problemas en el pasado —síntomas de ansiedad y un trastorno de adaptación debido a experiencias vitales muy estresantes—, sin ningún diagnóstico psiquiátrico posterior. En un paciente con dificultades cognitivas en campos más allá del social (Aynur no tenía ninguna, y estudiaba para obtener un título de posgrado en biología evolutiva), y que presentara ciertos rasgos faciales, habría considerado el síndrome de Williams, un trastorno causado por una deleción cromosómica. A pesar de la ansiedad y el deterioro cognitivo, los pacientes con síndrome de Williams parecen adaptarse de manera excepcional a la vida en sociedad:[3] tienen una expresión oral fluida y muy rica, y establecen vínculos personales inmediatos (aunque de una profundidad incierta) incluso con desconocidos.

El síndrome de Williams es todavía un misterio hoy en día, y no deja de ser fascinante. Pero mi especialización clínica estaba más enfocada hacia la atención de personas situadas en el otro extremo de las competencias sociales —hacia el tratamiento de seres humanos con estados cerebrales menos inclinados a la interacción social y poco dispuestos a ella—, en el espectro del autismo. Esta era una de mis dos pasiones clínicas (junto con el tratamiento de la depresión). Una vez que concluí mi residencia y me convertí en psiquiatra consultor, el personal de admisión de la clínica tenía instrucciones de dirigir a mi consulta a los pacientes que necesitaran una evaluación por un posible trastorno autista. También le pedí al equipo de admisión que me enviara pacientes remitidos por médicos externos y que tuvieran un historial complejo de autismo, es decir, personas que ya hubieran sido diagnosticadas en ese espectro, pero cuyo caso fuera difícil por una u otra razón (el mismo proceso que derivaba los casos de depresión a mi clínica). De este modo, mientras seguía el misterio de las enfermedades subyacentes, me especialicé en dos trastornos casi intratables con medicamentos, el autismo y la depresión resistente al tratamiento.

A sabiendas de que no existía ningún tratamiento médico para el autismo, me propuse ayudar, de alguna manera, a una población numerosa y en aumento que no recibía atención: a los adultos con autismo que ya no estaban bajo el cuidado de sus pediatras. Estos pacientes casi siempre sufren afecciones tratables que se presentan a la par que el autismo (las llamamos «comorbilidades», como la ansiedad). El motivo que me llevó a fundar esa clínica fue que el autismo suele afectar en gran medida a esos trastornos y, desde luego, los enmarca, de modo que un médico con cierta especialización en la función social alterada podría tratarlos mejor.

El autismo severo se caracteriza por la incapacidad parcial o total de utilizar el lenguaje. No obstante, el autismo situado en el extremo «alto» del espectro —desde el punto de vista social, lo opuesto del estado de Aynur pero con una buena competencia lingüística— también conlleva sus propios desafíos. Dado que estas personas del espectro autista tienen una comprensión social reducida, pueden afrontar situaciones espinosas en su vida. Como su capacidad lingüística y su inteligencia suelen estar intactas y sus aptitudes para ocupar un empleo son las normales (o incluso excepcionales en el mundo moderno), su interacción con la mayor parte de la comunidad sigue adelante, pero puede ser confusa y causar una intensa ansiedad, que produce nuevos y graves síntomas en algunos casos.

El ámbito social, y la sociedad en general —sujeta como está a los vaivenes del comportamiento humano—, pueden ser un misterio, incluso un campo minado, para estos avezados pacientes autistas. ¿Cómo diablos sabía esa persona lo que tenía que decir en ese momento? ¿Cómo se llega a un consenso en un grupo? ¿Adónde se supone que debo mirar mientras esa persona habla? Para estos pacientes, las otras personas pueden ser, como señaló Sartre, el infierno.

Las personas son sistemas complejos, pero los sistemas complejos no son en sí el problema para estos pacientes, ni siquiera los que cambian con el paso del tiempo, siempre y cuando la dinámica sea predecible. Las líneas de código, la marcha de un tren por una vía de una o dos dimensiones conforme a un horario o la arquitectura de las calles interconectadas de una ciudad, aunque sea compleja, pueden ser atractivas gracias a su carácter predecible, en particular para las personas que tienen autismo. Por otro lado, la incertidumbre —ejemplificada por la interacción social— puede ser muy hostil, en particular para las personas en este espectro.

Consideraba que comprender el sentido concreto del malestar que puede producir una interacción social sería importante para la neurociencia subyacente y para ayudar a los seres humanos que viven con autismo (el espectro completo que habita en el polo opuesto de la aptitud social de los aquejados del síndrome de Williams y de Aynur). ¿Acaso la aversión social del autismo no era fruto del agotamiento de algún recurso computacional o energético, sino del miedo a la incertidumbre o a los demás? O quizá había algo más sutil y difícil de expresar con palabras. Para mí, esta última posibilidad subrayaba la magnitud del reto que supone el autismo: ¿cómo van a decirnos los pacientes, ya caracterizados por una expresión lingüística limitada, lo que pasa en su interior si ni siquiera nosotros podemos ponerlo en palabras y, lo que es peor, si las palabras no existen en absoluto?

Hacía tiempo que había tenido la oportunidad de hablar con mis pacientes autistas de alto funcionamiento que tenían una buena aptitud lingüística. Tras forjar una alianza terapéutica durante meses de trabajo ambulatorio y tratar sus comorbilidades (en la medida de lo posible), en las consultas de seguimiento les quería hacer preguntas sobre la naturaleza de su experiencia interior. Pero ¿por dónde empezar? No podía limitarme a pedirles que explicaran su autismo. En lugar de eso empecé, de forma sencilla y concreta, por hacerles preguntas acerca de su experiencia con un solo síntoma físico. De todos los rasgos de comportamiento de los trastornos del espectro autista, la evitación del contacto visual es para mí el más llamativo, y quizá podría ser el más revelador: a veces, tras un instante de contacto, los ojos aletean y huyen como codornices sonrojadas hacia el suelo, hacia un lado.

Un paciente llamado Charles me dio la respuesta más clara sobre este síntoma. Era un joven especialista en tecnología de la información que tenía lo que conocemos como síndrome de Asperger —en el espectro del autismo, pero con una excelente aptitud lingüística— y una evitación del contacto visual muy acentuada. En mi clínica ya lo había atendido dos años para tratar su ansiedad (con éxito, en el sentido de que ya no sufría ataques de pánico ni ansiedad en el puesto de trabajo), pero también es cierto que los síntomas del autismo, incluido su patrón de contacto visual, no habían cambiado en lo más mínimo. Una mañana le pregunté:

—¿Qué sientes cuando entablas contacto visual durante unos instantes? ¿Te produce ansiedad o temor?

—No —dijo—. No siento miedo.

—¿Es abrumador? —pregunté.

—Sí —dijo Charles, sin dudarlo.

—Háblame de eso, si es posible.

—Bueno, mientras le miro y hablo, si su cara cambia, entonces tengo que pensar en lo que eso significa y en cómo debería reaccionar al respecto, y cambiar mis palabras.

—¿Y entonces qué pasa? —le presioné con sutileza—. ¿Qué es en concreto lo que te hace apartar la mirada?

—Bueno —dijo Charles—, después eso me abruma. Sobrecarga el resto de mi ser.

—Entonces ¿es algo así como demasiada información y eso te produce malestar?

—Sí —dijo enseguida—, y es más fácil si miro hacia otro lado.

Para mí, como neurocientífico y psiquiatra, este fue un momento trascendental. A pesar de que tenía ante mí a un paciente que evitaba sobremanera el contacto visual y que a todas luces era susceptible de padecer ansiedad, había podido oír algo que pocos científicos han tenido el privilegio de saber de forma inequívoca: que el problema del contacto visual no se debía a la ansiedad. Esta conclusión quedó respaldada con creces por el destino tan dispar de los dos síntomas (ansiedad y contacto visual) que traté: uno se lo curé y el otro no se vio afectado en absoluto. Al menos en este paciente, la discriminación entre ansiedad y contacto visual también quedó del todo confirmada por su propia descripción, por las palabras de un ser humano situado con precisión en el espectro del autismo, pues presentaba toda la sintomatología, aunque también tenía, por fortuna, la aptitud verbal suficiente para expresarse y compartir su experiencia interna. En cierto modo, este único instante justificó toda mi carrera, los años adicionales de formación como médico y para obtener el doctorado, todo el dolor y los retos personales de las pasantías, las noches de guardia que había pasado como padre soltero, preocupado por un hijo que estaba solo. Tan solo eso era más que suficiente.

En lugar de ansiedad o miedo, parecía que tenía lugar un proceso mucho más interesante y sutil. El cerebro de Charles detectaba su propia incapacidad para seguirle el ritmo al flujo de la información social, aunque era consciente de que debía hacerlo, de que se trataba de una situación en la que era esencial procesar los datos. Más aún: su cerebro había creado una conexión entre ese desafío que planteaba la información y un estado interno subjetivo de valencia negativa, un estado de malestar.

Quedaban incógnitas, como siempre. Por ejemplo, esa sensación negativa, ¿era innata o aprendida? ¿Acaso la vida le había enseñado ese vínculo entre el abultado caudal de información y la sensación de malestar, mediante un prolongado condicionamiento a base de repetidos y difíciles fracasos emocionales en la interacción social? ¿O la aversión estaba presente desde el principio de su vida, sin entrenamiento alguno? ¿Acaso la sensación de malestar era un mecanismo evolutivo que ayudaba a las personas a esquivar el torrente de datos, que las llevaba a desistir de una participación plena en situaciones en que los demás esperarían respuestas correctas, y el fracaso tendría consecuencias e incluso sería perjudicial? La sensación de malestar, ¿se debía, pues, a que los datos recibidos eran impredecibles, es decir, que en esencia se trataba de una respuesta a la profusión de bits de información?

Esta era una idea para tener en cuenta, una visión verosímil formulada por un paciente que había nacido en el polo opuesto al de Aynur, pero con la suficiente habilidad verbal para contarnos su historia.

«No es justo —continuó Aynur—. Somos un pueblo bueno. No solo estamos unidos a la familia. En nuestra casa dejamos que los invitados presidan la mesa. Cualquier visitante, no importa quién sea, es agasajado con este puesto de honor. Eso nunca pasaría aquí, en California, y tampoco en Francia. Me resulta extraña su manera de ser. Parece que tienen miedo de que el invitado se lleve la casa.

»¿De verdad eso les preocupa? Es su casa. Nadie se la va a quitar. Si tenemos un huésped, esa noche le damos el mejor lugar de la mesa, con lo que se crea un fuerte vínculo. Es un detalle muy valioso, no cuesta nada y genera un vínculo profundo que dura toda la vida.

»Me pregunto si a esta faceta de nuestra cultura se la considera una señal de debilidad. Sin embargo, no se trata solo de los uigures, todas las comunidades hacen esto, toda la cadena de asentamientos ubicados en pleno corazón del continente; la llamamos la Ruta de la Seda, y ustedes también, me parece. Creo que así es como sobrevivimos, porque podemos ser una cultura sociable. Y somos fuertes en muchos otros aspectos, no solo en los vínculos sociales. Cuando tenía trece años, me enfrenté sola a siete muchachas han.

»Estábamos en el dormitorio y ellas hablaban; sabía que daban por descontado que no podía entenderlas. Siempre he sido muy bue-

106

na con los idiomas, mucho mejor de lo que la gente se imagina; aprendí mandarín, francés e inglés, cada uno en tan solo unas semanas, solo a base de escuchar y observar. Esas muchachas se quejaban de que alguien había dejado un plato de comida en la zona común, y me echaban la culpa a mí. Entonces una de ellas, que estaba de pie en el baño, frente al espejo, mientras se cepillaba el pelo dijo algo espantoso de mi familia, de mis seres queridos, a los que no conocía, dijo algo acerca del olor de mi madre. Me bajé de un salto de la litera y arrastré a la muchacha por el pelo afuera del baño. Todas las demás se me echaron encima, pero se encontraron con una sorpresa, incluso yo me sorprendí, pues fui más fuerte que todas ellas juntas. Hasta ese momento no tenía ni idea de que mis piernas fueran tan poderosas. Cayeron sobre mí como gotas de lluvia, fue una tormenta que pasó pronto; ese año nunca volví a oír una sola grosería.

»Hoy en día me siento culpable por haber agredido a esas muchachas. Yo fui la primera que reaccionó con violencia. Sentí que tenía que defender a mi familia, pero ahora tengo el doble de la edad que tenía entonces y veo que solo eran unas niñas. Además, tal vez empeoré las cosas, tal vez empañé la percepción que tenían de mi cultura. Los han también son buenas personas, no los culpo por el Gobierno que tienen. Pero ahora me pregunto si existe siquiera un camino para ellos, para su país, para avanzar en una nueva dirección, para dejar de formar parte de semejante sistema. ¿Cabe la posibilidad de que evolucionen o será que han caído en algo de lo que ya no se puede escapar?

»Estudié más sobre la biología de los pulgones cuando empecé mi maestría y conocí la historia de las avispas, unos animales con un éxito increíble que cuentan con más especies que cualquier otro orden del reino animal. ¿Sabe a qué se debe ese éxito? ¿Sabía que las hormigas, las abejas, las avispas y los avispones provienen de un ancestro común de la época de los dinosaurios, cuando una mosquita que se alimentaba de plantas, como la mosca de sierra, nació con una extraña mutación que le permitió poner con mayor facilidad sus huevos en los animales, justo a través de su ovipositor, un tubo para poner los huevos que tiene forma de aguijón? Desde ese momento se produjo una increíble propagación de animales a partir de un ancestro único, porque era tan poderoso que podía poner huevos en cualquier ser vivo: una araña, un pulgón, otra avispa...

»La cintura de avispa, tan fina como un cabello —la diminuta conexión entre dos partes del cuerpo—,[4] fue fruto de una mutación fortuita. Después la selección natural se encargó del proceso y aceleró la expansión de la especie de avispa que utilizaba la cintura para contorsionarse y así guiar y ubicar el ovipositor, cada vez más largo, de modo que pudiera llegar a las larvas de escarabajo situadas en lo profundo de los árboles, o adentrarse en las cavidades corporales de las grandes orugas.

»Sin embargo, la parte final y más sorprendente de la historia, que es la importante aquí, es que varias ramas de la familia de las avispas —las hormigas, los avispones y las abejas, todos los grupos sociales— se apartaron más adelante de este ciclo de vida,[5] y abandonaron por completo la puesta de huevos parasitoides en los otros organismos que las había convertido en lo que eran. Las partes complejas del cuerpo se pierden con facilidad durante la evolución si no se necesitan, y nunca se vuelven a recuperar; es raro que un organismo que en el pasado fue un parásito, que evolucionó a un plan corporal muy limitado, escape de ese pozo evolutivo. No obstante, estos escaparon de un modo diferente, mediante la sociabilidad, por medio de la dependencia mutua. Encontraron la forma de vivir juntos, y el compromiso adquirido con este sistema social los liberó.

»Todavía conservan esa cintura de avispa tan delgada —se puede apreciar en las hormigas, y es muy evidente en las avispas amarillas que hay por aquí—, aunque ya no necesitan que sea tan fina. La cintura de avispa es una marca de su origen, pero sus ovipositores se convirtieron en aguijones para defender a su familia, utilizan poderosas estructuras y vínculos sociales para cuidar a las larvas, y ya no necesitan ubicar a sus crías dentro de otro ser vivo.

»¿Sabía que las avispas tardaron cincuenta millones de años en descubrir la forma de vivir en grupo, incluso en un grupo familiar?

La conducta social es difícil. Antes de eso, apenas habían sido precisos diecisiete millones de años para inventar la cintura de avispa, y después solo se necesitaron otros treinta millones para convertir el ovipositor en un aguijón (por cierto, esa es la razón por la que la mayoría de las abejas son hembras: el aguijón surgió del ovipositor, el órgano reproductor femenino, y por eso solo las hembras pueden defender a la familia); pero, incluso entonces, el objetivo social aún no había sido resuelto.

»Después de que evolucionara la conducta de paralizar con veneno a los hospederos y de poner huevos en o cerca de ellos —dondequiera que el hospedero fuese atrapado—, se necesitaron cincuenta millones de años para desarrollar mayores niveles de transporte del hospedero paralizado a un lugar recóndito y seguro, para construir un nido donde las crías pudieran crecer, para adoptar otros tipos de recursos alimenticios que requerían más trabajo, como el polen y las hojas, y, por último, para proteger el nido como grupo, como una familia.

»El comportamiento social es raro y para que funcione tienen que confluir muchas cosas —en primer lugar, está el cuidado prolongado de las crías, pero después el éxito aún depende de muchos otros factores que, de alguna manera, deben satisfacerse en conjunto—, como tener un aguijón listo para defender la enorme inversión del grupo social. Y, cuando todo está en su sitio y funciona, todo un mundo —el mundo entero— se despliega».

Aquí Aynur hizo una pausa, algo raro en ella. Separé las piernas, me senté un poco más erguido y junté las manos sobre el regazo.

«Tuve un sueño extraño con un bebé —dijo al fin—, después de llegar a California». Al parecer hacía un esfuerzo por recordar.

Le di un poco de tiempo porque no quería arriesgarme a desviar un ápice el rumbo de su narración. Mientras esperaba, y sin ser un experto en insectos, me pregunté si, en el caso de los mamíferos, las estrechas interacciones que hay entre padres e hijos también pudieron haber servido de guía para la creación del comportamiento social de nuestro linaje. Ese mismo año, 2018, los investigadores que estudiaban la crianza de los hijos en ratones habían utilizado la optogené-tica para deconstruir esa compleja interacción,[6] y descubrieron cone-xiones neuronales específicas que controlaban diferentes aspectos de la crianza de los hijos, entre ellas proyecciones a través del cerebro que daban la motivación necesaria para buscar con ansia a las crías y en-contrarlas, mientras que otras proyecciones dirigían las tareas reales del cuidado de la prole; distintas conexiones que irradiaban a tra-vés del cerebro desde un punto de anclaje gobernaban diferentes ac-ciones. Fue un descubrimiento similar al que habíamos hecho cinco años antes sobre el ensamblaje de las diversas características de la an-siedad.

La fuerte y ancestral dupla parental había creado estas bases de circuitos neuronales, que tal vez fueron utilizadas de nuevo para nue-vos tipos de interacciones sociales. Un insecto que puede cuidar a sus crías quizá se convierta con mayor facilidad en un insecto que pue-de cuidar a sus compañeros de nido —y la misma idea sería aplicable a un ratón o a un primate primitivo— mediante la readaptación de los mismos circuitos neuronales. Todas esas medidas de cuidado de las crías, para una buena crianza, podrían haber surgido primero de modo similar, es decir, mediante una readaptación de circuitos (semejante reciclaje parece explicar gran parte de la evolución); en este caso, la inserción de otro ser, la cría, en la propia estructura de necesidad y motivación habría creado una simulación interna, como un truco para utilizar los procesos internos del yo que permitieran modelar e inferir con rapidez las necesidades del otro.

No obstante, el comportamiento social extrafamiliar parece ser en esencia más complejo, ya que en las familias las motivaciones tanto del cuidador como de la descendencia son —en gran parte— seguras y estables. En cambio, el reto más interesante de la verdadera interac-ción social extrafamiliar es el de seguirle el ritmo a un modelo inter-no que cambia continuamente, en unos cientos de milisegundos, para predecir las acciones de otro individuo que tiene propósitos muy inciertos. Y, aunque muchos mamíferos sí que muestran un compor-tamiento social extrafamiliar, se trata de una estructura frágil; desde los leones hasta los suricatos y los ratones, los mamíferos sociales suelen estar a solo un paso de matarse entre sí.

«En el sueño era yo misma —continuó Aynur por fin—, un ser humano normal y corriente como usted. También era una progenitora, lo cual es extraño porque en la vida real solo he engendrado un teratoma. Pero los bebés también eran diferentes: nacían más pequeños que un pulgar, muy parecidos a un piñón, diminutos y casi sin pelo, como los bebés marsupiales que salen por primera vez como pequeñas gotas rosadas con patas delanteras y con la suficiente destreza para arrastrarse por el vientre peludo de su madre, a fin de encontrar leche y sobrevivir.

»En el sueño, todos los bebés humanos eran así, salvo que aún más indefensos. Si eras un progenitor en ese mundo, por supuesto no tenías bolsa ni pelo en el vientre, y el acuerdo parecía ser que, si tenías un bebé, debías limitarte a llevarlo en las manos.

»Todos los bebés eran tan pequeños que se parecían entre sí, como los embriones. Pero si tenías uno lo sabías, conocías al tuyo sin albergar dudas; ello en parte porque nunca podías dejar a tus bebés, así que siempre iban contigo, y los llevabas en tus viajes, por dondequiera que avanzaras en tu camino, por la orilla del lago o por la taiga, siempre cargabas a tus pequeñas gotas de calor humano.

»En el sueño perdí a mi bebé en el lecho del bosque. No supe cómo se me escapó, ni cuándo. Traté de buscar por el camino que había recorrido, pero el moribundo follaje de finales de otoño cubría el suelo. Busqué con frenesí entre la alfombra de espinas y cortezas caídas, pero fue inútil; había mucho espacio donde buscar y mi bebé era muy pequeño.

»Mi hijo estaba indefenso, tenía frío y agonizaba en algún lugar del suelo, lejos de mí. Mientras lo buscaba, podía sentir un fino hilo que nos unía; el bebé era lo mismo que yo, una parte de mi ser que estaba alejada y que me necesitaba, aunque no podía ver hacia dónde se extendía el hilo en el mundo exterior. Pero en mi interior la pérdida tenía una ubicación precisa, un lugar en el espacio que podía sentir. Estaba en mi pecho, detrás de los senos, en esos músculos profundos que mueven los brazos. La sensación interna de la pérdida de un hijo se había clavado allí de alguna manera; era allí donde la evolución había ubicado esa sensación, así era como debía sentirse para lograr que hiciera lo que fuese necesario. Entonces me invadió mientras cavaba e impulsó mis brazos a buscar el trozo de mi corazón que había guardado durante tanto tiempo. Era un vacío, una herida salvaje que me obligaba a cavar».

La comodidad de Aynur con los asuntos complejos no solo se daba en el ámbito social. Parecía sintetizar todo el flujo de información disponible, de todo tipo: sus sueños, sus recuerdos, sus saberes. Todo estaba relacionado y todo tenía importancia, y ella lo entrelazaba sin esfuerzo. En el otro extremo, quizá en un patrón relacionado con este último, el flujo de información social que Charles encontraba abrumador no era el único tipo de información que le producía aversión. Al igual que muchas personas de este espectro, tenía problemas con los acontecimientos imprevisibles del entorno en un sentido más amplio (los sonidos o contactos repentinos, por ejemplo, lo distraían más que a la mayoría de las demás personas, e incluso le resultaban dolorosos). Así pues, la ubicación de diferentes individuos en este espectro del autismo podría reducirse al procesamiento de todo tipo de información, no solo la social; los síntomas tal vez sean más claros en el ámbito social debido a la elevada tasa del flujo de información.

Plantearlo en estos términos, es decir, que la dificultad estriba en la tasa de toda la información y no solo de la social, podría ser útil también para explicar que la incertidumbre es un problema clave en el autismo. Solo lo impredecible es información de verdad; si una persona conoce un sistema hasta el punto de llegar a predecir todo con exactitud, entonces es imposible darle más información al respecto. Así que, en el caso del autismo, la dificultad podría residir en la propia tasa de información.

Cuando atendí a Charles y a Aynur no sabía, ni se sabe aún, cómo se representa la información en el cerebro; al menos no con la misma certeza, propia del descifrado de códigos, con la que se sabe cómo la información genética (al nivel más básico) está encriptada en el ADN. Sin embargo, sí sabemos que la información neuronal se transmite en forma de señales eléctricas que se propagan dentro de las células estimuladas y de señales químicas que se desplazan entre dichas células. Por otro lado, muchos de los genes asociados al autismo tienen que ver con estos procesos de excitabilidad eléctrica y química,[7] pues codifican proteínas que crean, envían, guían y reciben las señales eléctricas o químicas.

Así pues, la evidencia genética que conocía era al menos coherente con el concepto de procesamiento anormal de la información en el autismo. Esa idea por sí sola no es lo bastante específica como para orientar el diagnóstico o el tratamiento, pero muchos otros signos y marcadores sugieren que existe un flujo de información alterado en el autismo. En comparación con el del resto de la población, el cerebro de las personas del espectro autista muestra indicios de una mayor excitabilidad o de una actividad eléctrica inducible; al igual que la epilepsia,[8] un tipo de excitación incontrolada que adopta la forma de convulsiones. Además, al analizar las ondas cerebrales con el electroencefalograma o EEG (electrodos externos que registran la actividad sincronizada de muchas neuronas de la corteza humana), se observa que algunos ritmos cerebrales de alta frecuencia denominados «ondas gamma» —oscilaciones que se producen entre treinta y ochenta veces por segundo— muestran una mayor intensidad en los individuos con síntomas del espectro autista.

A raíz de estos resultados, se había especulado por extenso con que un concepto unificador en el autismo podía ser el de una mayor potencia en la excitación neuronal en relación con las respuestas compensatorias como la inhibición.[9] Esta hipótesis estaba bien fundamentada y resultaba atractiva para muchos en este campo, en parte por su flexibilidad, pues diversos mecanismos —alteraciones en los compuestos neuroquímicos, sinapsis, células, circuitos o incluso toda la estructura del cerebro— podían provocar ese cambio en el equilibrio entre la excitación y la inhibición. Por ejemplo, dado que el cerebro contiene tanto células excitativas, que estimulan a otras neuronas e inducen una mayor actividad, como células inhibitorias, que apagan a otras neuronas, una versión atractiva de dicha hipótesis sería que los síntomas del autismo podían ser resultado de un desequilibrio entre las células excitativas y las inhibitorias, en concreto en favor de las primeras.

Pero ¿cómo podía comprobarse la hipótesis del equilibrio entre excitación e inhibición? A pesar de disponer de estrategias clínicas para atenuar la actividad general del cerebro, como los medicamentos para tratar las convulsiones y la ansiedad, estos fármacos (por ejemplo, una clase llamada «benzodiacepinas») reducen la actividad de todas las neuronas, no solo de las células excitativas.

Por lo tanto, tal y como anticipaba la hipótesis del equilibrio entre excitación e inhibición, las benzodiacepinas no son en general eficaces para tratar los principales síntomas del autismo. Está claro que este último no consiste solo en un aumento de la actividad cerebral. A Charles, por ejemplo, que sufría de ansiedad, le había prescrito benzodiacepinas durante muchos años, pero ese tratamiento, como era de esperar, no había modificado en absoluto los síntomas del autismo, pese a que sí había eliminado la ansiedad.

La formulación celular de la hipótesis del equilibrio entre excitación e inhibición, que no se había podido demostrar durante mucho tiempo, fue al fin accesible con la llegada de la optogenética. Si el desequilibrio relevante en el autismo —al menos en algunos tipos— involucraba a las células excitativas e inhibitorias, la optogenética podía ser ideal para probar esta idea. Podíamos aumentar o disminuir la excitabilidad de las células excitativas o de las inhibitorias —en regiones cerebrales determinadas, como la corteza prefrontal, que se encarga de las cogniciones avanzadas— mediante los genes microbianos que codifican los canales iónicos que se activan con la luz —los llamados «canalrodopsinas»— y la ayuda de fibras ópticas para el suministro de luz láser.

Los ratones, al igual que las personas, casi siempre prefieren estar juntos, incluso en parejas sin relación alguna con el parentesco o el apareamiento; en lugar de estar solos, suelen elegir un entorno donde haya otro ratón (que no sea hostil). Los ratones también parecen manifestar un interés real por los demás, y tienen periodos prolongados de contacto y reconocimiento. Asimismo, cuando las mutaciones humanas responsables del autismo se reproducen en ratones mediante tecnología genética, pueden causar alteraciones en la sociabilidad de estos animales.

Así que en 2009, tras el éxito generalizado de la optogenética en los ratones, resultó evidente que esta tecnología podría utilizarse para esclarecer el comportamiento social de los mamíferos. En 2011, efectivamente, descubrimos que, al aumentar mediante optogenética la actividad de las células excitativas de la corteza prefrontal, se producía un enorme déficit en el comportamiento social de los ratones adultos.[10] Es importante señalar que esta intervención no afectó a algunos comportamientos sin carácter social, como la exploración de objetos inmóviles (y, por tanto, bastante predecibles).

El efecto era específico y se producía en la dirección correcta, tal y como predecía (y, por tanto, respaldaba) la hipótesis del equilibrio entre los tipos celulares. Algo aún más intrigante, y que también se ajustaba a la hipótesis, era que el incremento, mediante optogenética, de la actividad de las células inhibitorias en los mismos ratones ya modificados, restablecía el equilibrio celular y corregía el déficit social.

En este experimento había sido crucial la creación de las primeras canalrodopsinas susceptibles de activación con luz roja para complementar las versiones conocidas que se activan en presencia de luz azul. En 2011, gracias a este avance, pudimos modificar la actividad de una población celular (excitativa) con luz azul y de otra población (inhibitoria) con luz roja, en los mismos animales. Ese experimento demostró que el aumento de la actividad de las células excitativas podía causar déficits sociales en mamíferos adultos sanos, y que dicho efecto podía mejorarse si al mismo tiempo se elevaba la actividad de las células inhibitorias para restablecer el equilibrio del sistema.

En 2017 (muy poco después de atender a Charles, pero antes de conocer a Aynur), aplicamos nuestro sistema en ratones modificados que portaban versiones mutadas de los genes correspondientes a los descritos en familias humanas con autismo. Estos ratones (con un solo gen mutado, el *Cntnap2*) presentaban déficits innatos en el comportamiento social en comparación con los ratones no mutantes.[11] Descubrimos que este déficit social relacionado con el autismo podía corregirse mediante intervenciones optogenéticas que,[12] como es lógico, eran las opuestas a las que habíamos realizado en 2011 para causar los déficits sociales. Tanto el aumento de actividad de las células inhibitorias como la reducción de actividad en las células excitativas de la corteza prefrontal (se preveía que ambas intervenciones normalizarían el equilibrio celular) corrigieron el déficit de comportamiento social asociado al autismo.

Más allá de esta prueba de concepto —consistente en verificar de manera causal la hipótesis del equilibrio celular—, nos intrigaba la demostración de que, en el caso de estos déficits sociales, tanto la causa como la corrección pudieron aplicarse en la edad adulta. Esto no era obvio en absoluto, y desde luego el resultado podría haber sido diferente. Es posible que el desequilibrio en cuestión se produjera solo en algún paso anterior de la vida, inalcanzable e irreversible. De ser así, la perspectiva aún resultaría valiosa, pero las intervenciones terapéuticas serían mucho más difíciles de prever. Nuestros resultados no descartaban una posible contribución antes del nacimiento, pero sí mostraban que, al menos en algunos casos, la intervención en la edad adulta podía ser suficiente tanto para causar como para corregir el déficit social.

Estos resultados —el incremento o la disminución del comportamiento social cuando se modifica el equilibrio entre las células excitativas e inhibitorias— también ilustraron el valor más amplio de un tipo concreto de proceso científico, más allá del valor intrínseco del hallazgo. En este caso, la psiquiatría había ayudado a guiar los experimentos neurocientíficos esenciales, que a su vez permitieron esclarecer los procesos que pueden tener lugar en la mente peculiar de los pacientes de una consulta psiquiátrica, y cerraban el círculo al aclarar momentos clínicos de tanta complejidad emocional y profundidad intelectual como la introspectiva narración de Aynur.

«Sé que ya nos hemos pasado una hora del tiempo —dijo Aynur, para llenar una pausa que apenas percibí cuando terminó—. Lamento que se le haya pasado la hora del almuerzo. Gracias por escucharme; tan solo quería explicarme. Los médicos franceses querían que me hiciera un control aquí, pero ya no tengo tendencias suicidas. Pasé por un momento de debilidad, eso es todo.

»No quiero ser demasiado dramática al respecto, pero percibo que podría volver a sentirme así de vulnerable. Ahora sé que necesito a mi familia y que no puedo vivir sin ella. Estos lazos que crearon el estilo de vida humano, que tal vez nos permitieron sobrevivir, también podrían haber dejado un punto débil. No quiero decir que todos reaccionemos de la misma forma, pero sé que nunca me sentí tan vulnerable como en esos tres meses, cuando algo que no tenía nada que ver con la comida ni el alojamiento, ni siquiera con la reproducción, casi me destruyó. Estuve a punto de morir, pese a que era muy fácil encontrar la manera de seguir en Occidente, con nuevos amigos y nuevas parejas.

»Todavía podía. Había hombres que me miraban. Había uno al que yo miraba también.

»Nos conocimos y hablamos una noche en un café cerca del estadio. Parecía que las cosas estaban a punto de estallar. ¿Cómo describirlo? De erupcionar, pero no sé si esa es una palabra correcta. ¿De desbordarse? Muy bien pudiera ser. Entonces no pensaba en inglés —eso pasó hace más de seis meses—, pero no importa, ninguno de los idiomas que conozco tiene las palabras adecuadas.

»De todos modos, no pasó nada. Solo tomamos café en unas rústicas tazas color púrpura. Después, cuando salí, caí en la cuenta de que nuestros vínculos sociales solo consolidan una fortaleza que ya existe en nuestro interior.

»Sabía algo que el hombre con el que tomé el café desconocía, que la estructura social solo llegó después de la picadura venenosa. Los biólogos evolucionistas sostienen que un aguijón como ese fue crucial para que el comportamiento social evolucionara en el linaje de las avispas, pues proporcionó un nivel defensivo excepcional al que había sido un animal tan pequeño y frágil. Y estoy de acuerdo: solo es posible ser sociable cuando se dispone de armas poderosas para defender el nido y a las crías. Esa fortaleza puede evitar que hagas daño a los demás. La necesidad de conectar con los demás es una fortaleza, no una debilidad».

Las personas extravertidas como Aynur y los políticos natos dotados de una sociabilidad casi inagotable obtienen energía de las conversaciones y evitan la soledad; esto no es más que una inversión del sistema de valores de aquellos que se encuentran en el espectro del autismo. Y, al igual que Aynur y Charles, muchas personas que prefieren uno de los dos polos de la intensidad social pueden sentirse incómodas si se ven obligadas a exponerse al otro polo, como si fueran mamíferos nocturnos expuestos al sol del mediodía.

La evolución ha contribuido a que los mamíferos nocturnos le tengan aversión a la luz del día, porque esa sensación negativa propicia el comportamiento correcto que consiste en apartarse de la luz y esperar condiciones más adecuadas para el diseño del animal y, desde luego, menos peligrosas y más gratificantes. También es posible que los estados cerebrales de carácter social o no social resulten nocivos si se presentan en condiciones ambientales inadecuadas, lo que podría contribuir a que esa condición inapropiada (en el transcurso de la larga escala temporal de la evolución) llegue a asociarse con sensaciones aversivas o negativas.

Al igual que las diferentes estrategias de supervivencia son apropiadas para la vida nocturna frente a la diurna, también pueden existir modos de funcionamiento cerebral muy dispares para los distintos ritmos de procesamiento de la información; cada modo tiene su propio valor, pero entre ellos son incompatibles (al menos de forma simultánea). El modo de abordar un sistema dinámico e imprevisible (ejemplificado por la interacción social) puede ser incompatible, o al menos entrar en tensión, con un modo diferente que necesitemos en otros momentos. Este segundo estado sería el que nos permite evaluar con tranquilidad un sistema inmutable —un simple dispositivo, una página de códigos, un algoritmo, un calendario, un horario, una demostración—, algo estático y predecible, algo que se puede comprender mejor tomándose el tiempo necesario para observar el sistema desde diferentes ángulos, con la certeza de que no cambiará entre una y otra inspección. Es posible que los estados cerebrales idóneos para estas dos situaciones distintas deban activarse o desactivarse de inmediato (con una preferencia de estado relativa que se ha ido afinando a lo largo de milenios de evolución, y con una variabilidad entre individuos en cuanto a la fuerza y estabilidad de cada estado).

Los resultados de nuestros experimentos optogenéticos de excitación e inhibición se reprodujeron después en líneas de ratones distintas, pero aún quedaba una pregunta clave: ¿había relación entre el desequilibrio celular causante de los déficits sociales en los ratones y la dificultad de comunicación que experimentaba Charles (y quizá otros individuos en el espectro del autismo)? La optogenética nos había ayudado a formarnos una idea de cómo podría funcionar dicha relación; en nuestro primer artículo sobre excitación e inhibición de 2011 también habíamos publicado que, cuando se aumentaba la excitabilidad de las células excitativas prefrontales (una intervención que provocaba déficit social), disminuía la capacidad intrínseca que tenían las células para transmitir información,[13] tal y como pudimos registrar con precisión, en bits por segundo. Así pues, el mismo tipo de equilibrio alterado entre excitación e inhibición que perturbaba la interacción social también dificultaba a las células cerebrales la transmisión de datos a elevadas tasas de información; esto corroboraba lo descrito por Charles cuando contó que la información que llegaba a través del contacto visual sobrecargaba el resto de su ser.

Otra pregunta que quedaba por resolver era el origen de la cualidad aversiva de la sobrecarga de información, que tanto Charles como otras personas del espectro perciben como algo muy desagradable. Estos individuos sienten malestar al no poder seguirle el ritmo a la información social, pero no está claro el porqué. La sobrecarga de información no tiene por qué tener ninguna valencia emocional, o esta incluso podría ser positiva, es decir, procurar una sensación de libertad al darse uno cuenta de que uno no puede seguir el ritmo, una especie de alivio y sosiego a raíz del aislamiento resultante. Sin embargo, en este caso concreto comprendía, en parte por los relatos de mis pacientes, lo difícil que puede ser abrirse paso en la vida al estar en medio de otras personas que esperan siempre una mayor sensibilidad social que la que uno puede ofrecer en el día a día. Así que la aversión podría estar socialmente condicionada, haber sido aprendida a lo largo de una vida de interacciones un poco estresantes, malentendidos devastadores y cualquier otra experiencia intermedia.

Con todo, en lugar de que dicha aversión deba aprenderse, ¿podría el exceso de información ser aversivo de manera innata, cuando supera la capacidad de comunicación de una persona? Por supuesto, todo el mundo, desde las personas muy sociables hasta las introvertidas y las del espectro autista, puede experimentar aversión tras una interacción social prolongada, cuando los circuitos sociales se agotan en cierta medida. Desde el punto de vista evolutivo, podría tener sentido que en una especie desde siempre tan sociable como la nuestra se hubiera desarrollado un mecanismo de aversión innato, que incita a retirarse de las interacciones sociales importantes cuando el sistema se fatiga y puede empezar a causar problemas de comprensión o confianza.

«Una cosa más —dijo Aynur, mientras nos levantábamos al mismo tiempo; pensé que yo había iniciado la acción, pues ahora sí que necesitaba prepararme para la una de la tarde, pero ella respondió con tanta rapidez y familiaridad que nos movimos en perfecta sincronía y ya ni siquiera estaba seguro de quién había empezado—. Soy consciente de que solo querían que me sometiera usted a una evaluación puntual y que, por lo tanto, es probable que no nos volvamos a ver, pero antes, cuando hablábamos de mi familia, me preguntó cómo lográbamos que la seda tuviera esos colores, y no volví a hablar de eso.

»Esta parte es muy interesante. Recuerdo que cuando era niña la seda de taray que más me gustaba era la de color rosa claro. Me sentía como si estuviera frente al árbol florecido; el color parece muy delicado pero la seda es fuerte, al igual que el árbol. No sé si alguna vez ha visto uno. El taray es un trozo de vida maravilloso; un abeto del desierto, siempre verde pero además colorido.

»Por cierto, algunas avispas ponen los huevos en él, y entonces se forma un nuevo tipo de madera alrededor del huevo; un tumor, una agalla: una bola sinuosa de nuez y raíz. Es como un teratoma, pero no daña al taray. El árbol no tiene que luchar contra ello.

»El otro día leí que el taray es ahora una especie invasora en esta zona. Lo llaman "cedro salado", me gusta ese nombre. La gente dice que lo trajeron de Asia solo para decorar, aunque ahora ya se ha apoderado de partes del oeste de Estados Unidos. El árbol se desarrolla bien en un medio salino, y además saliniza el suelo;[14] eso le da una ventaja sobre los sauces y los álamos.

»Al parecer, en algunas zonas aledañas se les pide a los excursionistas que arranquen los brotes de cedro salado allí donde los encuentren, para proteger las plantas y los animales autóctonos. Los pájaros ya no cuentan con los árboles en los que solían vivir, pero parece que las palomas no tienen problemas para anidar en los taráis, y tampoco los colibríes. En otros lugares la gente se ha rendido y ahora los dejan crecer, así que el color de cedro salado inunda algunas partes del desierto occidental. Vi una fotografía. En serio, tiene que verla; me gustaría poder mostrársela.

»En fin, en cuanto a lo que hacemos con la seda... solo puedo describirle la técnica tradicional que me enseñó mi madre, la forma lenta, la manual. No conozco el proceso de la producción en serie. Primero clasificamos los capullos y, como algunos están manchados o deformados, tenemos que hervirlos; todos adquieren el mismo tono en el agua.

»Luego los revolvemos con un palo, separamos los filamentos y los retorcemos en hilos; necesitamos unas cuantas docenas de filamentos para hacer un hilo fuerte. Para tintarlos, sumergimos cada hilo enrollado en diferentes pigmentos, uno a uno. Recuerdo que todo eso era muy lento, sobre todo para obtener esos delicados rosa y púrpura, los colores pálidos y claros del taray».

Una parte cada vez mayor de la interacción humana parece carecer de todo el colorido intenso de la información social natural. Al suprimir la rica multidimensionalidad social, nos liberamos de su carga mental (aunque podemos llegar a añorarla, o incluso a desearla, una vez que la descartamos). Suprimimos el flujo visual de información en el teléfono, o simplificamos todo el flujo de los datos sociales mediante correos electrónicos, publicaciones y textos; cada uno de estos métodos para reducir los datos por interacción brinda una especie de aislamiento y permite, si se desea, una mayor tasa de eventos sociales (aunque da lugar a un mayor número de malentendidos).

La tendencia a un creciente número de interlocutores y contactos sociales con menos bits de datos en cada interacción puede haber alcanzado ya un límite práctico, cercano al de un bit por interacción (ya sea que algo guste o no). Ese bit remanente aún puede estar impregnado de una intensidad enorme y exigir atención o impulsar la pasión y la intriga; y es que el bit está cargado del contexto social y de nuestra imaginación, es decir, de modelos prefabricados en nuestra corteza cerebral, listos para ejecutarse. En cierto modo, la conexión humana es ahora posible por medio de unas pocas palabras o caracteres, incluso mediante una decisión binaria en un botón, lo cual evita algunas de las exigencias de la complejidad social y de lo impredecible.

Quizá ahora podríamos flexibilizar la clasificación de la sociabilidad (algo anticuada) que define lo que es saludable u óptimo según la típica interacción social en persona y con una alta tasa de información. Por lo visto, las personas con autismo (al menos en el extremo superior del espectro) son más diestras desde el punto de vista social si la interacción se sale del tiempo real y se produce a bajas tasas de bits, como ocurre con los mensajes de texto. Aunque el riesgo de errores y malentendidos persiste en cualquier tipo de interacción, la comunicación parece mejorar si se le concede la gracia del tiempo.

Los bits que se van a transferir pueden prepararse con calma y enviarse después con un clic, cuando ya estén listos; no es necesario responder de inmediato. A continuación, el receptor puede situar esos bits en un contexto más amplio —durante minutos, horas o días— para evaluarlos desde diferentes ángulos. Se pueden considerar las respuestas posibles, y se prevén los escenarios al igual que en una partida de ajedrez se va dos o veinte movimientos por delante, al margen del tiempo, hasta que aparece una respuesta, un clic o dos cuando está lista; alfabeto Morse para el ser humano de la era digital.

Por tanto, el espectro del autismo no tiene por qué verse solo como un desafío a la «teoría de la mente», lo cual ha sido una idea popular y útil al sostener que en el autismo existe un problema de fondo en la conceptualización incluso de la mente de los demás. En lugar de ello, la idea sobre el límite de la tasa de bits (que la optogenética ha ayudado a revelar) podría encajar mejor en la experiencia de muchos pacientes, que a pesar de ser bastante competentes necesitan tiempo para ejecutar sus programas, para ajustar su capacidad de comunicación.

La psiquiatría y la medicina en general —aunque todavía se fundamentan en la comunicación interpersonal— pueden sobrevivir y funcionar bien con mucha menos información social que la que proporciona la entrevista tradicional cara a cara. Lo comprendí por vez primera cuando era residente en el hospital regional de la Administración de Veteranos, donde (bajo la implacable presión de los turnos de noche) descubrí que la singular conexión humana que requiere la psiquiatría puede establecerse para empezar mediante un precario canal de audio, la conexión a baja escala que supone una llamada telefónica, siempre y cuando se extienda en el tiempo.

Luego lo volví a descubrir por mi propia cuenta, también en un momento de crisis, como médico tratante durante la pandemia mundial de coronavirus de 2020. Una y otra vez comprobé que la psiquiatría de urgencia, aunque ello siempre me sorprendía un poco, puede llevarse a cabo con precisión incluso por teléfono, a través de esa única vía.

El hospital de la Administración de Veteranos se eleva como un espejismo en las laderas cubiertas de hierba que hay cerca de la universidad. Este centro, un oasis de contradicciones, inspiró la novela de Ken Kesey *Alguien voló sobre el nido del cuco*, pero en la actualidad tiene una planta de personal compuesta en gran parte por médicos académicos adscritos a la universidad que se encuentran a la vanguardia del campo, de modo que hoy en día el hospital evoca a la vez tanto el lejano pasado problemático y precientífico de la psiquiatría como la promesa de un futuro cercano impulsado por la neurociencia.

Al psiquiatra de turno del hospital de veteranos se le denomina «neuropsiquiatra con deberes» (NPOD, por sus siglas en inglés). Los principales deberes del NPOD (un residente para todo el hospital cuyo turno se extiende toda la noche) son gestionar los difíciles ingresos en urgencias, responder las consultas de los servicios de hospitalización y atender a los pacientes de psiquiatría internados en los pabellones cerrados. Sin embargo, un deber adicional muy importante consiste en atender las llamadas de los pacientes ambulatorios que residen en la inmensa zona de cobertura de este emblemático hospital, entre ellos todos los veteranos de guerra que pueden llamar desde casa, en particular los que sufren trastorno de estrés postraumático (TEPT, una enfermedad común y mortal que no suele responder al tratamiento con medicamentos).[15]

Llamar al NPOD es una petición de ayuda cuando todo lo demás ha fallado. En medio de otras emergencias, el NPOD recibe una llamada de un veterano que no se halla en el hospital; una llamada de un ser humano que se siente aturdido, culpable e indefenso, que solo necesita hablar con alguien, quien sea, que lo pueda entender. Descubrí que estas llamadas exigían una hora o más de trabajo. Una entrevista presencial se prolongaría menos, pero estas conversaciones solo auditivas, que no dejaban de ser delicadas y vitales, requerían un estilo diferente, ya que el gris fantasma del suicidio se cernía sobre ellas.

Cuando la llamada entraba, casi siempre alrededor de las tres de la mañana —quizá en medio de un caótico trajín entre el pabellón de hospitalizados y la sala de urgencias, o a veces justo cuando intentaba dormir unos minutos en la inhóspita habitación de los residentes de turno—, al principio de mi práctica me costaba reprimir los sentimientos de rabia, sobre todo porque la llamada no tenía un objetivo concreto, o al menos algo que un veterano pudiera describir como tal. El paciente solo necesitaba hablar, y aprendí a dejar de ser un médico eficiente para convertirme en un amigo que rezumaba empatía. Comprendí que tanto el veterano en calidad de paciente como yo en calidad de NPOD librábamos una nueva batalla de distintas formas, en la que cada uno procuraba no invocar los sentimientos de traumas personales del pasado, de no transferir suposiciones ni culpas de un contexto a otro.

A menudo atendía estas llamadas en la habitación de los residentes de turno, mientras permanecía encorvado durante horas sobre un colchón de plástico demasiado duro y angosto —todavía con el uniforme médico puesto y a la espera de cualquier llamada urgente al pabellón cerrado para pacientes con dolor en el pecho o que necesitaban inmovilización—, si bien bajo una fina manta de hospital para protegerme del frío que cala los huesos antes de la madrugada, con el teléfono mal apoyado entre la mejilla y el hombro. No era una postura propicia para establecer una conexión profunda, pero de alguna manera, al final de cada llamada, el paciente y yo podíamos seguir adelante y pasar a otra cosa —a la siguiente interacción, al siguiente reto o quizá incluso a un instante de sueño superficial— con una especie de paz, el afecto regalado por otro ser humano, después de una verdadera interacción social que se había establecido a través de la línea.

La propagación del coronavirus por todo el planeta, años después de mi servicio en el hospital de veteranos, me obligó a repetir esta historia de una manera innovadora. A medida que la población, tanto en los núcleos urbanos como en el campo, se dispersaba a propósito para evitar el contagio, muchas interacciones humanas se vieron abocadas a desarrollarse a distancia o fueron sin más sacrificadas. Como resultado de ello, la estructura de la psiquiatría tradicional pareció en un primer momento vulnerable. Se aprobaron y se programaron por primera vez de forma generalizada las citas telefónicas y por vídeo (tan imprescindibles para sustituir las consultas clínicas durante la crisis); esta generalización de las interacciones psiquiátricas virtuales era factible desde hacía mucho tiempo, pero las estructuras clínicas convencionales se habían mostrado reacias a ello por un defecto innegable: la falta del flujo de información completo que caracteriza a la comunicación en persona.

Los pacientes más jóvenes se sintieron de inmediato cómodos con las citas por vídeo a través de internet, pues consideraron que esta interacción era tan natural como cualquier otra (e incluso preferible), pero algunos de mis pacientes mayores se resistieron a la idea y prefirieron el teléfono. En una de esas consultas, solo por audio —con el señor Stevens, un hombre de unos ochenta años al que conocía desde hacía tiempo—, me sorprendió la inmediata reactivación en mi interior de aquella atención y aquel sentimiento intensos enfocados en la palabra hablada: ese flujo de información solo auditivo, esa fina secuencia de sonidos que fluctúa en el tiempo y que por necesidad había guiado buena parte de mi atención psiquiátrica en los turnos de mi residencia.

El señor Stevens había sufrido una recaída de su depresión cuatro semanas atrás (antes de que la pandemia de COVID-19 se instalara en California), momento en el que le había aumentado la dosis de uno de sus medicamentos. Ahora, mientras intercambiaba saludos al comienzo de la llamada telefónica (me tomé un tiempo antes de hablar de los síntomas de su enfermedad, a sabiendas de que, si el suicidio era un riesgo, nunca lo volvería a ver cara a cara), me di cuenta de que había detectado el consabido tema de la vida y la muerte en el timbre, el tono, las pausas y los ritmos de su voz, que había aprendido en el hospital de veteranos, y que ya sabía todo lo que necesitaba saber sobre su estado mental. Cuando llegamos a la descripción concreta de sus síntomas y sentimientos reales, comprobé que solo estábamos confirmando lo que yo ya tenía claro, con cifras que lo ratificaban: que su depresión había aumentado alrededor de un 20 por ciento.

Las personas con mayores destrezas sociales hacen esto todo el tiempo; son aquellos que sobrepasan mi propia capacidad, quienes sin esfuerzo, entrenamiento ni dilación pueden ver a través de la inmensa avalancha de información social y desde el ángulo justo para descubrir el significado de la ocasión sin equivocarse. Aun así, cada parte de nosotros contiene nuestra totalidad, siempre y cuando se refleje sobre ella. Incluso con escasa capacidad de comunicación, la conexión aún se produce, tarde o temprano.

«Siento que quiero contarle algo más —dijo Aynur cuando nos detuvimos en la puerta de mi consultorio. El pasillo estaba en silencio, y la alfombra se veía descolorida y opaca—. Sería bueno volver a hablar, pero creo que no pasará. Lo siento. Ya sé que no hay tiempo, pero solo una cosa más: tengo que contarle algo que pasó la mañana en que me fui de Europa. No al mirar a un hombre, sino a una niña.

»Eran las seis de la mañana y me asomé a la ventana de mi pequeña buhardilla, mientras bebía el último sorbo de té y me preparaba para salir hacia el aeropuerto; hice una pausa de un minuto para reflexionar, para presentar mis respetos, por así decirlo. En realidad no disfrutaba de una panorámica de la ciudad, solo veía los apartamentos grises al otro lado del callejón, pero aun así sentí que era una despedida de París, un tranquilo momento de agradecimiento. Había aprendido y evolucionado mucho, y los médicos franceses me habían salvado la vida. Mientras miraba a través de la bruma matutina hacia el edificio de enfrente, en un angosto balcón apareció sola una niña de diez u once años que llevaba un hiyab.

»Ya antes la había visto, al igual que a su familia, por casualidad, de vez en cuando, en uno de esos vistazos que uno echa. Al parecer tenía una hermanita y vivían con su mamá y su papá, que se vestían con trajes tradicionales; no eran del típico estilo francés, pero no conocía el país. Sin embargo, nunca la había visto tan temprano y estaba solita. Miró hacia el este y luego le dio un rápido vistazo al apartamento a oscuras. Su semblante estaba imperturbable y serio; no estaba allí para disfrutar del amanecer.

»Entonces se acercó al borde del balcón y se puso de espaldas al sol, mirando al oeste. Contuve la respiración. Muchas veces, cuando miraba por esa misma ventana, me había imaginado así, a punto de saltar.

»Sacó un móvil y se encorvó un momento, luego se enderezó y se lo puso delante. En un instante todo su comportamiento cambió; se convirtió en una estrella de cine, su rostro brillaba con un impetuoso glamour. Solo se trataba de un selfi.

»Luego volvió a inclinarse sobre el teléfono para revisar la imagen. Se quedó así durante casi un minuto, y después echó un vistazo a la puerta corredera de vidrio de la casa, que había dejado entreabierta; le pareció que todo estaba en orden en el interior, que permanecía a oscuras.

»Durante los siguientes diez minutos observé con embeleso cómo cambiaba de posición una y otra vez. Su siguiente selfi fue también alegre, luego uno tonto con cara de pato, seguido de otro con la lengua fuera y con los dedos haciendo el símbolo de la paz, en forma de V horizontal, justo debajo de la barbilla. Después de cada uno, se inclinaba de repente y quedaba congelada en un intenso escrutinio. Su concentración e interés eran impresionantes. Aquello parecía una extraña oportunidad robada; tal vez su madre estuviera en la ducha y saldría en cualquier momento. Iba y venía, una y otra vez, casi como las transiciones que efectúa la típica marioneta. Siempre la había visto y considerado como una niñita con su muñeca, pero ahora algo diferente, un nuevo impulso, atizado por una necesidad nada infantil, la sacudía de un lado para otro.

»Al final quedó satisfecha. Se deslizó hacía dentro y desapareció. Sentí una profunda tristeza, y alegría, y celos, todo al mismo tiempo. ¿Hay una palabra en inglés para eso? He sentido eso antes, las tres cosas a la vez. Debería haber una palabra. Las tres capas básicas de la emoción, abajo, arriba y a los lados, todo empaquetado en una bolita compacta y desorganizada.

»Los celos: aunque compartíamos la fe, el género, la juventud... nuestras culturas eran aún muy diferentes. Ella todavía tenía la bendición, el don, la capacidad de iniciar un viaje que yo nunca podría hacer. Yo estaba demasiado atada a lo mío, a mi pueblo sometido y ahora torturado.

»Mi alegría estribaba en saber que ese era el comienzo de su viaje, que se alejaba de la tierra natal de su familia y se preparaba para tejer una nueva tela de su cultura, mientras viajaba por su propio camino hacia la autonomía.

»Aunque momentos como ese, por supuesto, deben de ocurrir miles de veces al día, todos los días, en todo el mundo, mi tristeza podría obedecer al hecho de comprender que sus padres nunca iban a saber lo que había sucedido en el balcón del modo en que yo lo hice, como una completa extraña; aquel era un momento secreto y conmovedor de una niña que se separaba de la mano de su madre y que nunca llegaría a ser compartido. Supongo que la tristeza también era fruto de mi propio egoísmo; de sentirme conectada de tantas maneras a esa niña y darme cuenta de que nunca llegaría a conocerla de cerca. Todavía me sentía vulnerable, o vacía, a causa del teratoma. A causa de todo.

»La encontré y la perdí casi en el mismo instante. Nunca existí para ella y nunca existiría, y terminó por ser una especie de hilo que se cruzó en mi vida —que marcó un momento—, aunque de una fibra fuerte y duradera, como la de esa cinta rugosa que tiene usted allí con crestas y ranuras alternas, llamada *grosgrain*, donde la trama es aún más gruesa que la urdimbre.

»Es extraño decirlo, pero el grosor de ese único hilo formó un foso alrededor del cual nada más puede acercarse. Llegué a conocerla por completo, aunque solo fueron unos minutos, y ahora siento que la perdí. No sé cómo, pero es posible que deba encontrar el camino de vuelta a ella».

4

La piel destrozada

Tan dispuesta a sentir dolor como a causarlo, a sentir
placer como a darlo, vivía su vida como un experimento desde aquel comentario de su madre que la
hizo huir escalera arriba, desde que su único importante sentimiento de culpa quedó exorcizado en la
orilla de un río que tenía un espacio cerrado en medio del agua. La primera experiencia le enseñó que no
se podía confiar en ninguna otra persona; la segunda,
que tampoco se podía confiar en una misma. Carecía
de centro; no tenía ningún punto en torno al cual
desarrollarse.

Toni Morrison, *Sula*[1]

A Henry, de diecinueve años, lo encontraron desnudo e inquieto en
el pasillo de un autobús del condado. Cuando los paramédicos llegaron, les dijo que se imaginaba comiendo gente, y que tenía alucinaciones en las que devoraba carne y se bañaba en sangre. Pero después
de que la policía lo llevara enseguida a nuestro servicio de urgencias,
Henry me contó a mí, el psiquiatra de turno, al que llamaron para
evaluarlo, una historia más cercana, con temas más universales. Describió un amor perdido que lo había llevado a la desesperación, al
pasillo del autobús, a las ideas suicidas y a mí.

Sin llegar siquiera a aventurar un diagnóstico —aún había demasiadas posibilidades—, dejé que mi mente trabajara sin restricciones,

mientras imaginaba la escena que Henry describía como el primer momento mágico de conexión romántica que había experimentado hacía tres meses. Vestida con un corto abrigo forrado de piel, Shelley se había arrodillado sobre el resquebrajado asiento de vinilo del autobús de excursiones de la iglesia, se había inclinado hacia él y lo había besado, justo cuando un rayo de sol irrumpía a través de las copas de los árboles y la niebla. Como estaba más acostumbrado al frío penetrante de comienzos de la primavera entre las arboledas costeras de secuoyas, lo sorprendió y cautivó la súbita e intensa calidez sobre su piel que atravesaba el vidrio de la ventana. El propio calor de Shelley, la excitación ardiente de sus labios rojos y sedientos, la fusionó con el sol en su interior. Ella lo conectaba con todo, y lo conectaba con todo lo que había en su interior.

Pero ahora, cuando no habían pasado ni tres meses, todo se había vuelto a desvanecer y, de alguna manera, el sol de pleno verano se había congelado. Henry hizo un gesto, me mostró cómo se había tapado los ojos —con las manos juntas y los dedos entrelazados— para velar la escena en la que ella se alejaba en su coche del aparcamiento de la cafetería, donde le había citado para romper con él, hacía apenas dos días. Se había blindado ante la imagen de las luces traseras rojas y brillantes mientras lo abandonaba para ir al encuentro de otro. A Henry no le quedaba nada; no tenía ninguna conexión con ella, ni con nadie más, al parecer.

Pensé que el hecho de bloquear la escena de la despedida parecía una defensa algo inmadura por parte de Henry, más propia de un chiquillo que de un hombre hecho y derecho. Allí, en el Consultorio Ocho, se encontraba en plena escena, actuaba, me miraba a mí y no a sus manos, y estaba atento a mi reacción. Mientras yo lo miraba y él levantaba los brazos, las mangas de su holgada sudadera se deslizaron hasta los codos y dejaron al descubierto unos antebrazos surcados por recientes cortes de cuchilla; crudos y brutales paralelogramos carmesís. Una gran revelación, al parecer intencionada, de tormento y vacío. Su esencia desnuda quedó al descubierto al tiempo que su piel destrozada.

En ese momento una imagen apareció en mi mente, rotulada con un escueto término de diagnóstico. Todos los crípticos hilos de sus síntomas, cada uno de ellos misterioso en sí mismo, cobraron sentido gracias a su interconexión en ese instante: la violencia sangrienta de sus pensamientos acerca de los demás, los cortes de la piel, el extraño comportamiento en el autobús del condado e incluso el hecho de cubrirse los ojos para no ver la partida de Shelley.

El término era «trastorno límite de la personalidad» (una etiqueta de moda en psiquiatría que tal vez cambie con el paso del tiempo por otra que refleje mejor los síntomas, como «síndrome de desregulación emocional», pero que, al margen de la etiqueta, describe algo constante y universal, una parte fundamental del corazón humano). Estas cuatro palabras, en apariencia sencillas, me aclararon el caos de Henry, le dieron algún sentido a su desconcertante complejidad y, en particular, explicaron la ubicación de su mente en la frontera entre lo real y lo irreal, entre lo estable y lo inestable. Bloqueaba la trayectoria de la luz para evitar la dureza del mensaje que traía consigo, protegía sus entrañas laceradas y en carne viva, con la imposición de un recio control de lo que podía fluir al interior de su cuerpo a través de la frontera de la piel.

Aunque cada caso es diferente y nunca había visto a una persona con una combinación de síntomas como la de Henry, nuevos detalles que encajaban en el patrón empezaron a surgir a medida que le hacía más preguntas. En algún momento volvió a mencionar la fantasía de que se comía a la gente con la que había escandalizado a los paramédicos, sin llegar en realidad a dañar a nadie, pero sí a odiar a los desconocidos de la calle por el simple hecho de ser humanos. Cuando veía gente veía sus entrañas, y sus entrañas dentro de él.

El sol hería, era frío e intenso, así que para recrear la sensación original cuando Shelley lo había besado en el autobús de la iglesia, Henry se había desnudado en un autobús del condado, en un aparente intento de encontrar algún trozo de piel donde el sol se sintiera igual. Veía sangre por todos lados, nadaba, buceaba, se ahogaba; lo suficiente como para que la policía lo hubiera trasladado, en virtud del código estatal 5150, al servicio de urgencias más cercano, es decir, a mí.

Algunas de las personas que llegan bajo dicho código tienen la esperanza de no ser hospitalizadas, mientras que otras buscan el ingreso. Mi labor consistía en materializar la frontera del hospital si descubría que alguien necesitaba ayuda para seguir con vida. Mi decisión obligatoria como psiquiatra de los pacientes hospitalizados era binaria: dar de alta a Henry por la tarde o someterlo a una retención legal —en el pabellón cerrado— durante un máximo de tres días sin derecho a salir; es decir, convertirlo en un paciente involuntario.

Ahora, con el diagnóstico en mente, ya era el momento de pensar en redactar el informe, completar mi evaluación y planificar el tratamiento, y eso significaba empezar con sus primeras palabras. Revisé mis notas y volví al momento en que había entrado en la vida de Henry.

Antes de que el dinero del reciente boom tecnológico inundara la región y diera lugar a la modernización del servicio de urgencias, durante más de veinte años el diminuto Consultorio Ocho había servido en el valle como la puerta de entrada principal de los pacientes psiquiátricos que llegaban en una condición crítica. Muchas de las personas que diseñaron y crearon nuestro hiperconectado mundo de silicio pasaron en algún momento por ese consultorio aislado tan pequeño como un baño. El valle era su hogar y este su hospital, y el Consultorio Ocho, sin ventanas, servía de acceso al servicio de atención de enfermedades mentales agudas y, por tanto, era como una especie de ventana al corazón más humano y vulnerable del valle. El Consultorio Ocho era importante; en una casa, lo que se puede ver desde la ventana es importante.

Sin embargo, el Consultorio Ocho era oscuro y pequeño, apenas tenía el espacio necesario para la camilla del paciente. Fuera, un amable guardia uniformado estaba siempre alerta. Dentro, la única silla para el psiquiatra estaba ubicada lo más cerca posible de la puerta; el entorno del servicio de urgencias puede ser impredecible, y el psiquiatra de turno, así como otros especialistas que atienden situaciones críticas, reciben formación para identificar las vías de escape y situarse cerca de ellas en caso de que la interacción empeore.

En mi primer contacto con Henry, prever una ruta de escape parecía pertinente. Henry llevaba una gorra de béisbol y pantalones vaqueros, era más alto y corpulento que yo, poco atlético pero musculoso, y su rostro pareció crisparse con odio cuando me vio. Intenté mantener el rostro impasible, pero sentí un nudo en el estómago ante la situación. Había dejado la puerta entreabierta, y mientras me presentaba tomé asiento y le pregunté por qué estaba allí; la familiar cacofonía de urgencias se filtró: el acompañamiento para las primeras palabras de su monólogo, que, tal y como dictaba mi formación médica, tendría que constituir la primera línea de mi informe.

Los psiquiatras empiezan como médicos que atienden cualquier parte del cuerpo en el servicio de urgencias y en las unidades de medicina general, que diagnostican dolencias de todos los órganos y que tratan todo tipo de enfermedades, desde la pancreatitis hasta los ataques cardiacos y el cáncer, antes de especializarse en el cerebro. En esta etapa de aprendizaje integral, que dura un año tras licenciarse en Medicina, se consolidan los rituales médicos, incluido el ritmo necesario para transmitir toda la información sobre un paciente, en el orden exacto que espera el médico tratante (el de mayor rango al que se le presenta el caso). Esta secuencia convencional comienza con la tríada de edad, sexo y, por supuesto, la queja o preocupación principal, es decir, el motivo de haber llegado a la sala de urgencias ese día, aquel que el paciente manifiesta con sus propias palabras. El enunciado «mujer de setenta y ocho años; queja principal: tos que ha empeorado en las últimas dos semanas» se menciona antes que nada, antes que el historial clínico, la exploración física o los exámenes de laboratorio. Este ritual tiene sentido en medicina, pues permite centrarse en el problema concreto de una manera que es útil, sobre todo en el caso de pacientes con numerosas afecciones crónicas, que en conjunto pueden convertirse en una distracción.

No obstante, la costumbre médica no siempre se traslada con facilidad a la realidad de la psiquiatría, y menos en el año de especialización posterior a la pasantía médica. A los residentes recién llegados, ahora en etapa de reajuste y reaprendizaje, les cuesta un poco extrapolar ese ritmo médico al nuevo escenario, ya que lo primero que el paciente psiquiátrico dice cuando se le pregunta puede ser incómodo de transcribir en la primera línea de una nota clínica: «Hombre de veintidós años; queja principal: "Puedo sentir tu energía en mí"»; «mujer de sesenta y dos años; queja principal: "Necesito Alprazolam para llorar en terapia"»; «hombre de cuarenta y cuatro años; queja principal: "Estos malnacidos intentan controlarme. Usted no puede seguirme hasta la muerte, ¿verdad? Púdrase"». Pero, de todos modos, lo escribimos.

Había logrado averiguar la queja principal de Henry con mi aproximación genérica, preguntarle qué lo había traído a la sala de urgencias, y anoté a conciencia su respuesta, en la primera línea de mi nota: «Hombre de diecinueve años traído por la policía; queja principal: "Mi padre me dijo: 'Si te suicidas no lo hagas aquí, en casa. Tu madre me echaría la culpa'"».

Recuerdo que en ese momento se me ocurrieron de inmediato muchas preguntas, pero Henry no hizo ninguna pausa; solo siguió adelante, abriendo las venas. Las palabras brotaron deprisa, de forma fluida y organizada, y todo, en retrospectiva, encajaba en el diagnóstico de personalidad límite. Mi paciente sugería que la causa fundamental de su desesperanza suicida era la ruptura de aquella relación, la pérdida del amor perfecto que había comenzado apenas unos meses antes con un beso en una excursión de la iglesia, y que había terminado dos días antes con una separación en la cafetería de Santa Rosa. A partir de ese punto, relató el resto de la breve y tortuosa odisea que había vivido los dos últimos días: aprendió a cortarse a escondidas, fue a casa de su padre a mostrarle las secuelas y, tras la sorprendente reacción de su progenitor, salió corriendo y bajó a la calle desesperado, en busca de un autobús, en medio de un frenesí por sentir lo que había sentido por primera vez con Shelley. De paso, Henry incluyó la historia del divorcio de sus padres cuando tenía tres años; recordó que se subía al regazo de su madre, gritando «no quiero a ese nuevo papá», y que su rostro había permanecido inexpresivo e indiferente, impasible, sereno ante las lágrimas de su hijo. Describió el caos resultante del hogar dividido, cuando los que más se habían querido se convirtieron de la noche a la mañana en los que más se odiaban. Cómo todos los valores humanos, positivos y negativos, se habían invertido, sin explicación, sin remedio. Cómo aprendió a vivir en dos mundos separados en dos casas que nunca podían interactuar, cómo no podía hablarle al uno del otro, cómo se vio obligado a crear y mantener dos realidades distintas e incompatibles para sobrevivir.

Y, por último, antes de callarse, me confió las visiones que había descrito a los paramédicos y al personal de urgencias: imágenes de sangre y canibalismo, y de la repugnancia que sentía por los demás. No solo se trataba de un deseo de distanciamiento, sino de una aversión hacia toda la humanidad.

Antes, cuando era estudiante de Medicina, podría haber diagnosticado por error una esquizofrenia o una depresión psicótica; en cualquier caso, se encontraba apartado del mundo real. Sin embargo, Henry estaba lúcido y sus pensamientos eran estructurados; no se había desconectado del todo. Solo las personas con trastorno límite de la personalidad pueden pasar de la realidad a la distorsión y viceversa hablando dos idiomas; tienen doble ciudadanía —no es delirio exactamente, pero sí tienen un marco alternativo— para poder gestionar una realidad hostil e impredecible.

En ocasiones parece que ni el yo ni lo que permanece en el exterior están del todo definidos en la mente de los pacientes limítrofes, no son entidades bien diferenciadas con una valía y unas características constantes. Los valores relativos de las diferentes situaciones que se dan en el mundo y de los diferentes niveles de interacción humana no se pueden comparar con facilidad, y ello da lugar a reacciones poco sutiles, como tener pensamientos catastróficos sobre situaciones improbables o una reacción extrema ante el tira y afloja natural de las relaciones humanas. Al parecer, todavía están en una fase inicial del desarrollo de algún tipo de cambio de divisas que permita comparar de manera equitativa los valores humanos de diferentes categorías para orientar con mesura las percepciones y acciones.

Sin embargo, este patrón de reacciones extremas y en apariencia injustificadas (que puede presentarse en otras patologías, y que a veces aparece en cualquier persona) también parece constituir una estrategia práctica para sobrevivir al trauma de los primeros años de vida que afecta a tantos pacientes limítrofes, un reflejo de su realidad, según la cual no existe un sistema de valores único o coherente que tenga sentido en el mundo. Asimismo, otros aspectos del desarrollo personal quedaron al parecer congelados en estadios tempranos, como el uso hasta bien entrada la edad adulta de objetos de transición como mantas o animales de peluche, artículos que calman a un niño cuando los sujeta con fuerza, de modo que le permiten trasladar la seguridad de cierto entorno a un espacio inseguro. El hecho de que Henry se protegiera de la escena de la partida de Shelley era la defensa de un niño que bloqueaba una realidad insufrible e inaceptable en lugar de abordarla. Todos estos comportamientos pueden resultar inquietantes para los amigos, los familiares y los cuidadores, pero con reflexión y experiencia también pueden suscitar compasión.

Muchos pacientes limítrofes (y quienes no son pacientes, pero aún viven con algunos de estos síntomas) logran mantener en privado dicha fragilidad: los bruscos altibajos frente a un vacío doloroso. Algunos ocultan una maldición secreta, que también es una liberación silenciosa: las incisiones intencionadas en la propia piel, los cortes voluntarios en los brazos, las piernas y el abdomen. Son heridas que nunca deben mostrarse, excepto cuando sea útil. ¿Qué necesidad satisfizo Henry allí, con la exhibición aparentemente deliberada de su piel cortada? ¿Acaso la mostró a sabiendas de lo que se activaría en el sistema (en mi sistema, en mí)? Los pacientes limítrofes parecen expertos en el arte de inducir emociones, suscitan en los demás abrumadores sentimientos negativos o positivos, similares en intensidad a los suyos. Esta capacidad puede dar los resultados deseados, recompensas de algún tipo, incluida la admisión hospitalaria (a veces el objetivo subyacente, incluso cuando no hay una intención suicida).

Cuanto más pensaba en el momento en que Henry había hecho el ademán con los brazos, mientras observaba sin duda mi reacción, más me parecía una manipulación momentánea, una toma de poder. En realidad no había riesgo de suicidio, pensé (la naturaleza manifiesta del ademán me hizo pensar eso), ni alucinaba con sangre, ni quería comer gente. Con toda seguridad, tampoco era un criminal ni un antisocial; a juzgar por la anamnesis que estaba recopilando, aparte de sí mismo, Henry nunca le había hecho daño a otro ser humano, ni siquiera a un animal. Y, como nunca había intentado suicidarse, me convencí de que quizá no quisiera morir, al menos no todavía. Aunque su dolor era real, la exhibición de sus lesiones era algo más, un desesperado intento de encontrar afecto y vínculos humanos a través de las fronteras reales e irreales, comunicándose para ello con los demás a través de su propia piel, sumergiéndose y aferrándose con frenesí a la cálida manta de la interacción humana que podía volverse fría en cualquier momento, buscaba el profundo vínculo que nunca volvería a producirse. El contacto de la piel con la piel. El rostro inexpresivo de su madre, impasible.

Tenía que atender asuntos clínicos inaplazables: pacientes pendientes de recibir atención en el servicio de interconsulta, remisiones de hospitales externos y una posible hemorragia gastrointestinal en el pabellón cerrado. Mi capacidad no era infinita. Henry tal vez lo sospechara, y contaba su historia de manera estratégica, a sabiendas de que si lo hacía bien yo no podía enviarlo sin más a la calle esa noche, solo, a esa fría llanura aluvial de Palo Alto. Solo quería algo de mí, algo de un valor inconmensurable: a mí, mi tiempo y mi energía.

Cuando me percaté de esto, sentí que un escalofrío me subía por la espalda, esa sensación de rabia defensiva que recorre la piel cuando se violan los límites personales. Aunque sabía que su dolor era real, hasta ese momento mi compasión solo había sido clínica e intelectual. Se despertó en mí un estado ancestral intenso y común en el que mi compasión era lo de menos. Los vellos se me erizaron, desde la nuca hasta el cuero cabelludo, en lo que constituye una antigua, furiosa y privilegiada experiencia de los mamíferos, una sensación que define nuestra piel, nuestra frontera y nuestro propio ser.

Cada emoción tiene una cualidad física, como por ejemplo la sensación efervescente que el enamoramiento produce en el pecho. La ira por la invasión territorial se siente en nuestro límite físico, en la piel. En nuestros ancestros esa sensación surgió quizá como una fanfarronada, la exhibición de pelos erizados para aumentar el tamaño aparente; pero hoy en día, para los humanos como nosotros, casi desnudos, esta sensación solo sirve a escala interna, como un legado invisible que cada uno tiene, para su propio uso personal. Y Henry lo había evocado en mí, había entrado en mi interior y había provocado la misma sensación que nuestros antepasados sintieron hace cien millones de años, en cuanto hubo pelo que erizar. Las estructuras de la piel a lo largo de la nuca comprimen las vainas que sostienen los vellos, estos se erizan, el cuerpo crece, la forma que se presenta al mundo se expande: «Este soy yo; hay más de lo que ves, que lo sepas. Valgo más. Soy más».

Ese sentimiento —indescriptible, universal, apremiante— es un estado interior enmarañado de sensaciones positivas y negativas, un escalofrío exquisito de rabia y placer. Mi perspectiva crece a lo largo y a lo ancho y siento que también me elevo; una oleada me eriza los pelos. Me siento envalentonado; ahora tengo que buscar el peligro, el riesgo lo es todo; en este momento puedo afrontar hasta las últimas consecuencias. El límite es la sensación, y la sensación es el límite. Entonces los vellos de la nuca y la espalda se relajan y se alisan poco a poco; estoy licenciado en medicina; soy un profesional que lleva una bata blanca, en un planeta civilizado, con límites. La ola alcanza el punto más alto de la cresta y retrocede. La sensación, con su maestría ancestral, se calma.

Ya lo había experimentado antes con pacientes limítrofes, pero quizá Henry no supiera que ahora era él quien lo hacía aflorar. Los bebés también despiertan sentimientos intensos en los padres, sin que se les haya enseñado a hacerlo. Henry era joven y carecía de entrenamiento, era un bebé limítrofe. Era un mamífero humano procedente de una madriguera rota —un cubil destrozado a los tres años del que acabó saliendo como limítrofe—, congelado en el tiempo, con defensas infantiles, pero con herramientas listas para romper mis propios límites, para atravesar mi frontera, meterse bajo mi piel y aprovechar mis recursos hasta llegar a mi estado interior más profundo y primigenio.

La piel es a la vez frontera y centinela. La piel surge del ectodermo del embrión;[2] el ectodermo es nuestro límite inicial, la capa superficial de células, que crea la frontera esencial entre el yo y el no yo. Nuestro sentido de la sensibilidad, nuestra atalaya en la frontera entre el yo y el mundo, se forja a partir del ectodermo, con estructuras incrustadas en la piel que detectan el contacto, la vibración, la temperatura, la presión y el dolor. Y el propio cerebro, aunque hoy sea interno, también se construye a partir del ectodermo, de modo que esa capa es la que al fin y al cabo establece todos los límites del individuo, en el plano tanto psicológico como físico.

El cabello y el pelaje también se forman a partir de la piel, y es probable que su origen se remonte a los bigotes —fibras del hocico para sentir el contacto— de nuestros más antiguos ancestros excavadores, que se ocultaban de los dinosaurios que habitaron la superficie del planeta durante cuarenta millones de años hasta que el impacto de un meteorito lo trastocó todo hace sesenta y cinco millones de años,[3] enviando a los mamíferos a la superficie, ahora vacía, mientras la mayor parte de los otros seres vivos se encaminaban a la extinción. Estos pelos primitivos percibían la forma de la madriguera en la oscuridad, las dimensiones del pasadizo para la cabeza; evaluaban si el individuo podía entrar a calentarse o escapar, estaban diseñados para medir las entrañas de la tierra.

A medida que los bigotes evolucionaron hacia una densidad y un grosor mayores, para obtener una sensación cada vez más rica durante el recorrido por nuestras oscuras madrigueras, nos vimos abocados a una nueva forma de definir las fronteras. Se descubrió que el pelo era un aislante térmico, y luego la selección natural, con su poder absoluto, se encargó de distribuirlo por todo el cuerpo. Los mamíferos de madriguera que nacieron con bigotes sensoriales más densos también retenían más energía vital —gestionaban mejor el costoso estilo de vida de los animales de sangre caliente al quemar calorías con rapidez en el frío nocturno—, y sobrevivieron al repentino helamiento que tuvo lugar tras el bloqueo del sol.

Estas prematuras estructuras sensoriales de la piel se extendieron por todo el cuerpo a lo largo de miles de milenios,[4] durante los cuales incluso se les descubrieron algunos usos adicionales. Los pelos que, ante una amenaza, podían levantarse a lo largo de la nuca y la espalda sirvieron de señal de advertencia cual cascabel de serpiente; las primitivas estructuras de nuestra piel, como centinelas fronterizos, ahora también respondían a la invasión como un concepto del mundo exterior, como un territorio franqueado, como una nueva topología. Y aunque los pelos levantados eran una señal externa para advertir a los demás de que se alejaran, en el momento en que nosotros (mamíferos capaces de describir las sensaciones internas) aparecimos, esta señal visible incorporó algo más alojado en el interior. Una sensación interna entró a formar parte de ese estado y se convirtió en una señal más útil para el yo. La pelambre —un simple órgano periférico de la piel alejado del cerebro— ahora informaba sobre la integridad del territorio personal que podía ser de carácter psicológico además de físico, e indicaba la invasión tanto al mundo como a nosotros.

Con el paso del tiempo, nosotros (como humanidad) volveríamos a perder la mayor parte de nuestra pelambre, pero la sensación, esa exquisita descarga de amenaza y expansión, permaneció; quizá fuera el primer estado interno distintivo de los mamíferos, genuinamente primitivo, una sensación nacida hace mucho tiempo en oscuros pasadizos subterráneos.

Sentimos y definimos nuestras fronteras mediante la piel: límite, centinela, pigmento, señal. La piel es nuestro punto vulnerable, donde perdemos calor y donde debemos establecer contacto para vivir y aparearnos; la piel desempeña muchas funciones, y por ello tiene sus propias particularidades y contradicciones. En el suave lado ventral, a lo largo de la línea media desde la garganta hasta el abdomen y la pelvis —la parte anterior de un ser humano, derivada del lado que mira al suelo de un reptil cuadrúpedo o de un mamífero primitivo—, la sangre fluye hacia la superficie para enrojecerla y abultarla, para que entablemos contacto, para capacitarnos, para que nos apareemos. Pero nuestra sensación de escalofrío y rabia, aquella que nos pone los pelos de punta ante la violación de los límites, se percibe y se expresa, en cambio, en el lado dorsal, a lo largo de la espalda —el lado más oculto y menos apreciable de los seres humanos, ubicado de manera paradójica en el lado opuesto al del individuo que nos amenaza—, pero que en nuestra historia evolutiva, antes de erguirnos, fue el lado superior más visible, donde, al igual que en el cuello y la espalda de los gatos y los lobos, los pelos podían levantarse para ayudarnos a aumentar nuestra presencia.

Cuando los vellos se erizan de rabia —en respuesta a la pérdida de la integridad territorial— algunos psiquiatras utilizan esa sensación, en cuanto la perciben, para apoyar el diagnóstico de trastornos de la personalidad como el limítrofe. Este truco clínico, rara vez formalizado, es un arte de la psiquiatría, aunque no es exactamente científico: escucharse a uno mismo, observar los sentimientos negativos evocados por el paciente, darse cuenta de que esos sentimientos son a lo mejor una respuesta compartida por otras personas en la vida del paciente, y utilizar dicha percepción en el tratamiento. Así pues, un vestigio evolutivo se convierte también, de manera sorprendente, en una herramienta de diagnóstico —con todas las salvedades que quepa imaginar, incluso la de que se esté equivocado—, de modo que el médico sabio se limita a centrarse en el hecho de que el paciente también puede evocar ese sentimiento defensivo en los demás, que puede ser la fuente de dificultades en la vida y, por lo tanto, objeto de una terapia útil.

Esta transferencia también funciona con los sentimientos positivos. Para bien o para mal, el paciente o el psiquiatra pueden encajar en un rol del pasado,[5] creado e interpretado antes por alguien más en la vida del otro. Por casualidad o por necesidad, a veces nos encontramos con que somos ganchos cuadrados para agujeros cuadrados, y si el rol es positivo la conexión terapéutica puede reforzarse, siempre y cuando la transferencia se identifique y se monitorice y no se permita que distorsione el proceso de atención clínica. De hecho, casi siempre que vuelvo a ese momento veo que, hacia el final, Henry soltó una sola frase —de manera inconsciente, o tal vez se tratase de una manipulación perfecta— que me permitió vincularme con él. Cuando empezaba a dar por concluida la consulta, con la certeza de que había poco riesgo de que se hiciera daño esa noche, pero todavía con la incertidumbre de si admitirlo o darle de alta, dijo: «Solo quiero que mis padres estén juntos».

Allí, justo allí, en medio de las artimañas y los equívocos, al menos eso era cierto. Eso era lo único que importaba. La esperanza latente de conectar los límites deshilachados y reparar el yo roto. Como padre soltero oí a mi hijo, y volví a sentir, durante un largo rato, la fragmentación de nuestro hogar cuando tenía dos años.

Consciente de la transferencia, y sin dejar de pensar en lo poco que podía hacer —y menos aún entender—, admití a Henry bajo el código 5150, completé el papeleo, llamé a la unidad y lo hospitalicé para darle abrigo.

El trastorno límite de la personalidad, que en la mayoría de los casos no responde a la medicación, es un cóctel desconcertante de síntomas que pueden parecer inconexos entre sí: miedo irracional al abandono, fuertes cambios de humor, sentimientos ineludibles de vacío, inusuales exhibiciones públicas, visiones mórbidas. El suicidio es más frecuente en este trastorno que en cualquier otra enfermedad psiquiátrica,[6] y la autolesión sin intenciones suicidas —como practicar incisiones en la piel— puede llegar a ser poderosa y gratificante, incluso ansiada. Se trata de una conducta que nadie puede pretender que comprende del todo, pero los cortes son comunes y, por lo tanto, denotan algo acerca de nosotros, acerca de la humanidad.

A diferencia de otras enfermedades psiquiátricas —como la esquizofrenia, cuyos síntomas inusitados llevan a la desconexión, alejan a los demás y aíslan al paciente—, los síntomas del paciente limítrofe a menudo pueden involucrar, entrelazar y atraer a los demás, al menos durante un tiempo. En efecto, las acciones autolesivas como las de Henry pueden implicar a los demás, pero parece que también tienen algún propósito para el paciente, a escala interna. Ya existe otro dolor, de un tipo diferente, y la autolesión puede contrarrestar ese dolor más profundo.

Sabemos que muchos de estos seres humanos han soportado una carga injusta: un trauma psicológico o físico a una edad temprana,[7] a veces atribuible a quienes cuidaban de ellos. La única fuente de afecto de Henry, en su diminuto nido familiar situado en las profundidades de la fría arboleda de secuoyas, no solo se había roto sino también trastocado —su valor se había invertido—, y, al margen de lo que les hubiera sucedido a sus padres, la percepción e interpretación de Henry eran claras: había sufrido mucho cuando era muy pequeño. No obstante, el cuidado combinado con el dolor sigue equivaliendo a supervivencia en un cálculo práctico para adaptarse a un mundo hostil y confuso. Si aquellos en quienes confiamos, aquellos en quienes debemos confiar, se vuelven impredecibles o peligrosos y las fronteras se traspasan, si el valor se invierte de manera fundamental, entonces se necesita una nueva y extraña lógica para seguir con vida. La supervivencia requiere que se mantenga el contacto con los cuidadores, y no es necesario que todo tenga sentido si también brinda afecto. Una ruptura del orden del mundo se traduce en una ruptura de la vida emocional en que nada es estable pero debe ser estabilizado, y en que la conexión humana se convierte en una dialéctica: se necesita con desesperación, pero debe evitarse por completo. Desde este punto de vista, la capacidad de trabajar con realidades alternas, en uno mismo y en los demás, empieza a tener cierto sentido.

Las correlaciones de estos diversos síntomas son reales y los epidemiólogos pueden cuantificarlas. Para los pacientes limítrofes, el trauma durante la dependencia —al principio de la vida, cuando se necesita afecto y cuidado a toda costa— augura la posterior autolesión sin intención suicida.[8] Y el periodo de dependencia humana es largo. Tenemos que construir cerebros enormes e intrincados, así como asimilar una civilización heterogénea —una Babel compleja de costumbres y cogniciones humanas—, que la naturaleza confiada, ágil y receptiva del cerebro de un niño puede hacer mejor. Nuestro cerebro todavía construye estructuras básicas —el aislamiento eléctrico, la mielina que le da a la materia blanca su color y que guía las vías de comunicación eléctrica a través del cerebro— cuando ya hemos cumplido más de veinte años y aun después.[9] Como primates, y como seres humanos, mantenemos disponible nuestra piel expuesta —dérmica o neurológica, frontera o cerebro—, para su uso o abuso, todo el tiempo que nos es posible.

Así pues, la evolución de los primates hasta desembocar en los humanos modernos nos ha traído una infancia muchísimo más larga, con una dependencia y vulnerabilidad que se prolongan de manera considerable. La infancia sobrepasa ahora sus límites —ya es más larga que la vida media de nuestros antepasados recientes— hasta los confines de la fertilidad y más allá. En ningún lugar este fenómeno es más claro que en la misma práctica de la medicina, con su interminable periodo de formación. Los pasillos de los hospitales universitarios están poblados de pequeños reductos de médicos que aún son residentes o subespecialistas en formación, agrupados en compactos y vulnerables cúmulos de batas blancas. Todos ellos son adultos de mediana edad, pero aún tratan de aprender, de encontrar el amor y de no morir; su cabello es una extensión grisácea de la piel y del ser, que indica más fragilidad que autoridad.

Aunque ya sabemos por qué nuestro periodo de vulnerabilidad puede ser tan prolongado, aún no comprendemos la biología de la personalidad limítrofe, a escala celular o de circuitos. Como siempre, para abordar de forma científica este tema podemos optar por una simplificación que reduzca la pregunta seleccionada a una medición fiable, a un solo parámetro observable. La recompensa del dolor, de los cortes —aunque no es exclusiva de los limítrofes—, está vinculada al trastorno y sirve como un indicador muy claro, que informa sobre un estado interior bullicioso y alterado.

¿Qué impulsa a un ser humano a cortarse? Aunque esta ya es una pregunta difícil, se puede llevar a un nivel más profundo: ¿qué impulsa a cualquier organismo a hacer algo? En función del contexto, la respuesta puede ser un reflejo, un instinto, un hábito, evitar la incomodidad o el dolor, o conseguir un poco de placer, una sensación de recompensa... o, por el contrario, podríamos imaginar un mundo donde todo el comportamiento estuviera motivado por el dolor y el alivio del dolor. A veces nos impulsa la búsqueda de un sentimiento positivo, pero un individuo puede, en cambio, dejarse guiar sobre todo por la supresión del malestar interno, como motivación para sus acciones.[10]

¿Acaso podría la conducta estar lo bastante motivada para la supervivencia si una especie o un individuo prescindiera del placer y, en lugar de ello solo utilizara la reducción temporal del sufrimiento como motivación para el comportamiento correcto? Si se realizara una acción adecuada para promover la supervivencia o la reproducción, entonces se reduciría el dolor interno, aunque solo fuera por un instante. Si fuéramos dioses que diseñan organismos, esta estrategia podría funcionar. ¿Qué aspecto tendría un ser humano, cómo actuaría, si su punto de referencia fuera el dolor psíquico y si todas sus acciones estuvieran encaminadas a reducirlo o a desviar la atención de ese dolor?

Podemos aplazar el placer en cualquier momento, pero no podemos ignorar con facilidad el dolor. Tal vez, en ese caso el dolor sería una fuerza aún más poderosa para orientar el comportamiento. La reducción o la evitación del dolor interno podría funcionar como motivación para levantarse por la mañana, o para socializar con los amigos, o para proteger a los niños, aunque los gestos podrían parecernos extraños según nuestro diseño actual. El estilo, la melodía y el ritmo de cada acción parecerían fuera de lugar, inusuales y volátiles, en un ser que vive en medio de padecimientos y que actúa para reducirlos. Sin embargo, tal existencia, al menos para algunos, quizá ya sea una realidad. Semejantes individuos podrían no ser muy diferentes de los pacientes limítrofes: nuestros hermanos e hijos, agobiados por estados internos negativos.

Esta perspectiva también podría ser esperanzadora con vistas a comprender y tratar el problema, ya que los estados internos y los sistemas de valores pueden modificarse, e incluso diseñarse para facilitar el cambio. A medida que un organismo crece, que el entorno cambia, que la especie se adapta y evoluciona, las valoraciones asignadas a determinados aspectos del mundo —como el valor de poseer algo o el de estar en un lugar— también deben ajustarse. Ese valor interno es una moneda como cualquier otra, y no debe quedar sujeta a un criterio inmutable que pueda impedir el crecimiento. En vez de ello, el valor debe fijarse por decreto —lo que sea bueno para la supervivencia— y, además, de manera sencilla, precisa y rápida. A partir del nacimiento, a medida que las dimensiones del yo y de la vida cambian, los peligros existenciales —incluso las amenazas a la vida, los depredadores— se convierten en molestias menores, objetos hermosos o presas. La oleada de miedo y horror debe desvanecerse, debe convertirse en alegría, debe transformarse en la emoción de la persecución.

El cambio de valor en cualquier escala de tiempo —rápido ante una nueva percepción instantánea, más lento con el desarrollo y la madurez, más lento aún a lo largo de milenios, a medida que el mundo y las especies evolucionan juntos— permite adaptarse a las condiciones cambiantes mediante la sintonización de los tipos de cambio internos para las monedas antagonistas del sufrimiento y de la recompensa. Las experiencias de los pacientes limítrofes y los conocimientos de la neurociencia moderna muestran en ambos casos que la valencia —el signo negativo o positivo de la experiencia, aversiva o apetecible, mala o buena— está diseñada de tal forma que puede cambiarse, y sin dificultad.

En la actualidad, los neurocientíficos ya pueden establecer estos tipos de cambio mediante el ajuste preciso de la probabilidad de que un animal haga casi cualquier cosa, y ello por medio de la selección op-togenética de células y conexiones particulares del cerebro. Por ejem-plo, en función de los circuitos específicos seleccionados, se puede lograr que un animal se vuelva más o menos agresivo, defensivo, so-cial, sexual, hambriento, sediento, somnoliento o activo;[11] esto se consigue mediante una inscripción optogenética en la actividad neu-ronal (es decir, un comando para que solo se produzcan unos pocos picos de actividad en un puñado de células o conexiones definidas).

Cuando el comportamiento del sujeto cambia de repente, pasa de buscar un objetivo a perseguir otro y oscila al parecer de un siste-ma de valores a otro, a veces el psiquiatra no puede dejar de pensar en los pacientes limítrofes. Estos individuos pueden reaccionar al instan-te y con vehemencia ante una asignación o cambio de valores; por ejemplo,[12] tratan a un nuevo conocido o a un nuevo psiquiatra como un arquetipo de la categoría: el amigo más entrañable, el mejor mé-dico. Asimismo, esta categorización positiva expresada de manera tan contundente puede esfumarse o invertirse en un abrir y cerrar de ojos y pasar (tras considerar que un cuidador ha dado un paso en falso o que la atención de su pareja es inadecuada) de lo mejor a lo peor, hasta llegar a considerar lo negativo como una catástrofe.

Esta conmutación binaria se atribuye a veces a una actuación ma-gistral y a una intención manipuladora, pero mi opinión (que muchos comparten) es que la persona siente de verdad, de forma abrumadora, estos estados lábiles. Las reacciones extremas reflejan sentimientos de todo o nada, estados subjetivos adaptados a una experiencia vital incierta. Las capacidades de supervivencia de un niño traumatizado —aunque esto no describe a todos los pacientes limítrofes— se con-vierten en las distorsiones de un adulto que sufre, que vive la vida inmerso en una negatividad crónica, en la que todo se enmarca en función de aquello que podría ser lo bastante fuerte o puro para des-viar la atención de las incesantes sirenas del dolor psíquico que aúllan en el mundo interior del paciente.

Existen estructuras cerebrales profundas y poderosas que pueden dar lugar a estas respuestas. Algunos de estos circuitos y células (como las dopaminérgicas cercanas al tallo cerebral) ejercen su influencia por doquier, mediante conexiones que llegan a casi todo el cerebro, incluidas las regiones frontales —de reciente aparición en la evolución—, donde tienen lugar las cogniciones complejas y el proceso de toma de decisiones más integrales, y las regiones más primitivas, que manifiestan los impulsos de supervivencia en su forma más básica. Estas células dopaminérgicas pueden atribuir con facilidad un valor positivo o negativo incluso a elementos neutros, como una estancia que sea común y corriente para un ratón. Mediante la optogenética es posible disminuir la actividad eléctrica de las neuronas dopaminérgicas en el mesencéfalo, al aplicarle al ratón un destello de luz cada vez que entra en esa estancia neutra; esto hace que el animal comience a evitarla, como si fuera una fuente de sufrimiento intenso.[13]

Este experimento quizá permita tener acceso a un proceso natural, pues una profunda estructura cerebral diferente de la anterior pero relacionada con ella, la habénula (una estructura, tan antigua que la compartimos con los peces, que se activa durante situaciones irremediables, negativas y decepcionantes), actúa inhibiendo de manera natural las neuronas dopaminérgicas en el mesencéfalo, tal y como lo hace la optogenética en los experimentos.[14] Así pues, este circuito puede imponer un signo, o una valencia, donde antes no había.

Se ha descubierto que sufrir estrés y desamparo en los primeros años de vida puede aumentar la actividad de la habénula,[15] y los pacientes limítrofes tal vez estén atrapados en una negatividad constante e incontrolada por la conexión neuronal habénula-dopamina o de otros circuitos afines. Habituados a un dolor perenne, pueden experimentar una lección duramente aprendida sobre la naturaleza del mundo, que solo los jóvenes podrían haber interiorizado.

El hecho de cortarse puede revelar esa negatividad del estado interior del paciente limítrofe. Esta conducta podría recalibrar dicha negatividad al introducir un dolor nuevo y agudo que se controla y se comprende, en lugar del sentimiento incontrolado (e inexplicable) de la infancia. De este modo, el sufrimiento de toda la vida, al menos durante unos instantes, se normaliza hasta convertirse en apenas nada en comparación con la nueva sensación autogenerada. La negatividad intensa —siempre que venga acompañada de autonomía, de control, de una razón— puede buscarse con ansia.

Por lo tanto, es posible que la neurociencia moderna empiece a revelar cómo Henry y otras personas similares pudieren llegar a vivir en semejante estado, con un trauma en los primeros años de vida que sembró la predisposición a la valencia negativa en el fértil campo de cultivo de una mente joven y vulnerable, causando una profunda inestabilidad en la evaluación de la conexión humana. Los estudios realizados en peces y ratones, los primos con los que tenemos en común ancestros clave, demuestran que la actividad de unas cuantas células y circuitos específicos del cerebro de los vertebrados —y, por tanto, a buen seguro, del nuestro— permite acceder al valor de los absolutos y modificarlo al instante.

Cada uno de nosotros tiene en la mente una historia, un borrador destinado a explicarse a sí mismo y a los demás, para justificar el sentido del yo y la relación con el momento. Siempre llevamos a cuestas esa historia, así como las de nuestros amigos y familiares y otras personas importantes para nosotros, como imágenes que consultamos de vez en cuando. A las personas que más quieren y aprecian al paciente limítrofe les cuesta construir esa imagen, crear y mantener un modelo interno que refleje la historia y el sufrimiento de su ser querido. Sin embargo, con un poco de ayuda de la neurociencia moderna, estos amigos, familiares y cuidadores y otras personas pueden ahora empezar a imaginar, y tal vez casi a entender, lo que es vivir de esta manera.

Los traumas de los primeros años de vida pueden afectar a cualquier animal, pero nuestras crías tal vez sean más vulnerables porque son las que más tienen que interiorizar. Nuestra estrategia evolutiva (y cultural) para abordar el aprendizaje ha sido la de alargar la infancia, y por eso, como efecto secundario, el riesgo se dilata en el tiempo. Es posible que otros animales también lleguen a vivir inmersos en la negatividad por diferentes motivos, sin que exista ninguna razón o medio para exteriorizar este estado interno, pero los síntomas de tipo limítrofe pueden revelarse con mayor facilidad en el contexto de las complejas redes sociales de la vida humana (y cuando la planificación y fabricación de herramientas singulares permite el descubrimiento de conductas como la de infligirse cortes). Como descubrí más tarde, Henry no tropezó por su cuenta con esa innovación particular.

Henry tenía numerosos cortes superficiales en los brazos que se estaban curando rápido y sin complicaciones. En el marco del trastorno limítrofe, se trataba de un caso leve que aún no se había resuelto. Incluso su conocido trauma infantil no era tan grave, al menos hasta donde yo sabía y en comparación con lo que había visto en otros casos; había sido un divorcio difícil, sin duda, pero pueden ocurrir cosas mucho peores.

No obstante, el sufrimiento de Henry era real. Su familia se había desintegrado, y todas las experiencias que compartía las distorsionaba de algún modo esta pérdida fundamental, convertida en una pesada carga de la que no se había podido desembarazar y que deformaba su estructura interna y creaba contradicciones entre lo positivo y lo negativo, lo blanco y lo negro, la realidad y la imaginación, hasta que la única dialéctica que importaba era la que estaba en el centro de todo para él: la conexión y el abandono, el agua y el aceite, imposibles de mezclar.

Durante los tres primeros días del internamiento, se puso en marcha un controlado proceso de atención clínica, con un ritmo y una duración determinados, como ocurre con cualquier código 5150. Al recién llegado se le da cariño y a continuación se le presenta, como si fuera un cachorrito de león, a la manada; primero se le asigna una cama y luego, en un ritual estricto y persistente, los miembros del equipo de atención lo visitan. Así, transcurren varios días de esta atención amable y reiterada —por parte de un auxiliar de enfermería, un enfermero, un estudiante de Medicina, un residente, terapeutas físicos y ocupacionales, un psicólogo clínico, el equipo de consulta médica, un trabajador social y un médico tratante—, junto con la que reciben otros pacientes, todos desconocidos, que están recluidos allí, cada uno por una razón diferente. Se trata de una manada más compleja y exigente de lo que cabría esperar de manera intuitiva o por instinto.

El tiempo que un paciente pasa en un pabellón cerrado suele ser de unos pocos días, que no parecen suficientes para que las células o los circuitos cambien de manera radical, ni para que se produzcan modificaciones del comportamiento significativas a raíz de la terapia. Sin embargo, todas las mañanas el equipo clínico del pabellón debe tomar una decisión de vida o muerte. Cuando evaluamos a los pacientes internados en virtud del código 5150, no es fácil distinguir a los que en verdad se están recuperando de los que solo se están retractando. Para emitir estos juicios solo contamos con las interacciones humanas y las palabras, además de las estadísticas publicadas y la experiencia clínica personal que se haya acumulado. Aun así, esto no es suficiente; inmersos en el peligro evaluamos el riesgo, porque no hay nada más que hacer y no hay quien sepa más. Cada día debemos decidir si la retención debe continuar o hay que ponerle fin.

Aún más inquietante es que se cierne una fecha límite. En la mañana del tercer día, la retención expira y el paciente queda en libertad de forma automática aunque el peligro continúe, a menos que se tomen medidas adicionales. La numerología parece ser la única consideración relevante a la hora de fijar este plazo de tres días, puesto que ello no corresponde a ningún proceso médico ni psiquiátrico específico. Tres días, apremiantes y bíblicos, del Antiguo Testamento o del Nuevo; «tres días y tres noches en el vientre de la bestia, tres días y tres noches en el corazón de la tierra».

Si persiste una fuerte tendencia suicida, se pueden solicitar dos semanas más de atención clínica bajo un tipo de retención diferente que en el código de California se denomina 5250. Pero entonces llega la sentencia definitiva, dictada por una persona ajena a la medicina con derecho a entrometerse en el territorio del psiquiatra. Se trata del funcionario de la audiencia, un juez que llega al pabellón acompañado de otro visitante, el «defensor del paciente», que tiene el cometido de abogar por la liberación de este último. El médico (si todavía considera que dar el alta puede ser arriesgado) puede implorar que se continúe con el tratamiento, que no se retire la custodia, solo que ahora esto sucede en un contexto hostil. Se trata de una incómoda farsa en que un médico discute con alguien llamado «defensor del paciente», cuando toda la vocación e identidad profesional del médico se basan en ayudar a los pacientes a curarse en un entorno seguro. El médico y el defensor del paciente deben enfrentarse en dicha batalla, de forma civilizada y cortés, pero con el gorjal secreto medio levantado y sintiendo una desagradable picazón en el cuello.

Cuando los animales de una misma especie entran en conflicto, los mecanismos naturales de los circuitos ancestrales pueden encargarse de minimizar los daños. Los rituales que ponen de relieve el tamaño (como la medición de la amplitud de las respectivas bocas, una contra otra, que hacen los hipopótamos y los lagartos) suelen permitir que el rival más débil escape y se ponga a salvo y que ambos conserven la energía. Esta estrategia para evitar el conflicto funciona cuando lo que está en juego no es la vida o la muerte, como sucede en muchas pugnas en torno al apareamiento —ya habrá otras ocasiones de aparearse más tarde—, pero, si las oportunidades son escasas, la desescalada del conflicto es más difícil. En las audiencias sobre la retención en el pabellón cerrado, en estos rituales, la desescalada resulta imposible, y lo que está en juego es de índole existencial: en realidad, se trata de la vida o la muerte, si bien no para los combatientes. El que tiene interés vital en el resultado, el paciente, espera en otra sala, sin derecho a opinar.

Había ganado casi todas las audiencias anteriores, y esperaba lograr lo mismo en el caso de Henry. Sin embargo, después de tan solo unos minutos, el funcionario de la audiencia, ungido de una irrevocabilidad divina, dictaminó que había perdido. En el caso de Henry, el edicto fue autorizar su salida: libertad y peligro.

Como no tenía ningún interés personal en la decisión, tendría que haberme resultado fácil olvidarme del asunto, pero me costó mucho aceptarla, y me puse a repasar mentalmente, una y otra vez, el caso y la audiencia. Desde un punto de vista objetivo, podía entender la decisión del funcionario de la audiencia. Aunque me preocupaba que Henry no hubiera firmado un contrato para garantizar su seguridad —se negó a prometer que no intentaría suicidarse—, hasta el momento era evidente que sus autolesiones no eran mortales. Ese hecho fue suficiente para el funcionario de la audiencia, y quizá debería haberlo sido para mí.

También debería haberme alegrado de que esta decisión le hubiera otorgado tanto valor a la autonomía personal, ya que yo también estimaba la libertad. Comprendí —todas las partes comprendieron— que, si Henry planeaba en secreto suicidarse, ahora podría hacerlo, pero en este caso se consideró que la libertad personal tenía mayor importancia que ese pequeño riesgo, al poner en la balanza dos valores fundamentales tan diferentes. Este trasfondo es el conflicto central de cada audiencia de este tipo —la libertad frente a la seguridad del paciente—, y por tanto ambas partes se convierten en auténticos defensores del paciente. Partidarios de la autonomía o de la seguridad: no existe un conflicto más antiguo ni más profundo, ni tampoco más cercano al corazón palpitante del paciente limítrofe.

Luché contra este veredicto, pero me di cuenta de la fuente de mi conflicto interno; no era ajeno a la transferencia. El paralelismo con mi propia vida no era sutil —al menos en un aspecto, el derrumbe del hogar en los primeros años de vida—, y no pude dejar de preguntarme acerca de mi propio hijo, que solo tenía cinco años cuando atendí a Henry. Aunque mi hijo nunca manifestó indicios de padecer la misma afección, yo no tenía esa perspectiva el día de la audiencia, y Henry desarrolló sus síntomas tarde. No fue sino después de la ruptura veraniega, a los diecinueve años, con el sol aún frío sobre su piel, al ver en el portátil una película que mostraba cortes explícitos en la piel de una chica de trece años, cuando la idea arraigó con gran fuerza en su mente. La probó de inmediato: imitó los cortes con herramientas toscas y trazos gruesos detrás del gimnasio del colegio universitario, y luego fue derecho a mostrárselo a su padre.

¿Por qué acudió primero a su padre para enseñarle las heridas? Quizá solo fuera para dar a conocer su sufrimiento, para establecer contacto mediante la conmoción y la sangre. No obstante, ¿por qué no empezó por su madre? Al parecer era a ella a quien había culpado al principio: la acusó de ser la que había dejado la familia, la que había abandonado el nido. La principal queja de Henry —«Mi padre dijo: "Si te suicidas no lo hagas aquí, en casa. Tu madre me echaría la culpa a mí"»—, ¿era acaso la pista clave? ¿Era una señal elocuente de que su padre padecía algún tipo de patología que aún no comprendíamos?

Estos son los misterios que unos pocos días de hospitalización no pueden sacar a la luz; aún en la penumbra, la historia de Henry no la conocíamos del todo. No hubo tiempo para una conexión profunda. El muchacho apenas reveló nada importante, algo que pudiéramos aprovechar de algún modo, en los dos días y medio que estuvo en el pabellón. Lo que sí mostró fue una forma superficial de progreso, una especie de *decrescendo*; atenuó poco a poco su lenguaje violento, las descripciones de su deseo de morir, de ahogarse en sangre. Pero yo sabía lo fácil que le resultaba presentar historias diferentes en momentos distintos, según la necesidad, y eso no me tranquilizaba. Quería que el tiempo le ayudara.

Si hubiera intervenido de otro modo en la audiencia, tal vez habría encontrado la manera. En California, las retenciones pueden imponerse o prorrogarse, no solo por tendencias suicidas, sino también por el peligro que entraña para el resto de las personas y por constituir una discapacidad grave. Sin embargo, a pesar de su ira, Henry no era violento, y nunca lo había sido con los demás; sus visiones sangrientas eran solo eso, un torbellino de imágenes de violencia que no iban unidas al impulso de la acción. Esto solo dejaba la opción de encontrar pruebas de una discapacidad grave; tal vez se podía formular una argumentación verosímil a partir de su desnudez en el autobús, alegar incapacidad para satisfacer al menos una de las necesidades de la tríada básica: alimento, ropa y refugio. Pero Henry contaba sin duda con los recursos, y sabía cómo acceder a ellos, que le permitían satisfacer todas sus necesidades. El incidente del autobús, al igual que los cortes, era grave pero no letal, y por eso Henry salió del pabellón una brumosa mañana de domingo.

Lo vi caminar por el pasillo hacia las escaleras mecánicas y la salida principal del hospital, con un bolso de lona al hombro. No estaba curado, ni siquiera lo habíamos tratado, pero me dije que no se podía hacer mucho más. Padecía un trastorno imposible de tratar con medicación, quiso marcharse poco después del ingreso y, al ser dado de alta, incluso rechazó que le remitiera como paciente ambulatorio a una terapia conductual especializada de grupo.[16] La literatura clínica predecía que el futuro de Henry incluiría más de estas acciones parasuicidas, que eran vengativas y gratificantes de una manera que yo nunca llegaría a comprender del todo. Sus heridas se curarían y después volverían a aparecer, porque el acto de cortarse le brindaba alivio; era una lesión deseada, un golpe contra el sufrimiento interno que superaba mi imaginación. Henry no tenía alternativa; durante un tiempo tendría que procurarse esos estigmas, y buscar a los demás, no piel con piel sino de tú a tú para coaccionar el calor humano a través del tiempo y el espacio.

Su destino, a largo plazo, podría ser la mitigación de los síntomas limítrofes que suele producirse con la edad, pero en su lugar el paso del tiempo podría traer el suicidio, el fin del yo; la tasa ascendía al 15 por ciento, la mayor incidencia de cualquier enfermedad, de cualquier carga de la humanidad. Una de las esperanzas era que quienes lo apreciaban pudieran aprender a utilizar el estado que Henry lograba evocarles y proyectar ese antiguo sentimiento del yo invadido, centuplicado, hacia sus propias representaciones internas del muchacho. La empatía intensa puede atizarse con chispas de ira.

Mi propio brote de rabia se había apagado hacía tiempo, pese a que sabía que aún era vulnerable a él, y que siempre lo sería. Henry se proyectaba en mi interior, y estaba cerca de mí, como la palabra escrita del papel. No obstante, sentí que solo le había mostrado una agradable y falsa docilidad en mi afán de reducir su dolor. Y durante un tiempo no pude mirar a mi hijo sin pensar en Henry. Había escrito su historia sobre la mía, como un monje medieval inscribe un texto nuevo sobre un pergamino raspado y reutilizado, tallando símbolos de juicio y revelación sobre la piel estirada de un animal.

5

La jaula de Faraday

> Hegel hizo célebre su aforismo de que todo lo racional es real y todo lo real racional; pero somos muchos los que, no convencidos por Hegel, seguimos creyendo que lo real, lo realmente real, es irracional; que la razón construye sobre las irracionalidades. Hegel, gran definidor, pretendió reconstruir el universo con definiciones, como aquel sargento de artillería decía que se construyeran los cañones: tomando un agujero y recubriéndolo de hierro.
>
> MIGUEL DE UNAMUNO,
> *Del sentimiento trágico de la vida*

Los nuevos pensamientos aparecieron con la certeza absoluta de un cambio de estación, en una confluencia de señales. Al igual que el aire de comienzos de otoño, las primeras semanas trajeron al parecer un cambio de presión en su mente, con un soplo de viento que se insinuaba; un tintineo de las hojas más altas, un susurro en el arbóreo dosel neuronal.

También pudo sentir el cambio en la piel, un sutil cosquilleo, el frío de comienzos de otoño. La sensación despertó un recuerdo que se remontaba a unos doce años atrás: era septiembre y estaba en Wisconsin con sus hermanos A. J. y Nelson, persiguiendo gansos canadienses por la orilla de un lago. Winnie había cumplido diecisiete años después de aquel verano de quimioterapia para combatir el linfoma. Nunca se había sentido tan vital como cuando aquel otoño regresó al aire libre después del metotrexato; parecía que a su alrededor y en su interior, incluso en los pulmones y el cerebro, se hubiera infiltrado la neblina pura y diáfana de la estación. En remisión habían pronosticado una probable cura, y tenían razón.

Sin embargo, esta vez, con el susurro de las hojas, habían llegado rumores inquietantes, arrastrados desde lo alto como cometas por el mismo viento fantasmal, y tenía una sensación de estar expuesta, de ser vulnerable, que no era del todo buena. De forma repentina, decidió tomarse un mes de vacaciones, algo sin precedentes para cualquiera con su volumen de trabajo. El equipo, incluido el supervisor, murmuró, pero Winnie se había labrado una gran credibilidad, incluso una especie de fama, al ganar una adjudicación tras otra, formar una cartera de patentes a partir del caos y al esgrimir su mente como un arma entrenada tanto en derecho como en ingeniería; era única en su especie para lidiar con grupos interconectados de propiedad intelectual en materia de inteligencia artificial. Su equipo de abogados y colaboradores había presentado mil setecientas patentes —incluidas las divisionarias y los aplazamientos— en representación de su principal cliente tan solo en el último año. Pero ahora necesitaba un mes de baja; había asuntos urgentes que abordar. Estaba en peligro.

El primer problema era Oscar, el vecino de la casa de al lado. Había instalado una antena parabólica en el techo de la terraza y al parecer se preparaba para descargar los pensamientos de Winnie. Ella necesitaba que alguien fuera a su casa, desmontara la antena y lo arrestara; lo más lógico habría sido llamar a los vigilantes de la comunidad de propietarios, pero tal vez estuvieran aliados con él. Al igual que la policía. Tenía que solucionarlo por su cuenta; cuidarse, como siempre había hecho.

Se le ocurrió un truco, una medida temporal para contrarrestar la antena parabólica: era una maniobra improvisada, que no obstante podría funcionar. Buscó y encontró un grueso gorro negro, con el logo reflectante de los Raiders* de su época universitaria y que no

---

* Equipo de fútbol americano de la ciudad de Los Ángeles hasta 2017, radicado a partir de entonces en Las Vegas. *(N. de la T.)*

había usado desde sus días en Berkeley. Se lo puso y se lo caló hasta las orejas. De inmediato, todo pareció estar más bajo control. Era un poco sorprendente que funcionara tan bien, con el logotipo plateado de un equipo de fútbol americano como único aislante del campo electromagnético, pero no cabía la menor duda: la señal del satélite tenía menos probabilidades de entrar o sus pensamientos de filtrarse. La tirantez del gorro ayudaba a moldear el aire alrededor de su cabeza, a separar y aclarar las fronteras.

Así pues, aquel punto vulnerable se podía subsanar, pero una solución más duradera radicaba en la ingeniería. Había cambios estructurales que podía efectuar dentro de la pared del dormitorio para reforzar esa frontera con un material adecuado, instalando una auténtica jaula de Faraday moderna como escudo contra la señal de la antena parabólica.[1] Empezó a trabajar en la pared, y su kit de herramientas caseras se amplió poco a poco con unos cuantos viajes a una ferretería situada en el otro extremo de la ciudad para conseguir algunos artículos más especializados: una palanca, un poco de tela metálica, algo de chapa, un voltímetro.

Sin embargo, otros acontecimientos de esa nueva y extraña estación eran más inquietantes, y difíciles de abordar. Ajenos a sus competencias. Más de tipo biológico. En el centro de todo estaba Erin, la ayudante de Larry, el socio mayoritario; era más joven que Winnie y hacía cinco meses que estaba embarazada. Por lo visto, Erin había quedado encinta para burlarse de ella, se ensañaba con Winnie por el hecho de que vivía sola y no tenía hijos. Era poco profesional por su parte, y para Winnie resultaba incómodo y un poco estremecedor teniendo en cuenta la proximidad de Erin a la autoridad máxima de la firma.

En este caso, no existía una clara solución de ingeniería para abordar el comportamiento ofensivo. Winnie tenía que hablar con Larry en persona; era el único que podía controlar a Erin, y era necesario informarle y exigirle que actuara. Así que, durante un fin de semana, Winnie planeó una incursión en las altas esferas de su propia empresa: la planta de la clase C, donde se encontraba la plana mayor. Diseñó un plan para entrar y ensayó la conversación con Larry; al principio lo hizo casi siempre en su cabeza, sin utilizar el ordenador ni internet, ya que era de suponer que Erin había hackeado todas sus contraseñas y hacía tiempo que tenía acceso a sus correos electrónicos.

Una buena parte del plan quedó plasmado en bocetos sobre papel, reconstrucciones minuciosas de la orientación de los escritorios y la distribución de los baños según le dictaba su memoria, pero luego se sintió inquieta, pues necesitaba mover el cuerpo, hacer algo físico, así que Winnie retomó las medidas contra la antena parabólica durante varios días: quitó los paneles de yeso, despegó el material aislante de la pared orientada al este para ver lo que había detrás y empezó a colocar el nuevo blindaje metálico.

Luego, al cambio de estación le siguieron susurros nuevos y más sombríos, algunos de ellos en verdad aterradores. El segundo fin de semana de su baja, descubrió los macabros vampiros de labios grises: los vampiros de la información. Corpulentos, macizos y fuertes como corazones de buey, agazapados en la sombra detrás de los contenedores de basura, empezaron a drenar su energía y sus pensamientos tras penetrar sin problema en su interior. Winnie, pues, avanzó un poco más, hacia una nueva fase. En esa nueva estación no era solo viento lo que hacía vibrar sus hojas. Ya no eran solo suaves dedos fantasmales que la rozaban con delicadeza, sino que ahora los notaba más bien como deditos ásperos que pellizcaban sus células de manera tosca y agresiva como si fueran granos; su cráneo era un salero indefenso que había sido invadido.

Entonces, por último, un domingo, del interior de su cabeza emergió una nueva voz —de tono medio y sexo ambiguo— que repetía de manera intermitente la palabra «desconexión». La voz le pareció en cierto modo familiar; tenía una cualidad propia de su adolescencia, cuando alguna vez había oído sus propios pensamientos en ese tono, solo que ahora era mucho más fuerte y clara. Era algo foráneo y a la vez profundo en su interior, un grito entre las sienes.

El lunes por la mañana, Winnie concluyó que se trataba de Erin y consideró que ya había aguantado lo suficiente. Se armó de valor, salió de casa y subió a su coche. El trayecto en sí transcurrió sin problemas —pasó sin incidentes al lado de los tenebrosos contenedores de basura del aparcamiento—, si bien la señal de «stop» brilló de repente cuando giró en El Camino Real, y lo hizo con una intensidad preocupante. La nitidez con la que percibió sus ocho bordes exigía atención, pero un bocinazo sonó detrás de ella. Sobresaltada, siguió conduciendo.

Winnie llegó con diez minutos de retraso a las instalaciones salpicadas de robles de su bufete en Page Mill Road. Se bajó con cuidado. En el aparcamiento, cerca de su coche, había un tornillo aplastado sobre el pavimento. En cuanto lo vio, supo que lo habían dejado allí a modo de señal; sabían que iba a ir y tenían la intención de joderla.

El día se oscureció de repente —la atmósfera era ahora siniestra— y estuvo a punto de dar la vuelta y regresar a su coche. La asaltó un pensamiento angustioso: el tornillo revelaba que tenían un acceso total a sus planes, pues sabían que estaría allí; por tanto, sabían mucho más: conocían su vida personal, sus datos privados, incluso su historial clínico. Además, había tenido un aborto espontáneo hacía apenas unos días... aunque, mientras pensaba en eso y la sangre se le subía a la cabeza, Winnie sintió que el control que ejercía sobre sus vivencias se debilitaba. No estaba del todo segura, al menos no al cien por cien, de que hubiera sufrido un aborto espontáneo. No lograba evocar la experiencia ni ningún detalle; de repente, le costaba un poco recordar lo que había sucedido en realidad... Era como si ese viento interior que se alzaba como un tornado hubiera desnudado casi todas sus ramas, y ahora sus recuerdos se perdían en gran medida en ese torbellino de dedos grises, que se precipitaba desde una nube tenebrosa, densa y preñada de lluvia.

Winnie, trémula, se quedó de pie junto al tornillo y se presionó las sienes para procesarlo todo, para concentrarse y analizar todas las repercusiones e incertidumbres. Un asistente jurídico al que conocía de vista —Dennis, o algo así, con quien había pensado salir alguna vez— pasó de largo en dirección al edificio principal. Le lanzó una mirada extraña, escrutadora. Ella se dio la vuelta, se puso las gafas de sol y se ajustó el gorro de los Raiders.

«Antes de que otros, cualquier persona —abogados, administrativos, asistentes jurídicos—, puedan complicar las cosas, tienes que entrar ahora —se dijo a sí misma, pronunciando las palabras de manera clara y diáfana en su mente, como si se tratara de un sermón—. No te echarás para atrás ni huirás. Ese pequeño mensaje del tornillo es solo de Erin. Puedes convencer a Larry; Larry se pondrá de tu lado».

Se tranquilizó y entró decidida, se mantuvo lo más alejada posible de las paredes; con una sonrisa tensa le mostró su carnet al vigilante de la recepción, y luego se dirigió a los ascensores y subió hasta el territorio de Larry en la cuarta planta. Pasó por su despacho, la suite principal; con precaución para evitar el contacto visual, pudo detectar a Erin en la recepción del departamento administrativo, a la caza de problemas. Winnie había cumplido a la perfección su primera misión táctica: identificar lo que Erin llevaba puesto, ese amorfo vestido amarillo. Luego se dirigió al baño, entró en uno de los cubículos, cerró la puerta y esperó; enfocó su campo visual de modo que pudiera ver por la rendija de la puerta del cubículo el momento en que Erin entrara, a sabiendas de que no debía de faltar mucho tiempo.

Esperó casi una hora, hasta que por fin un destello amarillo entró. Winnie se levantó con calma y abrió la puerta del cubículo en cuanto se cerró la del de Erin. Se dirigió sin más a la puerta del baño, salió por la izquierda, se caló bien el gorro y a grandes zancadas regresó al despacho principal.

Había trabajado con Larry en un par de espinosos casos internacionales del bufete, pero solo a la distancia. Eran dos tipos diferentes de ser humano —diplomático e introvertido, conversadora y analítica—, pese a lo cual hoy la reconocería y se daría cuenta de la urgencia una vez que empezara a hablar. Pasó por delante del escritorio vacío de Erin, llamó a la puerta cerrada de Larry y entró. Él levantó la vista del portátil y la miró a los ojos. Ella se sentó, muy segura, en una silla frente al escritorio.

Enseguida se produjo una gran confusión. La situación no pudo terminar peor, pues al cabo de unos instantes estaba sentada en una desordenada sala anexa a las oficinas de recursos humanos, a la espera de una ambulancia, bajo la mirada del que debía de ser todo el equipo de vigilancia de la empresa, que transpiraba por las chaquetas.

Con Larry había sido contundente, pero a la vez educada en grado sumo, mientras exponía la situación con hechos —explicó que el embarazo de Erin era un gesto poco profesional planeado para humillarla, ofreció detalles del hackeo de su correo electrónico, que desde entonces sufría filtraciones, e incluso aludió al tornillo y al terror que le había causado verlo—, pero también había conservado, según ella, un tono razonable y tranquilo. Había mantenido el rostro inexpresivo, firme como el cemento —de manera premeditada, para no molestarlo con emociones ni gestos—, pero todo había parecido cambiar de rumbo al cabo de unos minutos. Larry habló por teléfono, luego llegó la primera chaqueta y después unas manos firmes la sujetaron por los codos. Con la vista nublada por la humillación, la hicieron desfilar justo enfrente de Erin. Winnie se aseguró de disimular, mantuvo el rostro como una máscara, no estableció contacto visual y salieron rumbo a esa habitación sin ventanas cuya existencia desconocía.

La ambulancia llegó unos minutos más tarde. Dos hombres con guantes de látex morados aparecieron con unos formularios que debían ser rellenados y un reguero de tubos y cables. Se sintió aliviada al verlos y ansiaba salir de la pequeña habitación. Los paramédicos eran delgados y tenían músculos macizos como si fueran escaladores; además, se mostraron amables cuando le hicieron un breve examen físico y le preguntaron por sus antecedentes psiquiátricos. Les dijo la verdad: no había ninguna enfermedad mental en su familia. Sin embargo, A. J., su hermano mayor, era diferente de los demás, tenía una forma particular de decir cosas extrañas y confusas, que llamaban la atención. Nunca había encontrado su camino, pero tampoco había tenido la oportunidad. Winnie les contó a los paramédicos que habían encontrado a. J. en una plaza del centro de la ciudad, solo, tendido sobre el suelo, cerca de una parada de autobús, un día muy caluroso; ya estaba muerto.

Había sido a causa de una MAV, una malformación arteriovenosa, una arteria mal orientada cuyas paredes de gruesa musculatura habían lanzado un chorro de sangre a alta presión hacia una vena delicada que la evolución había diseñado para otra tarea, solo para recolectar sangre ya usada que rezuma débilmente del cerebro. Un médico había comentado que la malformación podía indicar un problema más general, una enfermedad del tejido conectivo, pero nadie lo sabía a ciencia cierta. Solo quedó claro que desde siempre había tenido una MAV, oculta en lo más profundo del cerebro, luchando durante años para lidiar con el feroz e incesante golpeteo del pulso carotídeo, hasta que su diáfana membrana, tras estirarse y volverse poco a poco más fina, había acabado por reventar.

También mencionó el posible aborto espontáneo de los días anteriores, si bien no estaba segura de ello, pues el recuerdo oscilaba entre lo real y lo imaginario. Al parecer se disgustaron por esa incertidumbre, y lo entendía; a ella también le resultaba molesto. Estaba segura de que años atrás había sufrido un cáncer; de hecho, las palabras con que se lo describieron le resultaban tan familiares y angustiosas que todavía laceraban: «Linfoma cutáneo de células T grandes con afectación del sistema nervioso central». Hizo un recuento de la evolución clínica como toda una experta: había empezado con visión doble y dolores de cabeza... y, dado que habían encontrado algunas células cancerosas en el líquido cefalorraquídeo, le habían inyectado el metotrexato allí mismo, en el propio conducto raquídeo, en la parte baja de la espalda; se había curado por completo e iba a cumplir doce años sin cáncer.

Tenía algunos rasguños en los nudillos porque estaba demoliendo una pared en casa, pero apenas lo explicó, pues al parecer no tenían mucho interés en la remodelación. Advirtió que durante un rato los paramédicos insistieron en preguntarle por el consumo de drogas, de todas las formas posibles, quizá para atraparla, pero una y otra vez obtuvieron la misma respuesta: nada de drogas, ni siquiera un cigarrillo, solo una copa de vino de vez en cuando. En la ambulancia, las cosas por fin se calmaron y tuvo un poco más de tiempo para pensar en todo lo que había sucedido; era un frustrante rompecabezas de posibilidades interconectadas.

Lo más probable era que los vampiros de la información hubieran interceptado sus pensamientos y registrado sus planes para enviárselos con antelación a Larry y su equipo. Mientras tanto, se dio cuenta de que los paramédicos estaban llamando a algún sitio, al hospital según dijeron, pero lo más probable era que se estuvieran comunicando con los macabros seres de labios grises. «Bajo un cincuenta y uno cincuenta», repetían; ¿50-1-50, 50-150 o 51-50?, ¿de qué cifra se trataba? El código debía de ser importante. ¿Lo utilizaban para activar o acelerar una descarga? Por lo general, podía descifrar ese tipo de cosas. Winnie se caló más el gorro y trató de retroceder en el tiempo, solo unas semanas, hasta el momento en que todo había comenzado, para sentir ese primer y estimulante soplo de aire fresco de septiembre.

Más tarde, en la sala de urgencias, las enfermeras y los médicos le hicieron las mismas preguntas que los caballeros de guantes morados. Fingieron teclear sus respuestas, siempre idénticas, en varias tabletas, sin molestarse al parecer en hablar entre ellos, ni siquiera entre las rondas de pinchazos y golpecitos con estetoscopios, agujas de extracción de sangre y martillos de reflejos.

Tampoco les interesaban sus obras de remodelación, pero estaban fascinados con la historia de A. J., muchísimo más que los paramédicos. A la cuarta o quinta vez ya le costó hablar de él. Cada vez que daba versiones más cortas de su historia, se le ocurrían otras más largas. Las pausas eran cada vez más largas —se detenía a mitad de la frase, incluso a mitad de las palabras— mientras las imágenes se sucedían. Imaginaba escenas de sus últimos momentos, solo, sin una hermana que lo sostuviera, sin nadie que lo amara para acunar su confusa cabeza.

A. J..., el niño extraviado, extraviado mucho tiempo antes de morir. La escuela era tan difícil para él como ideal les resultaba a Winnie y Nelson, con su pulcra caligrafía y su amor por la lógica y la ingeniería. Pero a. J. ni siquiera los trabajos esporádicos le habían funcionado del todo, ya fuera en talleres mecánicos o en panaderías. Todas las aventuras parecían acabar con una mala suerte desconcertante, una decisión equivocada o un accidente estúpido; pese a todo siempre fue amable, hasta que se derrumbó aquel abrasador día de verano. Winnie voló de vuelta al este para asistir al funeral, y de su interior brotó un sollozo desgarrador, un sonido que nunca había emitido ni oído, en cuanto vio alisada aquella familiar arruga en la frente de A. J., por fin en paz.

Se tumbó de lado, hecha un ovillo, en la camilla del Consultorio Ocho y se abstrajo imaginando los últimos momentos de A. J.; revivió su carrera desde la panadería hasta el banco, la carrera que ella y Nelson habían reconstruido a partir de pedazos de papel que encontraron en su bolsillo y las pistas facilitadas por sus compañeros de trabajo, la agitada carrera que resultó ser su último y desesperado intento de mantener una vida independiente. Los médicos habían dicho que el estrés de ese día, la carrera, el calor y la preocupación quizá le habían subido la tensión arterial, y que al final la MAV se había roto. Tan solo era un punto frágil que aguardaba en silencio, algo insignificante que se quebró porque todas las cosas que le complicaban la vida se habían conjugado de golpe.

Podían pincharla, tomarle muestras de sangre y escanearla, pero Winnie ya no daba más. El día dio paso a la tarde, los sándwiches resecos y los briks de jugo aparecieron y desaparecieron..., y luego, durante un largo rato, no pasó nada.

Llamaron a la puerta y entró un médico; tenía el pelo castaño y despeinado y usaba un uniforme azul con manchas de café bajo la bata blanca. Se presentó, con una especie de murmullo, o quizá solo estaba cansado. Winnie no captó su nombre medio mascullado, pero oyó «psiquiatra»; esa palabra sí que la oyó.

Winnie se sentó y columpió las piernas por el lado de la camilla. Él le dio la mano y se sentó en la silla que había cerca de la puerta, mientras le decía: «Ya he revisado todo el papeleo del equipo de urgencias y he hablado con los médicos de ese servicio. Pero, si le parece bien, me gustaría que me contara con sus propias palabras cómo ha llegado hoy hasta aquí». Winnie lo miró con atención y luego posó la mirada en sus ojos, mientras se tomaba un momento para pensar en los planteamientos de ambos antes de responder.

A fin de cuentas, necesitaba ayuda y aún no había encontrado aliados. Lo mejor era decirle algo, aunque no todo. «Los vampiros de la información», dijo. Tenía que saberlo. Lo anotó y volvió a mirarla. «Muy bien —dijo—, hábleme de eso».

Así que lo hizo; bueno, la mayor parte. Sin mencionar todos los detalles, solo los hechos concretos tal y como los veía cualquiera. Los vampiros de la información se introducían en su cerebro y le extraían los pensamientos; todo eso estaba muy claro y podía mostrarse coherente y tranquila mientras lo describía, ya que contaba con un sinfín de pruebas que podía aducir. En primer lugar, dos semanas atrás su vecino había instalado una antena parabólica en el tejado para tener mejor acceso a sus pensamientos, pero ella tenía una contramedida de blindaje que estaba en fase de desarrollo. Había dejado de ir a trabajar porque los colegas de la empresa tenían acceso a ella, la hackeaban e intentaban descifrar sus pensamientos y sentimientos. También le contó lo del tornillo del aparcamiento, para que entendiera lo poderosos que eran sus enemigos y por qué tenía que desconectarse y protegerse.

Winnie hizo una breve mención de la voz que había dicho «desconexión»; de lo aterradora que y a la vez razonable que era la verbalización de una palabra que ella misma podría haber pensado, la articulación de una idea acerca de algo que ella deseaba, pero que un enemigo tal vez también ansiara. Explicó que la palabra había sido enunciada de manera audible en su interior, con todas las cualidades propias del sonido. Alguien, probablemente Erin, accedía a su mente, pero desconocía el porqué.

Al cabo de un rato él empezó a hacer preguntas, pero con un estilo diferente al de los paramédicos y los otros médicos de urgencias. Cuando le preguntó por el gorro de los Raiders que tenía en la cabeza, calado hasta las cejas, le dijo sin rodeos: «Es para proteger mis pensamientos». Cuando le señaló la camilla y le preguntó por qué la había apartado de la pared y la había situado en el centro de la sala, le respondió sin más: «Porque no sé lo que hay al otro lado». Se refirió de nuevo a las obras de remodelación, por las que ninguno de los otros médicos había mostrado interés, y le preguntó por primera vez por la pared que quería demoler y por qué. Sin embargo, en medio de las preguntas, el busca del médico sonó; se disculpó y salió. Pasó una hora a solas, mirando la pared que tenía enfrente, y luego, cuando el médico volvió, reanudó la consulta sin preámbulos, como si solo hubiera pasado un minuto. Winnie le preguntó qué ocurría. «Una emergencia en la planta, lo siento. Ya casi he terminado, pero puedo decirle lo que le pasa —dijo, mientras volvía a sentarse—. Estamos a la espera de los resultados de un par de pruebas, pero la conclusión es que no encontramos nada malo en su cuerpo; todos los exámenes e imágenes parecen normales. Pensamos que lo que tiene es algo psiquiátrico, y la buena noticia de eso es que hay tratamientos que pueden ayudarle».

Winnie no se sorprendió. El personal de urgencias parecía cada vez más convencido de que las cosas iban por ese lado, aunque en realidad la tenía sin cuidado; en ese momento no le importaba lo que dijeran, lo único que quería era irse a casa. Los médicos de urgencias le habían dicho que estaba «bajo retención legal» y que no podía salir hasta que la viera un psiquiatra, pero ahora ya los había visto a todos. No se había solucionado nada en casa ni en el trabajo, de modo que tenía asuntos pendientes; de hecho, era posible que su situación laboral se hubiera deteriorado un poco. Le preguntó si era posible que le hicieran un seguimiento en su clínica; cuando llegara a casa, le sería fácil llamar para pedir cita.

«De acuerdo, hablemos sobre eso —le dijo—. ¿Estaría dispuesta a quedarse en el hospital mientras lo decidimos? Y si no, ¿qué haría cuando le demos de alta, si es que podemos hacerlo?».

Winnie no tenía que pensar en eso; el asunto era sencillo, ya no causaría problemas en el trabajo, aquello había sido un craso error. Se iría a casa, reanudaría sus vacaciones, terminaría de derribar la pared que daba al este y empezaría a arrancar también el techo; estaba en la última planta, así que era seguro, nadie correría peligro. «No me voy a quedar aquí —le dijo—, tengo mucho que hacer. Me iré a casa y terminaré mi jaula de Faraday».

Al oír esa frase el médico asintió, y Winnie le preguntó si conocía el principio de las jaulas de Faraday, que eran recintos conductores para anular los campos electromagnéticos. Asintió de nuevo. «Sí, las utilizo en el laboratorio todo el tiempo —dijo—. De hecho, ponemos cubos de malla alrededor de nuestro equipo. Se trata del instrumento que diseñamos para medir las señales eléctricas en las neuronas. Es una jaula de Faraday como la que usted está construyendo. Bloquea las interferencias de otras fuentes eléctricas que pueda haber en la habitación, o detrás de la pared —señaló el lugar donde había estado la camilla antes de moverla, en el otro extremo de la diminuta habitación—, de modo que podamos detectar la corriente, incluso de células cerebrales concretas y en animales vivos».

Aunque seguía recelosa, Winnie no pudo dejar de emocionarse un poco ante esta explicación. Se preguntó si conocía el hallazgo experimental de este método de blindaje realizado por Benjamin Franklin, así como el bello teorema que había formulado a partir de la física del electromagnetismo, según el cual los campos externos no pueden acceder a la zona ubicada dentro de un recinto conductor. Que el campo crea una distribución compensatoria de las cargas en el conductor, que precisamente anula el propio campo; un campo que por su naturaleza genera su autoaniquilación. Es una tesis que en realidad crea su antítesis. «El suicidio de la información», dijo.

Al parecer eso lo intranquilizó, y cambió de posición en la silla. «Así que hay algunas cosas que nos preocupan —dijo—. Me ha dicho a mí, y a todo el mundo, que no quiere hacerse daño, ni dañar a nadie en realidad, y la creo. Pero está destruyendo su casa y planea seguir adelante, porque le preocupa que su vecino descargue sus pensamientos con la antena parabólica. Así que está decidida a derribar su casa...».

Winnie podía adivinar lo que se avecinaba: iban a encerrarla allí. Escudriñó los labios del médico mientras hablaba, a fin de encontrar indicios de que también él estaba bajo su control. ¿Decidida a derribar su hogar? Eso no era cierto, en absoluto. Estaba haciendo lo único posible para salvarlo.

«Aquí tengo unos papeles para usted, lo cual implica que la vamos a hospitalizar. Esta noche va a quedar ingresada, se trata de una retención legal que podemos, y debemos, practicar a causa de una incapacidad grave —dijo—. Tenemos que hacerlo porque tiene un síntoma psiquiátrico que le está causando verdaderos problemas; lo llamamos "psicosis", y significa una ruptura con la realidad. Oye una voz en la cabeza y tiene temores infundados que la están llevando a destruir su casa y que ponen en riesgo su propia seguridad. —Sintió que el mundo se estrechaba, que se volvía gris salvo por un angosto túnel de luz distorsionada alrededor del rostro—. Ahora nuestro deber es tratar de averiguar cuál es el origen —dijo—. Hay muchas causas posibles, y espero que podamos probar un medicamento que la ayude». A su mente llegaron de forma imprevista ciertas palabras y trató de hacerlas coincidir con el movimiento de sus labios. «Hora ave guarida, muchachas pose, podarento».

El médico siguió hablando un rato más y luego se levantó, y ella volvió a concentrarse en el significado de sus sonidos. Dijo que la vería al día siguiente, ya que esa semana también trabajaba en el pabellón cerrado durante el día, y le dejó una hoja de papel con muchas palabras y números. Vio «incapacidad grave» y «5150». Ahí estaba el código de la ambulancia. Grave. Ya la habían atrapado. Mantuvo el rostro inmóvil como un fósil, mientras miraba sin parpadear la pared amarilla raspada, sin atreverse a imaginar lo que había más allá.

Esa primera noche, el personal le administró un nuevo medicamento, y junto con él le entregaron una hoja de información, que guardó para estudiársela; se titulaba «antipsicótico atípico», y le pidieron que firmara algo al respecto. Sin importar lo que hiciera o dejara de hacer, la diminuta píldora blanca desde luego la noqueó, y durmió durante catorce horas.

Al despertar, Winnie se encontró en la planta de arriba, en lo que llamaban el «pabellón cerrado», entre un grupo de compañeros de viaje, refugiados de diferentes tipos de tormentas, arrastrados a la misma orilla. Esa mañana Winnie se limitó a escuchar, no habló, pero estaba en condiciones de aprender de ellos; le ayudó el hecho de que su propia tormenta ya hubiera tocado tierra y se le hubiera agotado parte de la energía, incluso antes de esa primera mañana. Aún podía oír la voz que decía «desconexión», pero era menos invasiva, ya no era un grito, y pudo prestarle atención a la gente y seguir las conversaciones.

Aprendió cómo cortarse los brazos con un tubo de dentífrico; no lo hizo, no quería hacerlo, pero lo aprendió de todos modos. Dos pacientes comentaban en la zona del desayuno que ya lo habían hecho —por diferentes razones— y comparaban estrategias como si fueran recetas. Una de ellas, una joven llamada Norah, parecía que solo quería cortarse un poco, solo para sentir dolor y ver sangre, para dejar una marca visible. La otra, Claudia, una mujer corpulenta que podría haber sido la madre de la prole de jóvenes adultos, estaba empecinada en el suicidio real: cortarse las arterias y dejar salir toda la sangre. Claudia estaba a punto de empezar una terapia electroconvulsiva debido a una depresión severa; los médicos pensaban que eso la ayudaría, pero ella tenía un plan diferente. Estaba empecinada en acabar con su vida. Todos sus sentimientos y pensamientos se dirigían a ello, como corrientes fusionadas en un solo flujo que ningún muro ni cerradura podía frenar ni desviar.

Sin embargo, el personal del pabellón iba un paso por delante, según parecía: ni siquiera había disponible un tubo de pasta dentífrica. Las enfermeras eran casi milagrosas: con solo palabras y gestos, conseguían mantener la paz entre veinte hombres y mujeres alterados y expresivos. El pabellón no se parecía a nada de lo que Winnie conocía; era un lugar contradictorio, a la vez duro y suave, peligroso y seguro. Y en cuanto a los otros pacientes... hubiera podido pasarse una eternidad contemplando sus mundos malogrados. El pabellón era un torbellino de realidades alternativas fascinantes y aterradoras.

Winnie pensó en la crema dental, en lo apropiado que era el fondo del tubo para esta tarea. Su rigidez bastaba; tenía las propiedades materiales adecuadas para afilarlo. Se imaginó a Norah y a Claudia en otros entornos hospitalarios, en pabellones con menos restricciones institucionales, lijando a escondidas el extremo de los tubos sobre cualquier superficie áspera, logrando dar unos pocos o cientos de golpes aquí o allí cuando podían aislarse del personal. Winnie pensó en cuán cautivadora podía ser una acción reiterada —con una aguja o un cuchillo— cuando se repite una y otra vez, cientos, miles de veces. Se le ocurrió una idea extraña: que la recompensa de la repetición era el primer logro del cerebro humano; el hecho de que mediante un ritmo implacable se pudiera convertir una pieza dura —un palo, un pedernal o un hueso— en algo afilado. Golpear una y otra vez, lijar con la ayuda de una roca, durante todo el invierno, pero con un objetivo diferente: sobrevivir en lugar de morir.

Winnie también adquirió conocimientos de psiquiatría —no de los otros pacientes, sino a partir de las breves conversaciones con el psiquiatra que la había hospitalizado— sobre lo que llamaban «psicosis». Hablaba con ella dos veces al día, primero alrededor de las ocho de la mañana en la habitación que compartía con Norah y luego en algún momento de la tarde, casi siempre en el pasillo cuando se cruzaban por casualidad. Winnie se dio cuenta de que parecía tan somnoliento de día como lo estaba a medianoche. Le gustaba que le gustasen las jaulas de Faraday, y le llamaba doctor D. A medida que su tormenta amainaba cada vez más, empezó a hacerle preguntas.

— ¿Qué es exactamente la psicosis? —preguntó—. Creo que lo sé, pero suena raro oír decírselo; es una palabra con un sonido antiguo.

—Solo una ruptura con la realidad —dijo el doctor D.—. Se puede utilizar para referirse a las alucinaciones, como esa voz que oye que dice «desconexión». También se aplica al hecho de tener delirios; esta palabra alude a las creencias que son falsas, pero fijas.

Lo pensó.

—¿Qué significa «fijas»?

—Esto de la fijación es importante —respondió—. Los delirios no se pueden razonar. La evidencia no ayuda. Solía intentarlo con mis pacientes cuando aún era estudiante. Quizá todos los psiquiatras lo hayan intentado, aunque no por mucho tiempo. El delirio es inamovible. Algunos pacientes mantienen estas ideas por completo inverosímiles dentro de una armadura impenetrable, de modo que no se pueden tocar.

Esa idea de la creencia fija sacó a relucir los conocimientos de ingeniería de Winnie. Era como el filtro de Kalman, un algoritmo para modelar sistemas complejos desconocidos,[2] en el que cada conjetura sobre el valor de una característica del sistema viene etiquetada con una estimación del nivel de confianza de quien hace la conjetura. Y al modelar el sistema se da más peso a las conjeturas con un mayor nivel de certeza. Tenía todo el sentido para Winnie que el cerebro también funcionara así, que el conocimiento solo existiera con etiquetas de certeza, que algunos tipos de conocimiento acerca del mundo —no solo los delirios— fueran fiables hasta el punto de ser inamovibles y que en el cerebro se ubicaran dentro de un recipiente especial llamado «Verdad», que no estuviera sujeto a dudas ni salvedades. La categoría de la Verdad permitiría tomar rápida y sencillamente la decisión de actuar sin desperdiciar horas y más horas en el cálculo estadístico, y permitiría al cerebro construir complejos armazones de lógica sobre estos hechos incuestionables. Sin embargo, no le explicó nada de todo eso.

—Creo que no solo la psicosis se fija de esa manera —dijo vacilante, pues sentía la premura de sacar todo lo que había en su mente antes de que él se alejara—, sino también quizá otras ideas. —Se caló bien el gorro de los Raiders, en realidad por pura costumbre, pues en los últimos días se había dado cuenta de que no lo necesitaba todo el tiempo—. Como confiar en la familia de uno, y en el matrimonio, en la religión y en algunos tipos de creencias sociales y políticas. Es normal. Cada bit de conocimiento debería llevar adjunto un índice de fiabilidad, y algunas ideas deberían tener una puntuación perfecta.

—Supongo que sí —dijo—. Creo que tiene razón, necesitamos esas... clasificaciones, tal vez. Estimaciones del grado de confianza.

Entonces se produjo un silencio incómodo. Miró su lista de pacientes, y Winnie sabía que eso significaba que pronto pasaría a la estudiante universitaria, a la habitación de al lado —rubia, sonriente, maniática y elocuente—, y que ya no volvería a hablar con ella.

No obstante, después prosiguió.

—Creo, sin embargo, que una puntuación perfecta no sería útil para la mayoría de las ideas acerca del funcionamiento del mundo. Y algunas posibles explicaciones de las cosas son tan poco realistas que nunca deberían pretender siquiera convertirse en hechos tan fiables.

Volvió a hacer una pausa. Estaban de pie en el pasillo, cerca del puesto de enfermería. Podía darse cuenta de que eran una pareja extraña, ella con su camisón hospitalario y su gorro de los Raiders, y él con su atuendo diurno de camisa abotonada y pantalón; una prisionera y el otro libre, y en medio los pacientes que deambulaban a su alrededor. Y, sin embargo, había una conexión; se pasaban información, ajenos a las interferencias, por medio de su propia red local.

—Estas ideas inverosímiles —dijo él—, en primer lugar, nunca deberían tener acceso a nuestra mente, nunca deberían quedar libres ni llegar a nuestra conciencia de trabajo activa. ¿Acaso tuvo alguna idea de ese estilo antes de venir al hospital? Una distracción..., algo en realidad poco probable que debería haber sido filtrado antes de llegar a la superficie.

Él hablaba de filtros, pero de una manera algo errada. En la calma en medio de su tormenta, Winnie pensó que tal vez se refiriese a algo que ella le había contado en urgencias: la historia del tornillo en el aparcamiento. Se estaba dando cuenta de que la idea que había tenido entonces —que Erin había puesto el tornillo allí para atormentarla— era bastante improbable.

«Pero ¿qué más da?», pensó. La fijeza se observaba en los delirios, pero quizá también fuera esencial para una conducta comprometida con la salud, y, asimismo, a Winnie le parecía que era normal y necesario admitir la consideración de las ideas improbables.

176

—Ya sabe, permitir que uno sea consciente de algo que es improbable no es una enfermedad —dijo ella—. Si se habla de filtros, hay que entender cómo funcionan. Incluso los de la mejor calidad retienen algunas cosas que en realidad uno quisiera que pasaran,[3] y también permiten el paso de algunas cosas que uno quisiera retener. Eso en el caso de un filtro ideal.

Y durante diez minutos le describió los filtros electrónicos Chebyshev y Butterworth, y le explicó el mecanismo por el que los filtros Chebyshev tipo I impiden el paso de lo que no se desea, aunque por desgracia también retienen un poco lo que se quiere, lo que debería pasar. Eso está bien para algunos aparatos electrónicos, o quizá lo esté para algunos sistemas nerviosos, pero no para el cerebro humano. Una especie como la nuestra, cuya supervivencia se basa de forma tan evidente en la inteligencia y la información, no debería correr el riesgo de bloquear o desechar ideas potencialmente valiosas.

Otros diseños, como el filtro Butterworth, tienen la desventaja contraria: no descartan nada que pueda tener valor, pero dejan pasar demasiado.

—Creo que el diseño Butterworth tiene más sentido para un cerebro humano —dijo Winnie—, o para el conjunto de los cerebros de nuestra especie. Las creencias improbables que sostienen algunos son una señal de que la especie en general funciona bien.

Le dijo que le enviaría el artículo de Butterworth de 1930 titulado «On the Theory of Filter Amplifiers». Winnie pensó que en realidad era muy importante que él supiera que todo sistema funciona con una tasa de error que este acepta, para equilibrarla con alguna otra característica.

—Lo mismo ocurre con las señales electrofisiológicas en neurociencia —replicó él, como si estuviera de acuerdo—. Registramos corrientes ínfimas, y por eso tenemos que filtrar las interferencias, para lograr una buena detección, pero, aun así, los filtros mejor diseñados todavía bloquean o distorsionan algunas señales útiles y dejan pasar otras inútiles.

Winnie tenía más cosas que decir, pero con eso pudo ya dejar que siguiera adelante. Parecía que ahora el doctor entendía que la distorsión no significaba enfermedad.

Al día siguiente, la voz interior se acalló un poco más. Se sentía bastante segura sin el gorro de los Raiders y dejó de usarlo. Winnie tenía la sensación de que algo mejoraba, aunque desconfiaba un poco de revelárselo al médico. Podría atribuir el mérito a la píldora y concluir que el perfil de enfermedad que le había asignado era el correcto.

El doctor D. retiró el 5150 antes de que expirara; Winnie había aceptado quedarse en el pabellón cerrado hasta que le dieran el alta, pues el pabellón de hospitalización voluntaria, la planta abierta, estaba lleno. A pesar de eso, estaba contenta de trabajar con el equipo clínico que la atendía mientras proseguían con los exámenes. De todos modos estaba de vacaciones, estaba aprendiendo bastante y sentía que la casa aún no era del todo segura.

—Existen diferentes razones por las cuales la gente puede experimentar psicosis —dijo más tarde el doctor D. en el pasillo, después de retirar el 5150—, y en su caso aún no se han descartado todas.

—Pero creí que estaba de acuerdo —dijo Winnie— en que tal vez ni siquiera haya un problema, en que puede que solo sea mi diseño. Nuestro diseño.

—Sí, claro —replicó él—. Como mencionó, las personas pueden estar diseñadas con diferentes filtros, al igual que tienen diferentes ajustes en su sistema de sonido. Pero esa idea tiene un problema... Antes no había experimentado eso. Por lo que sé de usted, siempre ha sido una persona lógica y sistemática, con un filtro selectivo; de hecho, es quizá uno de sus puntos más fuertes. Así que todo esto no se trata en realidad de su diseño.

—Entonces ¿qué hizo que las cosas cambiaran, si es que lo hicieron? —insistió Winnie.

—Las drogas, pero no detectamos ni rastro en su cuerpo —dijo—. Las infecciones o las enfermedades autoinmunes también, pero tampoco encontramos ningún indicio de ellas en los análisis de sangre. La depresión severa o la manía también pueden ser la causa, pero no tiene síntomas de ninguna de las dos. Sin embargo, no hemos descartado la esquizofrenia.

Winnie tenía una cierta idea de lo que era la esquizofrenia, y no encajaba en lo que le pasaba.

—¿No empieza en la adolescencia? —preguntó—. Habría tenido síntomas mucho antes.

—Eso es cierto en el caso de los hombres, pero veintinueve años no son un plazo inusual para que se produzca el primer episodio en las mujeres —dijo—. Hablamos de «primer episodio» para referirnos al momento en que la esquizofrenia se manifiesta, con síntomas visibles como los delirios y las alucinaciones. Y a veces las propias acciones pueden parecer extrañas, como si estuvieran controladas desde fuera del cuerpo.

—¿Hay alguna teoría sobre la causa de las alucinaciones? —preguntó—. ¿Cuál podría ser la biología de algo como eso?

—Desde el punto de vista científico, en realidad nadie lo sabe —respondió él—. Algunos piensan que las voces internas, como la que oye usted, podría causarlas una parte del cerebro que no sabe lo que está haciendo otra parte; el cerebro no reconoce como propios sus pensamientos internos, de modo que su narración interna, como la palabra «desconexión», la oye y la interpreta como la voz de otra persona.

»Asimismo, es posible que sienta que sus acciones no son propias, sino que reflejan un control ejercido desde el exterior. Puede tratarse tan solo de que, en la esquizofrenia, una parte del cerebro no tenga ni idea de lo que otra parte quiere o intenta poner en práctica, y por eso una acción del cuerpo se interpreta como una señal de intromisión que llega del exterior. El cerebro, en busca de explicaciones —algo que siempre hace—, solo encuentra ideas improbables, como el control ejercido a través de la transmisión de ondas de radio o satélite.

—Espere —objetó Winnie—, ¿por qué estas explicaciones son siempre tan tecnológicas, siempre se transmite información de esa manera? —Tenía que llegar a una conclusión y sabía que el tiempo se le agotaba de nuevo—. Es decir, ¿por qué los satélites? ¿No significa eso que en realidad esto no es una enfermedad? Se trata más bien de algo novedoso, ¿no le parece? De una reacción a la tecnología.

—Bueno —dijo él—, esa sensación de control externo y de proyección de información de largo alcance, de fuerzas que actúan a distancia, siempre ha sido un síntoma, hasta donde sabemos, mucho antes de que se conociera la existencia de satélites, radios o cualquier tipo de onda de energía. —Comenzó a caminar hacia la siguiente habitación del pasillo, en la rutina que ella ya conocía bien, para continuar su ronda—. Ahora tengo que seguir, pero creo que mañana puedo mostrarle cómo se supo esto.

Al día siguiente, mientras esperaba la ronda matutina, Winnie se preguntó si, de entre todas las modalidades de fracaso de la mente humana, la esquizofrenia sería la menos comprendida. En su caso, no había oído ninguna explicación y se sentía muy ignorante al respecto, tenía muchas lagunas y tal vez albergaba conceptos erróneos. Los trastornos como la depresión y la ansiedad parecían mucho más fáciles de cartografiar en la experiencia humana habitual.

Sin embargo, la realidad alterada también podía ser de alguna manera universal. En la universidad había aprendido que, al quedarse dormida, la mayoría de la gente puede experimentar breves y extraños estados de confusión y alucinación; conocía ese estado por experiencia propia, y sabía que era algo muy aterrador pese al breve tiempo que duraba; sin embargo, ¿cómo sería la vida si ese estado llegara una noche y nunca se fuera, si esa realidad alterada, una vez experimentada, se volviera permanente? Arraigada e inamovible durante días o años. La idea era horrorosa, y por eso dejó de pensar en ello.

La fragmentación del yo como concepto la intrigaba, y, de alguna manera, la idea de que una parte de ella pudiera no saber lo que estaba haciendo otra parte era más gratificante. Ese concepto la llevó a preguntarse en primer lugar cómo se logra la integración del yo. Siempre había dado por sentado ese tipo de cosas, como su integralidad, pero parecía que no era algo que estuviera tan claro. Una vez más, la idea del sueño la ayudó a entenderlo, pues al despertarse siempre había tenido la sensación de encontrarse en un momento inconexo, sin realidad ni yo al principio, aunque luego experimentaba una reconstrucción gradual, una reconexión. Los cortos hilos locales —de lugar, propósito, gente, cosas importantes, horario, características del presente— venían a entrelazarse con los hilos de largo alcance de la identidad, la trayectoria, el yo. ¿De dónde viene y adónde va esa información que vuelve a tejer el yo en esos minutos? Si ese proceso se interrumpiera, el resultado sería un yo incompleto y las propias acciones parecerían inconexas y ajenas.

Mientras Winnie pensaba en ese estado de desconexión, le vino a la mente una idea inquietante. ¿Y qué pasaría si esa incoherencia subyacente —las necesidades desligadas del yo, la acción separada del plan— fuera la realidad? Lo que parece confusión y desorganización en esos estados psicóticos, pensó, podría ser tan solo la prueba de que nuestras fronteras son arbitrarias y nuestro sentido del yo individual, en efecto, artificial; con algún propósito, pero no real en ningún sentido. El yo individual sería una ilusión.

Y entonces ¿qué decir de esa voz, que ahora era casi imperceptible? El médico había insinuado que ella pensaba en «desconexión» y que no lo reconocía como su propio pensamiento, pero pasaba por alto el punto esencial. Incluso si el pensamiento «desconexión» fuera de algún modo «de ella», ¿quién le dijo que lo pensara? ¿Decidió ella, en algún momento, «voy a pensar en "desconexión"»? No, ni en el caso de ese ni de ningún otro pensamiento. El pensamiento llega. Para todas las personas, todos los pensamientos tan solo llegan.

Winnie cayó en la cuenta de que solo las personas con psicosis se perturban por esto, y con razón, pues solo ellas ven la situación tal como es. Solo ellas son lo bastante conscientes como para percibir la verdad subyacente, es decir, la realidad de que todas nuestras acciones, sentimientos y pensamientos no se producen por voluntad propia. Todos estamos tumbados en la dura cama de hospital que la evolución nos ha preparado, pero solo ellos han podido desprenderse de la fina manta, del confort que brinda la corteza cerebral, o sea, de la idea de que hacemos lo que queremos hacer o pensamos lo que queremos pensar. El resto de la humanidad avanza por la vida en un letargo silencioso, que sirve a la práctica ficción del albedrío y la preserva.

A la mañana siguiente, cuando el doctor D. la atendió en la ronda, Winnie estaba convencida de que el suyo era un estado de lucidez más que de enfermedad. No estaba blindada sino que había eclosionado, y podía sentir el campo, la energía que lo envolvía todo. No obstante, antes de que pudiera decírselo, resultó que él le había traído algo, una imagen impresa de un dibujo que, según le contó, era obra de un inglés del siglo XIX llamado James Tilly Matthews, quien, en plena Revolución industrial, se encontraba en las garras de lo que entonces se conocía como «locura». Matthews había imaginado algo que llamaba el «telar de aire»,[4] en el que se dibujó como una figura indefensa y encogida de miedo, controlada por unas cuerdas que se proyectaban a través del espacio desde un gigantesco y amenazante telar industrial. Unos hilos de largo alcance lo controlaban desde la distancia.

Winnie estaba fascinada. Así que los pacientes atribuían los síntomas y sentimientos inexplicables de la esquizofrenia al fenómeno más prodigioso de su época que actuara a distancia, fuera lo que fuese que sirviera de explicación: un satélite, un telar, un ángel, un demonio...

Winnie tenía mucho que decir después de eso, y se interesó más por analizar esas ideas que en presionar para que la dieran de alta del hospital. Aunque tuviera esquizofrenia o algo parecido, le parecía claro que no se trataba en realidad de una enfermedad, sino de la representación de algo esencial: una chispa de lucidez e ingenio, un motor que impulsaba el progreso de la humanidad.

Así pues, al día siguiente le pidió al doctor D. que admitiera que eso podía ser cierto, que la tolerancia a lo improbable y lo extraño podía ser útil en el contexto del cerebro y el quehacer humanos. Solo así lo improbable —las posibilidades semimágicas, los conceptos sin relación alguna con nada de lo que hubiera existido antes— podría convertirse en realidad. Eso solo tendría valor para la humanidad; para un ratón o una marsopa no habría valor alguno en el pensamiento mágico, en admitir posibilidades improbables, en creer sin una buena razón que algo extraño podría ser cierto, que un mundo diferente podría ser posible; no sin un gran cerebro que lo planeara ni una mano hábil que lo hiciera realidad.

El doctor no se emocionó tanto como ella esperaba. «La gente ha pensado en eso —dijo—. No quiero decir que no sea una idea interesante, o que no tenga cierto atractivo. Incluso podría ser correcta en cierto sentido. Pero la esquizofrenia es mucho más, y mucho peor, que un poco de pensamiento mágico. También están los síntomas negativos de la esquizofrenia, que incluso privan a los pacientes de la posibilidad de recurrir a los aspectos básicos y útiles del mundo mental. Se trata de una apatía, de una pérdida de motivación, de una falta de interés social.

»Y después aparece un síntoma llamado "trastorno del pensamiento", en el que todo el proceso interno puede alterarse de forma muy perjudicial —dijo—. Piense por un instante en el pensamiento, algo que ya ha hecho, pero ahora céntrese en el flujo del pensamiento. No siempre planeamos pensar en algo, pero sí algunas veces, o al menos podemos hacerlo si lo deseamos. Cuando nos disponemos a razonar las cosas, decidimos construir una serie de pensamientos: imaginamos caminos que irradian desde un punto de decisión, planeamos pasar por cada uno de ellos de manera sistemática y recorremos esa secuencia. Es algo hermoso de la mente humana, pero dicha belleza puede corromperse. Los pacientes olvidan su ubicación a lo largo de cada camino de pensamiento previsto, e incluso pierden por completo la capacidad de trazar el camino. Las palabras y las ideas se mezclan, se insertan y se borran. A la larga, el pensamiento mismo se apaga por completo. Lo llamamos "bloqueo del pensamiento"; los pacientes se evaden de las conversaciones a mitad de frase, a mitad de palabra. Los pensamientos aparecen sin querer, pero además no aparecen cuando se quiere... y no se pueden convocar».

Winnie sabía que había guardado largos silencios en urgencias, pero era mientras pensaba en la muerte de A. J. Le recordó al médico lo de A. J. al decirle:

—No creo que mis silencios de aquel primer día fueran un bloqueo del pensamiento, doctor D. Se trató solo de un sentimiento intenso debido a un recuerdo personal que era importante, la muerte de mi hermano, por la que todos me preguntaban. Nada más.

—De acuerdo, así es, puede que eso no fuera un bloqueo del pensamiento —dijo—. Parecía que sí. Pero la buena noticia es que le ocurre mucho menos con la medicación antipsicótica. Y gracias por decírmelo. Tratamos de visualizar lo que ocurre en la mente de nuestros pacientes, pero el trastorno del pensamiento no es algo que la mayoría de la gente pueda percibir con claridad, así que podríamos equivocarnos. Es quizá el síntoma más debilitante de la esquizofrenia, pero resulta demasiado difícil de explicar.

Tal vez porque es el síntoma más humano, pensó ella, un déficit del sistema cerebral más avanzado, sin parangón en ningún otro animal o ser. En cualquier caso, lo más importante es que el control del propio pensamiento es solo una ilusión; es la fantasía del control, un rasgo exclusivo de los seres humanos. Los pensamientos solo se ordenan después de que nuestras tripas decidan lo que queremos, y las ficticias secuencias del pensamiento se construyen y se instalan después. Esta percepción de orden en nuestro pensamiento es tan irreal como el control sobre nuestras acciones. Ambas son racionalizaciones, un mero relleno neuronal.

El día anterior a que le dieran el alta, el doctor pasó para explicarle la lectura final de la resonancia magnética. No había nada visible en el cerebro, ninguna MAV como la que había matado a su hermano, ningún tumor, ninguna inflamación. «Lo que esto significa —dijo— es que su episodio psicótico bien podría ser una señal de esquizofrenia. Todavía no lo sabemos con certeza, pero ese es el diagnóstico preliminar. Sin embargo, hay una prueba más que debemos realizar. Tenemos que analizar el líquido cefalorraquídeo para buscar indicios de algo que pueda ser tratable: células que no deberían estar allí, agentes infecciosos o proteínas como anticuerpos. Esto significa que tenemos que hacerle una punción lumbar, una punción en la columna vertebral».

Winnie sintió un leve estremecimiento al recordar la aterradora longitud de la aguja de la quimioterapia. «Lo sé, lo siento —dijo él—. Ya se lo han hecho antes; sí, es invasivo, pero casi indoloro, y sabemos por las imágenes del cerebro que allí no hay ninguna presión preocupante que lo vuelva inseguro». Su experiencia de adolescente afloró por completo, sin haber sido invitada, mientras rellenaba el formulario de consentimiento. Winnie recordaba que la habían colocado en una cama de cara a la pared, en posición fetal para exponer la parte baja de la espalda; pero era cierto, no recordaba ningún dolor, solo una presión profunda que la dejó dolorida.

«Es bastante inusual hacerlo en este pabellón, así que vamos a llevarla a la planta abierta —explicó él—. No se permiten agujas en el pabellón cerrado, salvo en caso de emergencia». Winnie firmó el consentimiento, se puso un camisón que le dieron y luego caminó con el doctor D. y la enfermera hasta la puerta de salida, que estaba cerrada. El empleado del pabellón los dejó pasar después de presionar el botón, y ella salió al aire libre por primera vez desde su ingreso hacía casi una semana.

Mientras la instalaban en una sala de operaciones, consideró la ironía de lo que estaba a punto de suceder: después de su frenética preocupación por que accedieran a su cerebro a larga distancia, estaba allí por voluntad propia para permitirles que entraran directamente, justo en su sistema nervioso central. Extraerían material —su propio líquido desde las profundidades de su ser—, lo conservarían, lo analizarían e introducirían los resultados en bases de datos que nunca iban a borrar.

Pero, de alguna manera, lo había consentido y todo seguía adelante. El doctor D. acomodó a Winnie de lado, con el cuerpo formando una suave curvatura, y con el camisón retirado para dejarle al descubierto la parte baja de la espalda. Primero llegó la anestesia superficial; un pequeño pinchazo, con una aguja diminuta. La grande vendría una vez que él hubiera localizado con las manos el punto exacto. Le habló mientras lo hacía: «Estoy buscando los bordes... delimitando las vértebras lumbares superiores e inferiores; estas definen el espacio, la cuarta, la quinta... ahí está». Tras una pausa en que contuvo el aliento, sintió ese dolor profundo y familiar. La aguja estaba en su columna vertebral.

Era un fluido claro, recordó mientras mantenía la mirada fija en la pared que tenía enfrente; el líquido cefalorraquídeo, distinto a cualquier otro del cuerpo. Lo analizarían en busca de células, de azúcar y de iones. El LCR, que baña el cerebro y la médula espinal, protege las neuronas encargadas del pensamiento, del amor, del miedo y de la necesidad, con las concentraciones precisas de sal de nuestros ancestros los peces, junto con un toque de glucosa; un poquito del antiguo océano que llevamos con nosotros, siempre endulzado.

A la mañana siguiente le informó de los resultados: más buenas noticias. Nada de qué preocuparse, todo estaba limpio; de hecho, le confesó que había sido una «punción de champán», es decir, que el LCR había salido por completo transparente, sin sangre de un capilar roto ni un solo glóbulo rojo. Para los residentes e internos que realizan sus primeras punciones, comentó, esto suele ser motivo suficiente para abrir una botella de champán, pues marca un hito en la destreza técnica junto con un poco de suerte. Pero lo más importante para Winnie era que no había glóbulos blancos, ni inflamación, ni proteínas, ni anticuerpos. La glucosa y los iones eran normales.

Había un detalle menor: quedaba pendiente algo llamado «citología», un análisis detallado en busca de células cancerosas, pero el laboratorio no sospechaba que el linfoma hubiera reaparecido. De modo que ese se convertiría en el día del alta, como le había prometido, y la enviarían a casa con una receta del nuevo medicamento, el antipsicótico.

—¿Y el diagnóstico al alta? —preguntó ella—. ¿Dirá que es esquizofrenia o no?

—Todavía no podemos estar seguros, pero es probable que haya esquizofrenia —respondió—. Algunos diagnósticos psiquiátricos solo pueden establecerse si se descarta todo lo demás, si después de un tiempo prudencial no se encuentran otras explicaciones. Así que, por ahora, daremos nuestro diagnóstico provisional: trastorno esquizofreniforme, que puede convertirse en esquizofrenia en el seguimiento ambulatorio.

Una perspectiva poco atractiva; Winnie no estaba dispuesta a dejar que eso pasara.

«Punción de champán... mi cerebro se siente como el champán», pensó más tarde, de vuelta en su habitación, mientras esperaba que tramitaran el alta. Le había gustado esa frase que el doctor había utilizado, «punción de champán», y por eso empezó a jugar con una imagen más retro de la filtración, alejándose de la electrónica moderna para llegar a un filtrado de burbujas más propio de la Revolución industrial, más parecido al que James Tilly Matthews podría haber imaginado mientras reflexionaba sobre su bebida. Las ideas son burbujas sembradas en lo más profundo, conjeturas para explicar el mundo —¿por qué ese tornillo está ahí?—, modelos que proliferan en el fondo de la copa de champán de la mente, que se elevan con rapidez si logran combinarse con otras de refuerzo para formar una burbuja más grande, una hipótesis más completa que logra elevarse con mayor fuerza a través de los filtros que solo pueden detener lo que es pequeño y apenas se mueve, lo improbable, lo que tiene una justificación pobre.

Las burbujas que suben más rápido y crecen más encuentran más apoyo y llegan al borde —la frontera de la percepción—, para luego estallar en la consciencia. Una vez que se produce, ese estallido es irreversible. Ya no es una suposición, es la Verdad; moléculas que ahora forman parte del oxígeno de la mente. No es posible volver a formar burbujas; no es posible devolverlas al champán.

Y, lo más importante de todo, a veces algunas burbujitas que deberían haberse quedado pegadas se escabullen. Winnie pensó: «¿Por qué no enviarlas hacia arriba? El mundo está en constante cambio».

La dieron de alta la tarde del décimo día. La noche anterior, la enfermera le había administrado la última dosis de la píldora, el antipsicótico que había recibido a diario desde el primer día de su hospitalización; además, tenía una receta para pedir el medicamento, de modo que pudiera seguir tomándolo en casa. Con un diagnóstico provisional —trastorno esquizofreniforme— era libre de marcharse.

Winnie nunca pidió el medicamento ni se presentó en la clínica para someterse al seguimiento médico, y nunca pensó hacerlo. Se sentía bien. Cuando llegó a casa, lanzó la tarjeta del doctor D. al otro extremo de la habitación y la dejó donde cayó, junto a la chimenea de gas, convertida en un letrero blanco tirado donde pudiera verlo y recordar; mientras tanto había trabajo que hacer.

Se sintió bien al conectarse a internet, sin tener que preocuparse por Erin. La conspiración del hackeo seguía ahí, en su mente, pero ya no como una marabunta, sino más bien como una invitada educada. Podían dejar de fastidiarse mutuamente, cruzarse en los estrechos pasillos de su mente y pasar una junto a la otra con un leve giro de hombros y una cortés inclinación de cabeza.

Incluso se sentía más segura de su cuerpo, de sus propias fronteras. Volvió a guardar el gorro de los Raiders. Mientras reorganizaba el armario encontró por casualidad su viejo ejemplar de las «Cartas y documentos sobre la electricidad» de Benjamin Franklin, de 1755, y fue directo a su pasaje favorito, en la carta al doctor L., en que describe el descubrimiento de lo que se conocería como «jaula de Faraday»; al leer sus palabras volvió a saborear la falsa humildad de Franklin:

> Electrifiqué una lata de plata de una pinta, sobre un soporte eléctrico, y luego descolgué en su interior una bola de corcho, como de una pulgada de diámetro, atada a un cordón de seda, hasta que el corcho tocó el fondo de la lata. El interior de la lata no atrajo el corcho como lo habría hecho el exterior, y aunque tocó el fondo, al sacarlo observé que ese contacto no lo había cargado, como lo habría hecho el contacto con la parte externa. Se trata de algo singular. Usted necesita una explicación, pero yo la desconozco. Tal vez usted pueda descubrirla, y entonces tendrá la bondad de comunicármela.

Winnie volvió a sentir una conexión con el corcho. Tras una breve y angustiosa emergencia, en la que había sido sacudida por los campos de una realidad externa, ahora había vuelto a la lata de plata, a la jaula blindada, al marco humano compartido y común.

Aunque tal vez nunca tuvo un aborto espontáneo, también esa idea se había desligado de ella, se alejaba a la deriva, como una ceniza que hubiera alzado el vuelo, una mancha oscura que se desvanecía.

Durante esa primera semana en casa comió de manera desaforada, con un hambre que no había sentido jamás. Volver a controlar su propia comida fue una revelación, una liberación. Cocinó pasta, compró pastelitos. Hacia el final de esa primera semana, apareció un pensamiento extraño: no estaba segura de tener boca. Incluso mientras comía —en particular cuando comía— tenía que tocarse los labios para asegurarse de que eran suyos y seguían allí.

Entre comida y comida, la abogada de patentes que había en ella resurgió, fuerte, renovada e incansable. Al igual que en el trabajo cuando abordaba un nuevo campo tecnológico, pasó muchas horas al día ante el ordenador, profundizando en la literatura científica, en busca de conocimiento y antecedentes. Encontró el camino hacia los densos e intrigantes artículos sobre la genética de la esquizofrenia: la información recopilada de la secuencia del ADN del genoma humano,[5] en la que equipos de numerosos científicos buscaban las diferentes letras de las instrucciones genéticas en decenas de miles de pacientes con esquizofrenia. Se paseó, fascinada, por los cientos de genes identificados, asociados y relacionados, que parecían desempeñar algún papel en la esquizofrenia. Cada gen por separado solo tenía un efecto minúsculo en el individuo, sin que un solo hilo estableciera el patrón, sin que ninguno definiera por sí mismo el tejido o la confusión de la mente.

En lugar de ello, todos los hilos juntos ponían de manifiesto si había salud o enfermedad; solo en conjunto conformaban el tapiz completo. A Winnie le parecía que, aunque las enfermedades mentales —la esquizofrenia, pero también otras, como la depresión, el autismo y los trastornos alimentarios— tenían un fuerte componente genético, la mayoría no eran transmitidas de generación en generación como un reloj o un anillo, ni como los genes únicos responsables de la anemia falciforme o la fibrosis quística. En cambio, en psiquiatría, era como si el riesgo se transmitiera como un conjunto de muchas vulnerabilidades de ambos progenitores. La mente de cada persona la construían miles de hilos cruzados, que se interceptaban de forma ortogonal y generaban patrones diagonales, para crear la sarga del individuo. Había genes para las proteínas que crean las corrientes eléctricas en las células, genes para las moléculas de las sinapsis que controlan el flujo de información entre las células, genes para guiar la estructura del ADN en las neuronas que dirigen la producción de todas las proteínas eléctricas y químicas, y genes para guiar los hilos de largo alcance dentro del cerebro, los axones que conectan una parte del órgano con otra, en un telar interior de hilazas entretejidas que lo controla todo, que dirige todos los aspectos de la mente, que establece rasgos y tendencias, como la tolerancia a lo improbable y a lo extraño.

Winnie se dio cuenta de que en algunas personas, cuando la urdimbre y la trama se entrecruzan de forma adecuada, se propicia una nueva forma de ser: un patrón se fusiona con el conjunto de hilos correcto o equivocado. Los indicios de lo que podría surgir pueden encontrarse a ambos lados de la configuración del tartán familiar, en aquellos que están predispuestos. En retrospectiva, se pueden discernir motivos parciales entre los hilos verticales u horizontales; rasgos humanos como patrones preliminares. En ambos linajes, se puede identificar a tíos o abuelas que eran lo bastante extraños, que podían dejar que sus mentes relajaran el tornillo de banco de la ilusión, que podían aflojar la tenaza de un viejo paradigma, para cerrarse con firmeza alrededor de uno nuevo.

Y cuanto más fuerte fuera el viejo paradigma —con más inercia en la sociedad— más seguros debían estar estos seres humanos atípicos de su nuevo enfoque. Sus convicciones tenían que ser inamovibles: una vez cambiadas, nunca podían abandonarlas; se comprometían sin una buena razón, ya que no había ninguna. Porque ¿quién puede defender lo nuevo y no probado frente a lo viejo y establecido? Solo los que tienen una certeza injustificada: aquellos que creen hasta niveles indemostrables, que ya deben morar un poco aparte y al margen, que ya pueden acceder de vez en cuando a la fijeza del delirio.

Sin embargo, cuando convergen dos linajes muy vulnerables puede surgir una persona que se desentiende demasiado, que deja pasar demasiadas cosas, tras perder el control del pensamiento; o, más bien, que ha perdido la ilusión tranquilizadora, la percepción del orden y el flujo del pensamiento. En consecuencia, se forma un ser humano agitado que no puede decidir qué paradigmas abandonar o cuáles no dejar pasar; alguien que ya ni siquiera puede pretender que toma alguna decisión en medio de la agitada turbulencia, de los enjambres de burbujas que brotan y estallan sin control del champán. Entonces todas las burbujas se disipan, y el ser humano termina con los síntomas negativos que el doctor D. había descrito, abulia y languidez.

A medida que Winnie leía más sobre la esquizofrenia grave, le resultaba más difícil conservar aquella idea que había tenido como paciente hospitalizada, según la cual la enfermedad podía tener algún beneficio para quienes la padecían o para sus seres queridos. Parecía que el síntoma más insidioso que el doctor D. había descrito, el trastorno del pensamiento, si no es tratado, progresa de manera inexorable hasta la desintegración total. El pensamiento se distorsiona poco a poco, hasta que la mente no puede seguir el rastro de las responsabilidades y los vínculos, y pierde la amplitud emocional, tanto en el extremo bajo como en el alto. Desaparece cualquier impulso para trabajar, para limpiar, para establecer contacto con los amigos y la familia. La mente se sumerge en el caos y el terror, el cuerpo se congela y queda catatónico. Si no recibe tratamiento, la vida del paciente termina en un aislamiento confuso y extraño, en el que la duración de cualquier pensamiento que se plantee se reduce a unos segundos o menos antes de su aniquilación.

Winnie recordó con claridad algo que el médico había dicho en el pasillo, en su última conversación, cuando le había repetido que el error no tiene por qué significar que existe enfermedad. «Un grupo en el que algunas personas toleran lo improbable en este sentido puede funcionar bien con el paso del tiempo —había dicho—, pero no olvide que algunas sufrirán muchísimo». Ahora, en su apartamento, quería responder, pero era demasiado tarde. Quería decirle que ahora lo entendía, y que eso no solo era cierto e importante, sino que debía enseñársele a la sociedad —para avanzar en la comprensión, para suscitar incluso gratitud—, de modo que todos pudieran ver de verdad a los enfermos, para entender la carga que soportan en favor de todos.

Tal vez él estaría de acuerdo, pero lo que no le gustaría sería otra cosa que Winnie quería decirle y acerca de la que tenía la misma certeza: que todos como personas necesitamos el delirio de vez en cuando. Quería decirle que en el interior de cada una de ellas debe haber a veces una ruptura con la realidad. Deberíamos reconocer esta necesidad, en nosotros mismos y en los demás, movernos con ella como si fuera música y dejarnos llevar unos por otros, como líderes o seguidores según la vida lo sugiera, ya que no hay una sola realidad que funcione para cada decisión en cada fase de la vida, para cada pareja, grupo o nación. Tenemos cerebro y manos; podemos hacer realidad nuestros delirios.

No obstante, ya se imaginaba su réplica, pues como buena abogada podía ponerse en su lugar: que está bien y que imaginar resulta romántico, pero que es imposible hacer algo concreto, crear algo complejo, sin pensar de manera controlada, sin la capacidad de planear muchos pasos, y que la esquizofrenia anula todo eso. La evolución no ha encontrado la forma de protegernos a todos del desorden del pensamiento y deja a la mente humana con una vulnerabilidad que es destructiva, en particular en el mundo moderno. Es posible que los grupos de primates sencillos y pequeños no necesitaran que los pensamientos fluyeran en orden durante largos periodos, pero la estabilidad de nuestra estructura comunitaria requiere que las personas vivan y trabajen juntas durante largos periodos, y hace que la planificación en varios pasos sea relevante.

Winnie sabía que esta perspectiva tenía que ser la correcta, al menos en parte; había encontrado muchos datos que apoyaban la idea de que la civilización contribuye a los problemas causados por la esquizofrenia, incluidas evidencias de que los síntomas de la enfermedad son más comunes y graves en los habitantes de la ciudad.[6] Al parecer, las personas que solo tienen una leve predisposición genética pueden verse abocadas a la psicosis a causa de otros riesgos y factores de estrés de la vida moderna. Winnie también halló muchos relatos de personas sanas que se habían vuelto psicóticas solo después de su primera exposición al cannabis, y de otras con un trastorno del estado de ánimo, en apariencia único, como la depresión que experimentaron delirios solo a causa del trastorno del estado de ánimo, no de la esquizofrenia. Pensó que quizá todos estos seres humanos tenían al menos el patrón preliminar, a medio tejer. Así pues, con un desajuste del medio ambiente, una sustancia química tóxica, el estrés de la vida urbana, un trastorno social, una infección..., con lo que fuera, pensó Winnie, un segundo factor añadido a la susceptibilidad genética puede completar el patrón y modificar la realidad.

Dos golpes; este era un concepto con el que estaba familiarizada por el cáncer. Winnie recordó que, cuando era adolescente, le había preguntado al oncólogo por qué ella. ¿Por qué no Nelson o A. J.? ¿Por qué no su mejor amiga Doris, que fumaba en secreto siempre que podía? Quizá la hipótesis de los dos golpes pudiera explicarlo, dijo el médico; quizá Winnie ya tuviera alguna predisposición genética, pero como los mamíferos tienen dos copias de cada gen, así como otros tipos de sistemas de protección, había sido necesario un segundo golpe que causara otro cambio en el ADN y se desarrollara el cáncer. Podría haber sido un rayo cósmico, una partícula de largo alcance proveniente del sol, o incluso un rayo gamma de otra galaxia, que hubiera viajado por el espacio durante miles de millones de años y golpeado un enlace químico de un gen en una célula de una joven de Wisconsin. Esto le ocurría a todo el mundo, todo el tiempo, pero en la célula de Winnie ya había otro problema, un gen alterado de nacimiento. Una alteración se había sumado a otra, había sido un doble golpe; era demasiado, y el sistema se había desbordado y había permitido el crecimiento incontrolado del cáncer.

Nadie sabía si la teoría de los dos golpes era correcta en el caso de las enfermedades mentales, pero Winnie pensaba que podía ser así. La ciencia aún no estaba asentada en la psiquiatría, como comprobó mientras pasaba las noches leyendo los artículos y las revisiones. Los conocimientos biológicos eran limitados en este campo, aunque se habían producido algunos avances. Por ejemplo, las imágenes de la actividad cerebral habían mostrado que existe un problema de comunicación en el cerebro de las personas con esquizofrenia. Algunas partes del cerebro no mantienen actualizadas a las demás. Durante las alucinaciones incluso se había observado una sincronía alterada de la actividad de todo el órgano, como si una mano no supiera lo que hacía la otra.

Winnie tenía muchas preguntas, mucho que decir, y nadie que la escuchara. Recordó que quizá el doctor le contase que la ruptura de un paciente con la realidad había sido el primer motivo que lo había llevado a dedicarse a la psiquiatría. No es que importara, pero aun así era relevante, y ella quería que él supiera que era así. Damos por sentada la realidad que compartimos, así como nuestra reacción a esa ilusión, y si ella pudiera pedirle algo sería que le hiciera saber al mundo una simple Verdad: que nuestra realidad compartida no es real; solo es algo que se comparte.

En la segunda semana en casa surgió un propósito, un dios tomó forma, un estatorreactor de mango. Le diría, en una carta detallada, escrita a mano, con marcador negro indeleble, en mayúsculas para que no se le escapara nada, todo lo que nunca había tenido tiempo de decir, lo que no había sabido decir con claridad.

Le contaría más ideas, más ideas. Había un elemento disperso, un redoble de tambores iluminado por la luna, un nocturno. Su nuevo nombre era princesa Java Pajama, eso era algo que debía decirle. Quizá él no lo entendiera, no tenía barba, era un ajesús. Él le contestaría con su nombre completo, no como le llamaban las enfermeras de la planta, esa nota falsa, papista. No, su nombre completo, y entonces ella se lo diría, ella dijo que no tenía ascendencia dravídica y que no le gustaba la insinuación —misogamia—, su voz se quebró, se convirtió en un débil susurro justo cuando crecía su impotente ira; qué era lo que él insinuaba. Ni un kilogauss de influencia sobre ella, era pura y libre, no una incendiaria danzantesobrelascuerdas. ¿Que comía demasiado? Glotona. La habían pinchado por partida doble. La influencia llegaba, la salida no era fácil o este sino hacia el oeste-noroeste. Hizo una pausa, tomó aire y se disculpó. Una torcida. No era de su incumbencia lo que él trataba de insinuar.

Su teléfono se apagó; algo le estrujó las entrañas. Fillet el primogénito, el primopuño. Era él. Winnie extendió la mano hacia el teléfono, pero dudó. El otro lado de la pantalla. Dejó que se activara el buzón de voz. Una hora más tarde reprodujo el mensaje con el altavoz, tras percibir que los condensadores del teléfono se habían descargado por completo. Había llegado el resultado de la citología de la punción lumbar, esa última formalidad: «Células linfoides raras muy atípicas, coherentes con el material anterior, relacionado con un linfoma de células T».

El motor de su cerebro reveló por fin su oscuro secreto. Oculto, pero siempre latente, su punto frágil había estado al acecho, como la MAV de A. J. Y entonces llegó el segundo factor: para él el aumento de la presión; para Winnie las células cancerosas, que agitaban las burbujas del champán, que nadaban en su vulnerable y dulce mar.

Se acomodó en el suelo y regresó de nuevo al último día de A. J. No fue difícil: el telar de aire se proyectaba a través del tiempo y el espacio, y ella sabía qué hilos importaban; algunos eran suyos. «Cuando vio el reloj del banco, A. J. supo que tenía que correr el resto del camino. Mientras corría se miró y vio su camisa. Tenía algo de masa horneada y trató de quitársela con la mano; la mayor parte se desprendió, pero aún quedaba algo blanco que no pudo limpiar, y el sudor de la mano empeoró un poco las cosas. Debería haber traído otra camisa. Mantuvo un paso constante tratando de no esforzarse demasiado mientras se acercaba al banco, atravesó al trote el cruce de South Main y entró en la plaza, bordeó la fuente y cruzó raudo las puertas de cristal justo detrás de un tipo con muletas. Vio el ascensor pero no tenía tiempo, subió los escalones de dos en dos hasta la quinta planta; recorrió deprisa el pasillo, echó un vistazo hacia atrás para asegurarse de que no había dejado pisadas de harina y se detuvo frente a la oficina mientras recuperaba el aliento. Mientras se limpiaba la frente miró las paredes y el techo; el pasillo estaba muy limpio y era de color marrón. Pensó en la muchacha de los helados de yogur junto a la panadería y en su pelo, que se curvaba como un rollo de canela, firme y castaño. Pensó en la forma en que sus ojos habían dibujado un círculo alrededor de su cara, cual arrendajo azul nervioso, cuando él le había pedido su número. Al cabo de un minuto se acercó a la entrada con una temblorosa sensación interna, mientras observaba el tenue y sombrío reflejo de su rostro en el panel de vidrio de la puerta, y sentía que estaba en la cima de una colina, con un trozo grande de cartón en las manos sudorosas, para deslizarlo por la pendiente veraniega, como hacía con Winnie y Nelson cuando eran niños. Iba a ver cómo eran las cosas en la otra mitad del mundo, tras una larga escalada estaba listo para descender cuesta abajo. Los gritos de triunfo y dolor de los otros escaladores se desvanecieron en la nada durante un momento… como una muestra de respeto por ese instante. La puerta estaba cerrada; A. J. tardó un poco en darse cuenta de que la puerta estaba cerrada. Era extraño: el pomo giraba, pero la puerta no se abría. A. J. tembló y lo intentó de nuevo. Entonces retrocedió, tratando de pensar qué significaba. Sus ojos buscaron algún mensaje, nota o pista, pero no había nada. Tal vez se hubiera equivocado de oficina. Buscó la tarjeta de la cita en el bolsillo, pero era la del mecánico. No había traído ningún número, iba a perder la cita que le había costado meses conseguir. Sintió una punzada en la cabeza. A. J. se apretó las sienes con las manos mientras volvía por el pasillo. Bajó las escaleras despacio, con las rodillas dobladas, mientras sentía una extraña y creciente inundación. El vestíbulo estaba envuelto en una neblina negra. Asustado, siguió caminando mientras pudo y salió por la puerta. El sol era abrasador, pero opaco. Le temblaban las piernas y los brazos, pero siguió despacio hacia la fuente de la plaza. Bordeó el rocío, inseguro, y esperó para cruzar South Main, mientras observaba las caras en los coches que pasaban a su lado. Cayó de rodillas. Recordó un ave que una vez vio cómo chocaba con un vidrio en una parada de autobús. Durante un rato, había golpeado con las alas el pavimento lleno de polvo, incapaz de levantar el vuelo, y luego se limitó a mirar y observar a las demás aves que pasaban volando, concentradas en sus vidas, rodeadas de una aureola de sol, camino de aparearse, alimentarse, construir y cantar. El crepúsculo pareció apoderarse de todo. Pensó que podría ver a la muchacha de los helados de yogur si pudiera volver a la panadería. "Me gustaría quedarme allí con ella", pensó. Había una ligera pendiente descendente; si lograba levantarse, solo tendría que balancear cada pie hacia delante, uno tras otro, y podría bajar. Todas las caras de los coches que iban a casa... La puerta no se abría. La puerta estaba cerrada. El dolor en la cabeza aumentó y se extendió. Había vidrio por todos lados, estaba tan limpio y brillante que parecía que ni siquiera estuviera allí, el ave se golpeó y había vidrio por todos lados. El pasillo era largo, opaco, firme y marrón castaño. No fue fácil volver a ver. Una especie de paloma... el ave le recordó a Winnie, había estado muy preocupado por ella. Mientras se derrumbaba, el ave lo miró de frente, como lo miraría Winnie, sin parpadear y como solo ella lo haría. A la espera de que pasara cerró los ojos, también esperándola. Estando de rodillas cayó de plano, y a continuación ella estaba allí con él y le alisaba la frente con un suave batir de alas».

6

La consumación

Adiós, campos jubilosos donde reina la alegría eterna:
¡salve horrores!, ¡salve mundo infernal!, y tú, profundo
averno, recibe a tu nuevo señor, el que trae un espíritu
que no cambiarán tiempo ni lugar alguno. El espíritu habita en sí mismo, y en sí mismo puede hacer un
cielo del infierno, o un infierno del cielo. ¿Qué importa el lugar si aún soy el mismo, y el que debo ser, aunque inferior a aquel a quien el trueno hizo más grande? Aquí al menos seremos libres; el Todopoderoso no
creó este lugar para envidiárnoslo, y por tanto no nos
expulsará de él; aquí podremos reinar a salvo, y para mí
la ambición de reinar es válida, aunque sea en el infierno: mejor reinar en el infierno que servir en el cielo.

JOHN MILTON, *El paraíso perdido*

La estudiante de Medicina y yo empezamos a darnos por vencidos.
Los primeros noventa minutos con Emily no habían aportado información ni revelado que fuera útil hospitalizarla. El director del servicio de hospitalización de psiquiatría la había ingresado sin previo
aviso en nuestro pabellón abierto, de modo que no pude determinar
si la admisión era una buena idea.

Emily tenía dieciocho años —ya era mayor de edad a efectos
legales—, pero era mucho más joven que los otros pacientes hospitalizados, y la habrían enviado a psiquiatría infantil si hubiera aparecido
unas semanas antes. Su principal queja inicial —«no puedo quedarme

en clase»— era en realidad la de sus padres, y me parecía que esta situación era más pertinente para el hospital infantil que para nuestro servicio de hospitalización de adultos.

A lo largo del examen de admisión, descubrimos que Emily era una estudiante excelente, pero los cincuenta minutos de una clase se habían vuelto excesivos; a comienzos del año escolar, por alguna razón, empezó a sentir la necesidad de levantarse y abandonar el aula a mitad de la sesión y luego, en el transcurso de un mes más o menos, la situación había llegado al punto de que no podía asistir en absoluto a clase. Nadie sabía por qué, y ella no quería decirlo. Lo que sí nos contó fue que era muy versada en poesía y literatura, y que había ganado trofeos como lanzadora de softball y en competiciones de equitación.

Durante la entrevista, el encargado del ala de cirugía ortopédica me llamó varias veces al busca porque necesitaba la orden de traslado de un paciente nuestro que debía regresar a psiquiatría después de una operación de cadera. A esas alturas, trabajar con los ortopedistas, que estaban muy molestos, parecía más productivo que continuar con Emily, pues necesitaban algo que yo podía darles. Comenzamos a sortear las sillas rumbo a la puerta de la habitación de Emily, con la intención de disimular nuestra prisa, y prometimos regresar.

«Una cosa más —dijo Emily, y me giré desde la puerta. Sentada con las piernas cruzadas sobre la cama bien hecha, estiraba los brazos por encima de la cabeza y se arqueaba contra la luz del sol que entraba por la ventana—. En realidad, no creo que deba estar sola en este momento».

¡Ah! ¡Vaya! Por fin. Ahora la revelación; la tormenta interior se desataría de una vez por todas. Esperé, sin preguntar.

El contacto visual de soslayo azul-grisáceo que Emily estableció conmigo llegó acompañado de un cuarto de sonrisa. No dijo nada más. El silencio se alargaba y además llenaba el espacio. La tensión subió, pero no hubo ningún chaparrón.

Miré por toda la habitación en busca de pistas. Había algo extraño: la maleta aún sin deshacer y el portátil y el teléfono bien acomodados en la mesa de noche eran artículos personales inusuales incluso en el pabellón de hospitalización voluntaria. Pero pude entenderlo; toda la secuencia de nuestro proceso de admisión, que solía seguir una coreografía, había quedado inhabilitada por la naturaleza inusual de la hospitalización. Acababa de llegar y la enfermera encargada aún no la había recibido.

Volví a mirar a Emily. Había esperado más tiempo de lo habitual a que continuara, con la intención de instruir a la estudiante de Medicina sobre la forma de dejar que el paciente se exprese; para mostrarle que, sea lo que sea que este tenga, no hay que enmarcarlo de antemano en algo diferente, en algo que transforme sin querer el problema subyacente en un objeto de nuestra propia invención.

Y entonces el silencio se convirtió por fin en un ruido, negativo, molesto e incluso un tanto hostil. «Muy bien, Emily —dije—. Vamos a hablar de eso». No había más remedio que volver a entrar en la habitación, con mi alumna a cuestas. Regresamos a las sillas y nos sentamos mientras las batas blancas se acomodaban a nuestro alrededor como hilos que caen de marionetas.

No solo la anamnesis no había logrado revelar una afección psiquiátrica grave, sino que las pruebas de laboratorio ambulatorias realizadas a Emily también habían arrojado resultados normales; por ejemplo, no había hipertiroidismo por enfermedad de Graves, que podría haber explicado la agitación y el desasosiego. Con tan poca información, sentía que mi diagnóstico era disperso y estaba mal encaminado, sobre todo en relación con la ansiedad; tal vez se tratara de una fobia social o un trastorno de pánico. Sin embargo, Emily no había mencionado ningún síntoma relacionado con la ansiedad. También consideré el TDAH y repasé los síntomas asociados a este término, uno de los numerosos marcos en constante evolución que utilizamos en psiquiatría para estados que todavía tratamos de comprender. A medida que la investigación aporta conocimientos, sabemos que nuestros modelos y nuestra nomenclatura serán revisados, descartados y sustituidos al cabo de una generación, y luego de nuevo en la siguiente. Sin embargo, los utilizamos porque es lo que tenemos ahora y nos ayudan a orientar tanto el tratamiento como la investigación; cada diagnóstico viene acompañado de una lista de síntomas y criterios. Emily no refrendaba ninguno de ellos.

Todas mis preguntas directas para sondear estas posibilidades —e incluso mis métodos menos directos, como las pausas deliberadas que el paciente debe llenar— no habían revelado nada sustancial. Tenía una leve depresión, aunque nunca pensamientos suicidas, unos pocos indicios de trastornos alimentarios muy comunes en su grupo de edad, así como un atisbo de algunos rasgos obsesivo-compulsivos. Pero no habíamos podido abordar el problema central, la queja principal; no podíamos explicar por qué ya no podía permanecer en el aula. Solo cuando nos dirigíamos a la puerta, pensando que nuestro diagnóstico tendría que ser necesariamente provisional —un trastorno de ansiedad no especificado—, pareció que dio comienzo la verdadera conversación.

Ahora, tras su críptica reanudación de la entrevista, nuevos diagnósticos saltaron hacia delante con impaciencia, como caballos de carreras que arrollan desde la línea de salida, aunque luego todos tropezaron y chocaron entre sí. Ahora, en cierto modo, los diagnósticos inequívocos eran menos coherentes aún. Si tuviera la intención de suicidarse, no querría que alguien se sentara con ella. Si fuera psicótica sería menos organizada, más astuta. Y, por último, una paciente limítrofe no sería tan reticente, y quizá hubiera decidido abandonar el aula directamente.

Cualquiera que fuese el trastorno que había en su interior era a la vez sutil y fuerte; a Emily se la veía sana desde el punto de vista físico y no parecía que sufriera, pero algo se había adueñado de su poderosa mente. En este momento crucial de su desarrollo y su educación, le habían arrebatado su mayor fortaleza, y de su interior habían extraído su pasaporte al futuro; lo había hecho un ente de dedos luminosos que la chica conocía, un ladrón al que estaba protegiendo.

Mientras sus últimas palabras permanecían suspendidas en el aire entre nosotros, algo más le ocurrió a Emily, al yo estudioso y atlético que me mostraba, a su fachada vigorosa y desenvuelta. En un abrir y cerrar de ojos la máscara parpadeó y cayó, y en un instante todo fue por completo real. A pesar de que había dicho una verdad sin aditamentos, también se apreciaba una ligera curvatura en la comisura de los ojos y de la boca. Me mostraba algo, y era casi divertido..., pero no enseñaba demasiado, porque, bueno, todavía era una adolescente y aún era vergonzosa.

«¿Por qué no deberías estar sola, Emily?», pregunté.

Se quedó en silencio. Mientras tanto, trazaba figuras con el dedo sobre la fina y alisadísima colcha y me observaba de reojo. Emily había dicho algo importante y, sin embargo, parecía que también se guardaba una broma secreta, que estaba tentada de compartir. ¿Acaso era una astuta manipuladora del sistema que se hacía la enferma con enorme disimulo, para conseguir algún beneficio que yo no había percibido? O tal vez el humor era más negro de lo que yo podía imaginar —un comentario macabro sobre un lado destructivo que deseaba autolesionarse—, un espectro encubierto contra el que venía luchando pero que no se atrevía a delatar, al menos hasta que se produjera una distensión social como la que había provocado el momento de nuestra partida.

Diez segundos de silencio. ¿Qué sería lo siguiente? Tenía allí a una aliada, Sonia. La miré.

Sonia era la estudiante de Medicina, pero además una subinterna avanzada, y tenía el cometido de comportarse como una interna en toda regla, de actuar como si tuviera la autoridad de un médico interno residente para elaborar planes de tratamiento y redactar órdenes. Se esperaba que los subinternos desempeñaran todo el tiempo el papel de los médicos, hasta el momento de firmar las órdenes; era un juego de roles desafiante, diseñado para estudiantes de Medicina que ya habían escogido su especialidad, escuchado su vocación, y que ahora buscaban sacar partido de las prácticas. Es difícil caminar sobre esa cuerda, actuar con autoridad sin tenerla de verdad, y eso requiere confianza en uno mismo, inteligencia social y una tendencia a tener la razón. Fortaleza.

Y Sonia era fuerte; nada temerosa y avispada, rápida con el bolígrafo y el teléfono, experta en alcanzar objetivos. Fue algo evidente de inmediato, desde sus primeros momentos en el equipo, aunque yo trataba de no clasificar a las personas al instante o de manera categórica, pues había pasado por la Facultad de Medicina en una época más difícil y polarizada, en la que el equipo emitía juicios rápidos a medida que cada nuevo miembro rotaba en el servicio de hospitalización; era una cara nueva, una tabla rasa que ninguno de los presentes había elegido o conocido antes, pero que se abría paso en medio de decisiones urgentes a vida o muerte. Cuando yo estaba en su lugar, a ningún miembro del equipo le interesaba en realidad lo creativo que pudiera ser el nuevo estudiante, ni la calidad de los trabajos que hubiera publicado; todo eso era irrelevante. Entraba en juego una categorización por completo diferente que hasta entonces nunca había existido en la vida del estudiante de Medicina. Las etiquetas implacables lo eran todo: el nuevo estudiante, ¿era bueno o regular?

Los equipos hacían piña a partir de juicios rápidos, correctos o erróneos, pero hechos deprisa. En general, los estudiantes de Medicina apenas sospechaban cuán importantes eran sus primeras actuaciones cuando se incorporaban a un equipo; sin embargo, en ese tiempo se ganaban una etiqueta, de una u otra forma, verbal o no. No todo estaba perdido si las cosas iban mal en algún servicio, pues los estudiantes salían de la rotación al cabo de un mes y pasaban a desempeñar nuevos papeles, a acometer un nuevo aprendizaje y a descubrir nuevas fortalezas; no obstante, ese mes quedaba congelado para los miembros del equipo, y nunca podría enmendarse. En los momentos difíciles me pregunto: ¿cuántos médicos veteranos todavía me tienen archivado en una de esas categorías, como bueno o regular, y nada más? Antes de conocer a Emily, cuando era un estudiante de Medicina que empezaba las rotaciones clínicas —me adelanté en las de cirugía, ya que estaba seguro de que mi residencia sería en neurocirugía—, había tenido infinidad de oportunidades de mostrar mis carencias.

Aún tenía la cabeza en las nubes a causa de mi doctorado, que había versado sobre neurociencia abstracta y, por tanto, había sido ajeno en todo sentido a la práctica clínica; además, era bastante insolente y testarudo, y no estaba muy dispuesto a aceptar o trabajar bajo los axiomas y rituales de la medicina. En mi afán por llevar la contraria, dudaba de las costumbres médicas y, pese a ello, a veces mi estilo encajaba por casualidad en los intereses del servicio. En la primera mañana de una de las rotaciones iniciales de cirugía vascular, cuando no tenía ni idea de lo que estaba haciendo, se me ocurrió hacer una pregunta interesante, aunque algo irrespetuosa. De resultas de ello, ese mismo día, en las rondas de la tarde, el jefe de residentes me presentó al médico tratante como «el nuevo estudiante de Medicina; es bueno». Este dijo: «¡Qué bien!». Qué equivocados estaban, pero después de eso nadie me molestó; estaba en el equipo, sería un buen mes. El estudiante era bueno. El equipo, ahora listo y etiquetado, seguía adelante.

Más tarde, en mis años como residente y médico tratante, consideré que formaba parte y era partidario de una cultura cambiante en la que se podía tolerar cierta complejidad, en la que los médicos reconocían que el mundo necesitaba más de un enfoque acerca de la profesión médica. Sin embargo, Sonia no era en absoluto una persona débil, así que cuando la miré, sin saber qué hacer, fue porque cualquiera de sus múltiples fortalezas podía aportar algo a la exploración de esa tierra ignota. Llevábamos dos semanas juntos en el mismo servicio hospitalario y habíamos tenido tiempo de conocernos. Tenía la misma procedencia que Emily: una educación académica similar, diversa y literaria, de carácter cuantitativo.

Intercambiamos mucha información en ese momento: Sonia se mantenía callada, al igual que yo, pero sus ojos un tanto desorbitados, clavados en los míos, indicaban que debíamos explorar más a fondo.

Cuando volví a mirar a Emily, no percibí miedo, pánico ni ira. Más bien, desprendía una especie de excitación nerviosa, como si se aprestara para una primera cita —o no, más bien para un romance—, y entonces lo comprendí. Una especie de representación de la propia Emily podía proyectarse sobre otras que había visto y almacenado en mi interior, desde mi época ya lejana en el pabellón cerrado de psi quiatría para adolescentes, y, tan solo con una leve distorsión aquí y allá, las imágenes se alineaban a la perfección.

En esa habitación había otro ente con nosotros, uno que ella necesitaba, temía y nunca podía abandonar. Emily se abrió conmigo porque no importaba, no había nada que ella, ni yo ni nadie pudiera hacer. Efectivamente, tenía planeada una cita terrible; iba a suceder y nadie podía impedirla, pero Emily quería darla a conocer y que alguien fuera testigo de ella. Hablaba de una verdad directa, inalterada y sin sofismas —un hecho contundente que una generación exponía a otra—, solo me hablaba del mundo tal y como era. El hecho era este: no quería estar sola, pero yo debería ser el que sintiera miedo.

Para ese entonces, ya había tratado a muchos pacientes con trastornos alimentarios. Había pasado meses en el pabellón cerrado del hospital infantil, que en realidad es un ala dedicada a la anorexia, donde había visto pacientes de todo tipo, desde los que padecen una enfermedad leve hasta los que están al borde de la muerte, y oído los diversos tipos de lenguaje que los adolescentes utilizaban para describir la anorexia y la bulimia nerviosas. Algunos pacientes con síntomas leves de la enfermedad incluso personalizaban los dos trastornos como Ana y Mia, pero la mayoría de los casos graves abandonaban toda pretensión de emplear metáforas para describir su enfermedad.

Los psiquiatras que trabajan en este ámbito poseen una gran inteligencia y pericia, aunque sus planteamientos —al igual que la mayor parte de la psiquiatría— están desvinculados de los cimientos de la comprensión científica, y yo no había encontrado ningún misterio mayor que los trastornos alimentarios en los anales de la psiquiatría y de la medicina; ninguno mayor en toda la biología.

En el caso de Emily, era muy consciente de que yo tenía una acentuada propensión a considerar este tipo de diagnóstico, pues en ese momento tenía otros pacientes por el estilo en el pabellón de hospitalización voluntaria, otros actores subidos al mismo escenario. Micah, por ejemplo, un comerciante de arte y *kibbutznik*, de ojos oscuros como el betún. Tenía una barba estilo Van Dyke, definida y bien recortada, una delgadez espantosa y una sonda que le subía por la nariz y le bajaba por la garganta. Micah mantenía una relación muy profunda y estricta con ambas enfermedades a la vez, la anorexia y la bulimia. El resultado era una pérdida de peso muy peligrosa, y las contradicciones y los conflictos eran agotadores. Satisfacer las demandas de ambas enfermedades, dedicarle a cada una el tiempo necesario, se había convertido en un trabajo a tiempo completo para Micah.

La anorexia nerviosa suele representarse como una persona cruel y estricta, una muchacha malvada tipo duquesa, distante y severa, que encierra a la gente en una fría tumba de control cognitivo. Para afirmar la independencia de una pulsión necesaria para sobrevivir, y para reformular el impulso de comer como un enemigo que surge fuera del yo, la anorexia tiene que volverse más fuerte que cualquier cosa que los pacientes hayan conocido o sentido, y estos empiezan a ser intransigentes consigo mismos; tienen que hacerlo para poder manifestar algo semejante.

Mediante la anorexia, controlan el progreso del crecimiento y de la vida y, por tanto, del tiempo mismo, según parece. La anorexia impide la maduración sexual en los pacientes más jóvenes, retrasa el envejecimiento y no se cura con medicamentos; ningún fármaco puede liberar a los pacientes de sus garras, de modo que hay que tomar medidas desesperadas. Cuando estábamos más preocupados por Micah, al ver cómo su ritmo cardiaco y su presión arterial caían hasta niveles alarmantes, nos dejaba insertar una sonda nasogástrica para inyectarle algunas calorías en el estómago. Pero después, tan pronto como se quedaba solo, se arrancaba la sonda, a veces antes de que tuviéramos la oportunidad de introducir algo, de modo que teníamos que reemplazarla. Mientras realizábamos esas maniobras, casi podía oír a la anorexia burlándose de mí desde el interior de la mente de Micah, al tiempo que él observaba impasible; los tres sabíamos lo que yo haría, los tres sabíamos lo que él haría, y dos de ellos sonreían en secreto, burlándose del estúpido farmacotraficante y su ridícula sonda.

Sin embargo, la bulimia nerviosa es diferente. La bulimia conlleva una emocionante recompensa demencial; no se trata de reducir al mínimo la ingestión de alimentos, sino de elevarla al máximo: atracón, purga y vuelta a empezar. La bulimia parece crear un vínculo más positivo que la anorexia; puede rascar una picazón muy profunda bajo la piel, dejando una apariencia de pureza y salud mientras provee la más cruel de las recompensas. Nada limita la magnitud de lo que la bulimia puede darle a una persona, excepto la cantidad de potasio que le queda en el cuerpo frágil y desfigurado antes de morir. En todas sus formas, la bulimia sabe lo que la persona quiere en realidad, la excitará y le hará daño de maneras más variadas que la anorexia, y al final también logrará matarla.

Aliadas y rivales mortales, la anorexia y la bulimia nerviosa se odian y se abrazan, cada una de ellas es una maraña de enfermedad, engaño y recompensa. Se encuentran más lejos del alcance de la medicina y la ciencia que la mayoría de los trastornos psiquiátricos, en parte porque se establece una especie de sociedad entre el paciente y la enfermedad. A veces abrumadora, a veces hostil y a veces solo práctica, la sociedad se forja, como la de muchas combinaciones interpersonales en el mundo real, a partir de una dialéctica vivaz de debilidad y fortaleza. Y aunque ningún medicamento puede curar estas dos enfermedades, al igual que ningún medicamento puede eliminar a un amigo o a un enemigo, las palabras sí que pueden llegar a ellas como un ser humano llega a otro.

El hecho de que estos trastornos sean poderosos y puedan estar imbuidos de personalidad crea una situación diferente a cualquier otra de la psiquiatría, o de la medicina en general. Las drogas adictivas —en el marco de los trastornos por consumo de estupefacientes— son las que más se acercan a esta percepción de un poder externo controlador, aunque con un vínculo personal más débil. Los trastornos alimentarios ejercen ambas formas de poder: la autoridad gobernante y la intimidación personal.

El poder de la anorexia o de la bulimia nerviosa, al igual que el de la adicción a las drogas, suele derivarse de un consentimiento inicial, incluso momentáneo, del gobernado. Más adelante dicha autoridad se torna malévola; se pierde la libertad a medida que pasa el tiempo, y el paciente y la enfermedad se acercan cada vez más, hasta que, como cualquier pareja estelar, soles gemelos que giran uno alrededor del otro, quedan atrapados en un pozo gravitacional, un agujero profundo y oscuro que destruye la masa en cada ciclo, hasta colapsar en una singularidad.

En el pabellón de pediatría había visto la anorexia nerviosa en su forma más grave y devastadora; era una enfermedad que afectaba sobre todo a adolescentes y que consumía tanto a las pacientes como a sus familias. Fui testigo de una singular dinámica mortal que mezclaba el amor y la ira, en la que padres desesperados luchaban por alimentar a sus hijas, llenos de rabia ante este monstruo inexplicable. Los familiares se culpaban unos a otros, con insinuaciones, indirectas, zarpazos y estallidos violentos, pues no había nadie más a su alcance y no había otra forma de darle sentido a la situación de un hijo emaciado, rodeado de comida que seguía rechazando. No hay un ejemplo más claro en la psiquiatría de un sufrimiento humano que se pueda abordar solo con la comprensión, incluso sin una cura.

Se trataba de niños que habían sido sobresalientes —estrellas y artistas, disciplinados en todas las facetas, objeto de un profundo amor— y, sin embargo, estaban tan hambrientos que el cerebro se les moría, comenzaba a atrofiarse, se encogía y se despegaba del interior del cráneo. Eran niños que se habían vuelto tan frágiles e hipotérmicos que sus corazones se ralentizaban a cuarenta o incluso treinta pulsaciones por minuto, con una presión sanguínea difícil de medir, incluso difícil de encontrar; la biología de la vida ralentizada y casi congelada, la maduración detenida e incluso en retroceso, una díada enfermedad-paciente que rechazaba las imposiciones y afeminaciones de los años de adolescencia —edad, adultez, peso—, esos enemigos compartidos que se funden en uno solo y que se niegan como uno solo, que se rechazan como una fuerza externa. Eran niños en mitad de la adolescencia con aspecto y comportamiento de preadolescentes y, sin embargo, provistos de inteligencia social, que incluso en las profundidades de la enfermedad conservaban la agilidad verbal, versados, expertos exploradores de pandillas y culturas, hábiles en la argumentación, y que al mismo tiempo fallaban en esas matemáticas más simples: la topología básica de la supervivencia, la ingestión de alimentos.

Muchos se acercan a la muerte, y algunos fallecen. «¿Por qué? —preguntan las familias—. Dígannoslo, por favor».

¿Por qué no empezar por preguntarle al paciente, al hospedero de la enfermedad? Cualquier cosa que verbalizara nos ayudaría a comprenderlo, incluso si —o quizá sobre todo si— se sirviera del lenguaje y el punto de vista elementales de un niño. No obstante, a los pacientes con anorexia, al igual que a los de cualquier enfermedad psiquiátrica, les resulta difícil explicar los síntomas. Del paciente con anorexia no podemos esperar una explicación más precisa que la de una persona con esquizofrenia cuando le preguntamos cómo puede sentir que su mano está sometida a un control externo, o de alguien con trastorno límite cuando le pedimos que nos explique el regocijo y la liberación que le producen los cortes que se inflige. Algunas personas simplemente no pueden existir como los demás desean.

Mientras la familia y los médicos tratan de intervenir, la dupla paciente-enfermedad urde engaños y ardides, fustigada cada vez con mayor intensidad desde el interior. Juntos han reformulado el deseo, han reconfigurado el significado de la necesidad —como puede ocurrir con la meditación o la fe—, pero de forma insostenible. La anorexia es fuerte, pero causa fragilidad y se defiende de manera letal. La anorexia predica en voz alta frente al espejo y más tarde, fuera del púlpito, sigue susurrando sin cesar con palabras sibilantes aprendidas en secreto —es una impostora, una estafadora, una charlatana interna—, hasta que al final se acepta la mentira. El simulacro primero gana terreno por su utilidad, pero luego crece a toda prisa para cumplir con su titánica tarea. Una vez contratados, los mercenarios neuronales no se pueden retirar; por el contrario, se descontrolan y se convierten en un ejército sin escrúpulos que arrasa el campo.

No se trata de simples delirios. De alguna manera el paciente lo sabe, pero no lo entiende, es consciente pero no tiene el control. La idea vive como una capa, una máscara de guerra adherida, fundida a fuego, al rostro de la vida. Es una mentira que somete la existencia del paciente en todo aquello que es importante, y que en la clínica se cuantifica en pensamientos, masa y acciones. El médico alienta y registra la forma de pensar de la anorexia, la de una imagen personal distorsionada: el paciente afirma y cree una cosa, mientras que el índice de masa corporal indica lo contrario. También es posible evaluar las acciones del paciente llevando un registro de la restricción de la ingestión de alimentos, algo que se puede rastrear como lo hace el paciente, contabilizando, con rigor y en orden cronológico, cada caloría minúscula.

Las terapias cognitivo-conductuales inmersivas pueden ser útiles en la anorexia nerviosa —sobre todo si se prolongan durante meses— mediante el uso de palabras y la transmisión de nociones para modificar poco a poco las distorsiones internas del paciente.[1] El objetivo es identificar y abordar los factores conductuales, cognitivos y sociales entrelazados, y monitorear la dieta con una pizca de coerción. Los medicamentos no se emplean para atacar el corazón de la enfermedad y curar al paciente,[2] sino para atenuar los síntomas; por ejemplo, los fármacos moduladores de la serotonina se usan por regla general para tratar la depresión que el paciente a menudo padece. En algunos casos se suministran medicamentos antipsicóticos que tienen como blanco adicional las señales de dopamina, y que pueden favorecer la reorganización del pensamiento para ayudar a deshacer la tupida maraña de la distorsión; estos agentes también pueden provocar un aumento de peso, y, así, un efecto colateral que de otro modo sería perjudicial se convierte hasta cierto punto en un beneficio secundario.

Existe un gran riesgo. Si la mortalidad fruto de las complicaciones médicas —los fallos orgánicos relacionados con la inanición— se suma a la de los suicidios, los trastornos alimentarios alcanzan, en conjunto, la tasa de mortalidad más elevada de todas las enfermedades psiquiátricas.[3] El deterioro y la muerte se producen por el colapso de las células famélicas en todo el cuerpo afectado; la depresión y el suicidio si el primero en fallar es el cerebro; la infección si el sistema inmunitario sucumbe; el infarto si las células eléctricas del corazón, debilitadas por la desnutrición, ya no pueden hacer frente a la salinidad alterada de la sangre, es decir, al desequilibrio en el nivel de iones establecido hace miles de millones de años por los minerales disueltos en el océano de nuestra evolución, y que ahora nadan en libertad, diluidos y fluctuantes en los caprichos diarios de la inanición.

Para los que sobreviven, sin embargo, el control del tirano interior se desvanece con el paso del tiempo. El paciente puede retorcerse hasta liberarse e imponerse a la fuerza nuevos pensamientos y pautas de acción; es tal vez otra capa de enmascaramiento, pero al final le permite llegar a un punto, en el transcurso de los años, en el que el episodio puede contarse como si hubiera sido una pesadilla.

Los medicamentos están tan lejos de ser eficaces para combatir la bulimia nerviosa —que sospeché que era el secreto de Emily— como en el caso de la anorexia; pueden mitigar algunos síntomas concomitantes, pero siguen sin llegar al núcleo de la enfermedad. La bulimia también asesina mediante el desequilibrio iónico, los cambios bruscos en los niveles de potasio y el ritmo cardiaco que ocasiona la purga. La bulimia a veces se mezcla con la anorexia, como en el caso de Micah, y juntas provocan cambios aún más acentuados en los fluidos y las partículas cargadas; se producen desequilibrios adicionales en el calcio y el magnesio, en las trazas de los minerales y metales necesarios para mantener estables los tejidos excitables, como el corazón, el cerebro y los músculos. Estas células que se contraen y se dilatan necesitan calcio y magnesio para funcionar de forma apropiada; de lo contrario, se producen espasmos de actividad espontánea: fibrilaciones en el músculo, arritmias en el corazón y convulsiones en el cerebro; algunas de ellas llevan a la muerte.

La purga puede adoptar muchas formas: vómito autoinducido, laxantes o incluso ejercicio excesivo, cualquier cosa que reduzca el balance de masas. Luego, el haber de este último se utiliza para la ingestión, a menudo con atracones, atiborrando una y otra vez el plato; la recompensa calórica se multiplica por la emoción ilícita del subterfugio, de saber que la purga está a punto de llegar y que nada puede detener su avalancha.

Conocía ese desenfreno de la bulimia, esa tortura emocionante, desde la época en que atendía a pacientes pediátricos hospitalizados, y al verlo en Emily quise decirle que lo sabía. Si estaba en lo cierto y podíamos sacarlo a la luz, juntos podríamos formar una especie de sociedad, una alianza terapéutica. A partir de ahí, sería una cuestión de logística: empezar una terapia básica, aclarar algunos conceptos elementales y darla de alta cuando estuviera preparada para el programa ambulatorio o residencial apropiado para ella.

—¿Puedes hablarnos de eso? —pregunté por último para presionar—. Me parece que lo necesitas.

Evitaba por completo mi mirada, volvía a la colcha.

—No puedo, de verdad.

—¿Está relacionado de alguna manera con el hecho de que no puedes quedarte en clase?

Miré un instante a Sonia, la estudiante sobresaliente. Parecía fascinada.

—Sí, es más o menos lo mismo.

Era el momento de insistir un poco más; en el servicio de hospitalización no teníamos las semanas o meses que permite la terapia ambulatoria, y además había otros pacientes.

—Emily, antes has mencionado que hace mucho tiempo a veces vomitabas después de comidas copiosas. —Ella había descrito esto como algo remoto y sin importancia, sin relación alguna con sus síntomas; pero ahora cobraba sentido como una razón para ausentarse de clase—. ¿Es posible que eso esté ocurriendo de nuevo? —Su dedo, que había estado trazando infinitos y parábolas sobre la colcha, se detuvo; sus ojos se quedaron clavados en la cama, fijos en un punto, congelados—. ¿Qué pasaría si estuvieras sola, Emily? —pregunté. Ella miró a Sonia.

—No lo sé —respondió Emily, dirigiéndose a esta última—. Tal vez estaría bien. Pero quizá no.

Dejé pasar unos minutos más y me removí en mi asiento. Sonia atendió la invitación y respondió.

—Emily —dijo—, ¿quieres que me siente contigo y hablemos? Creo que el doctor tiene que ir a ver a otros pacientes.

—Claro, me parece bien —dijo ella—. No es gran cosa.

Sonaba un poco reticente, pero era el mejor trato al que se podía llegar; parecía que Emily tal vez quisiera mejorar. Había llegado otro mensaje de ortopedia, tenía que ir sin falta, pero podía dejar a Sonia para que averiguara más, para que asumiera su nueva tarea, con un rumbo ya bien definido. Cerré el trato, me despedí de ellas y salí de la habitación arrastrando los pies. Ya no había prisa; se necesitaban tiempo y espacio para que las alianzas se consolidaran.

Mientras me dirigía a la unidad de cirugía ortopédica, pensé en el aspecto contrapuesto de Micah y Emily. Micah sufría tanto de anorexia como de bulimia, pero su estrategia de purgamiento de la bulimia no consistía en regurgitar, sino en caminar siempre que podía: paseaba, daba vueltas en círculos e incluso apretaba a escondidas los músculos de las piernas mientras estaba sentado; todas son formas de quemar calorías. Era una purga críptica, sutil, no la clásica bulimia, y en general parecía dominado sobre todo por la anorexia. Estaba replegado en su interior, un pequeño y apretado manojo de palos.

Emily no podía ser más diferente. Era fuerte, extravertida, enérgica, con un peso ideal; aunque quién sabe, tal vez también oscilaba de una a otra enfermedad. Durante la entrevista, había mencionado algunas pautas de restricción calórica en años anteriores.

¿Existía alguna biología compartida, a pesar de lo diferentes que parecían estas dos enfermedades, estos dos pacientes? La anorexia era una estricta contable que registraba cada caloría y cada gramo, y que suprimía la recompensa de la comida; la bulimia era la recompensa natural que se aceptaba, se amplificaba y se repetía con frenesí por medio de una lluvia de calorías. Sin embargo, había un paradójico punto en común: ambas podían coexistir, e incluso trabajar juntas. Ambas se complacían con matar, pero la compatibilidad me parecía aún más profunda; ambas lograban una liberación tóxica, una expresión del yo que dominaba sobre sus propias necesidades.

¿Qué otro cerebro aparte del humano podía lograr que ocurriera algo semejante? ¿En qué momento de la evolución la balanza de poder se inclinó en favor de la cognición y en detrimento del hambre? No había forma de saberlo, pero supuse que no pudo ser mucho antes de que surgiéramos, no mucho antes de que nos convirtiéramos en humanos modernos. Desear semejante objetivo no es suficiente. Desear vivir más allá del deseo es algo común y universal. Lo difícil es hacerlo realidad en el caso de algo tan básico como la alimentación. No obstante, la mente humana moderna tiene vastas y versátiles reservas a la espera de comprometerse, de resolver cualquier cosa: cálculo, poesía, viajes espaciales.

La motivación puede extraerse de muchas regiones diferentes del rico paisaje del cerebro humano. Desafiar el hambre no es una tarea sencilla, pero para una nación de noventa mil millones de células quizá no sea demasiado difícil enardecer y movilizar a poderosos grupos de un millón de integrantes. Muchos circuitos cerebrales diferentes pueden incluso bastar a título individual para dicha sublevación, cada uno de ellos, por derecho propio, una estructura neuronal enorme y bien conectada, cada uno con sus propios mecanismos, su propia cultura y sus propias fuerzas.

Así pues, diversos caminos podrían conducir a la anorexia nerviosa en diferentes pacientes, según el entorno genético y social único de cada individuo; una complejidad ya insinuada en la variedad de genes que pueden estar involucrados, al igual que en muchos trastornos psiquiátricos.[4] Un paciente podría levantar un ejército contra el hambre mediante la creación de circuitos en la corteza frontal dedicados a la autocontención; otro, en cambio, podría trabajar entrecruzando de manera autodidacta los profundos circuitos del placer con la necesidad de supervivencia, aprendiendo a fijar el atributo del placer sobre el hambre misma; un tercero, como Micah, con bulimia y anorexia, que trabajan a la vez con el movimiento y el pensamiento, podrían encontrar su camino al reclutar circuitos generadores de ritmo, antiguos osciladores del cuerpo estriado y del mesencéfalo construidos para ciclos de comportamiento repetitivos. Controlar los ritmos de la marcha del tallo cerebral y la médula espinal,[5] mediante el ejercicio compulsivo, puede sobornar los ritmos placenteros de contar, tanto en el caso de los pasos como en el de las calorías. Con la bulimia y la anorexia, Micah contabilizaba ambas cosas: las calorías que entraban y los pasos que salían, el tic y el tac. Micah había tejido un suave ritmo repetitivo de los dos, donde su áspera textura entrelazada absorbía por completo su sangre y su sal.

La repetición es cautivadora y absorbente. Los circuitos neuronales para el aseo repetitivo en las aves —que mantiene las plumas en forma para el vuelo— no necesitan proporcionar la conciencia de ningún razonamiento subyacente. La evolución solo confiere la motivación, se trata de repetir una acción sin lógica ni comprensión, de adelante hacia atrás, una y otra y otra vez, de manera agradable e inexplicable. O las conductas de excavación de la ardilla de tierra, el tejón y la araña de madriguera; cada una de estas especies amolda el ritmo de la excavación a su propia frecuencia especializada, a su ciclo neuronal afinado desde generadores centrales de patrones. O la acción de rascarse en los mamíferos como nosotros —cada animal escarba de manera diferente— para llegar al parásito y extirparlo, impulsados por el torrente de recompensa que produce rascarse a medida que la picazón avanza; una vez que se inicia apenas se puede detener, el ritmo solo aumenta de intensidad por el daño necesario que se le hace a la piel. Es un absoluto cambio de valencia: el dolor intenso se convierte en una recompensa intensa.

Nuestros cerebros también reproducen ritmos más complejos, que abarcan el tiempo y el espacio, utilizando la metáfora de estas acciones motoras básicas. La misma corteza frontal que planea y guía el rascado con la mano, al ritmo de su compañero más profundo, el cuerpo estriado, también es un ejecutivo que planea las rutinas diarias, los rituales estacionales, los ciclos anuales. La recompensa del ritmo aparece en todas las escalas de tiempo y en casi todos los esfuerzos humanos: en la tejedura y la sutura, en la música y las matemáticas, en los rituales conceptuales de la planificación y la organización. No solo las acciones, sino también los pensamientos repetitivos, pueden llegar a ser tan compulsivos como cualquier tic; la ampliación de los ritmos antiguos a los nuevos tipos de excavación conceptual puede ayudarnos a construir civilizaciones, pero cuando los ritmos se vuelven demasiado fuertes, algunos de nosotros nos convertimos en un daño colateral: los que se asean de manera obsesivo-compulsiva, los que contabilizan con un grado de atención extremo, los que se acicalan una y otra vez, los que escrutan, todo el sufrimiento implacable.

Mi busca volvió a sonar cuando entré en la unidad de ortopedia; era del despacho de los residentes de psiquiatría. Levanté un teléfono en el puesto de enfermería más cercana y llamé. Era Sonia.

—Se ha ido.

—¿Qué?... ¿qué dices? ¿Se ha ido?

—En cuanto saliste, dijo que quería hacerme un dibujo de su problema. —La voz de Sonia era trémula, el miedo jadeaba entre las sílabas—. Me pidió unos marcadores, así que corrí al despacho de los residentes y volví enseguida. —Se había imaginado la emoción del diagnóstico, tal vez un informe clínico que fuera publicable, una victoria épica para sus entrevistas de residente—. Solo estuve fuera treinta segundos y cuando regresé ya se había ido. Como no estaba retenida, nadie la vigilaba, y ninguna de las enfermeras la vio salir.

—Ya voy para allá —dije—. No te muevas, está bien.

Pero no estaba bien. La había interpretado mal. Emily había sido la más ladina de las psicóticas deprimidas; suicida, pero con la astucia suficiente para engañarme. Se había marchado sola en su propia embarcación oculta. La emoción de su liberación final era lo que había detectado, sin saberlo, y había hecho un mal diagnóstico. Mi castillo de naipes se había derrumbado y yo era el responsable. Regresé al pabellón por el mismo camino, casi corriendo. Abatido.

Era una situación complicada, pero Sonia tenía razón en que no teníamos ningún control. Emily tenía dieciocho años y no estaba retenida. Nunca había manifestado la intención de suicidarse y tenía la libertad de ir y venir. No teníamos ningún recurso.

Recorrimos deprisa la unidad en busca de pistas. No se había llevado nada, e incluso había dejado el portátil y el teléfono justo donde los había visto unos minutos antes, al lado de la cama. No es lo que suele hacer una persona que se marcha en contra de la opinión de los médicos si tiene el propósito de dirigirse a su casa o a la de un amigo. No hubo tiempo, ni necesidad, de hablar de nuestro temor más profundo.

Enviamos un mensaje al busca del médico tratante para ponerlo al tanto, aunque él tampoco podía hacer nada. Nos tocaba a nosotros, a mí.

Solo habían pasado diez minutos. El hospital era un arca hermética; incluso fuera del pabellón cerrado, las ventanas por lo general estaban selladas. Si el objetivo era suicidarse, no estaba claro qué camino podría haber tomado. Estábamos en el pabellón de hospitalización voluntaria de la segunda planta; yo sabía cómo llegar al techo de la quinta, a través de una portezuela oculta en el gimnasio de los residentes, pero no había manera de que ella encontrara el camino.

Bordes afilados... ¿la cafetería del hospital, en la primera planta, casi bajo nuestros pies? O, peor aún, justo después de la cafetería había un balcón, un mirador a un vasto patio interior; había un largo camino desde ese balcón hasta el sótano. Podía haber llegado allí en treinta segundos, y cualquier cosa —todo— podía haber ocurrido desde entonces.

Sonia sabía lo que estaba en juego y lo percibía; su rostro estaba tenso, y yo podía ver en él, bajo la superficie, las líneas agrietadas de la culpa, el fracaso y la duda. «Está bien —dije, de la manera más tranquilizadora que pude—. Quizá solo haya salido a buscar un cigarrillo. De hecho, es probable que todo esto sea eso, la misma historia de la escuela». Era casi verosímil; un recuerdo instantáneo me devolvió a mi segundo año de residencia, cuando me llamaron del servicio de obstetricia, en el que cundía el pánico; una madre primeriza pretendía salir justo después de la cesárea y toda la planta era un caos. Me habían llamado como psiquiatra de interconsulta para, como dijo el residente de obstetricia, «no sé, retenerla o algo por el estilo». Después de hablar con la paciente en su lengua materna durante apenas diez minutos, di con la verdadera razón; solo necesitaba ir a fumarse un cigarrillo y le daba demasiada vergüenza pedirlo. Saboreé esa pequeña victoria durante años, en parte como la cristalización de un curioso y recurrente tema de toda la vida; me había dado cuenta de que siempre puede descubrirse la verdad con tan solo dejarles a las personas que hablen.

Pero no esta vez, y aquella mujer no era Emily. Cuando alguien está desesperado por escabullirse a fumar, no les pide a las figuras de autoridad que se le sienten al lado. Me guardé ese pensamiento, por el momento. «Espera —le dije a Sonia—. Vamos a dividirnos. Ve a buscar a urgencias y al aparcamiento. Yo iré hacia el otro lado de la primera planta. No corras». Consciente de su labor, Sonia se alejó, mientras su alta coleta describía agitados ochos horizontales en el aire.

Cuando dobló la esquina, me dirigí deprisa hacia las escaleras mecánicas, tratando de irradiar una calma profesional mientras bajaba a la primera planta. Diez segundos hasta la cafetería, veinte hasta el patio interior. Giré a la derecha, faltaba un pasillo más. Contaba los pasos. Esperaba los gritos. El único sonido era un tictac, cada paso es una pequeña victoria, cada paso quema calorías. Cada paso es un triunfo. Nadie puede impedirle dar más pasos, y cada paso está más cerca de la muerte.

Había estado muy cerca, pero había traicionado mi inmerecido don, el *leitmotiv* ineludible de mi vida, que la gente parece desahogarse conmigo, pero esta vez alguien que necesitaba ayuda había empezado a abrirse y yo me había alejado. ¿Por qué? Solo porque desde cirugía ortopédica me habían avisado una vez más de un traslado que podía esperar.

Allí. Bordes afilados a la vuelta de esta esquina, a la entrada de la cafetería iluminada por el sol. Así que pensé: «Era un día hermoso, como de costumbre». La luz del sol se acercaba, pero yo estaba preparado para la oscuridad, para el cuervo, aquel pájaro de las sombras.

El sol entraba a raudales desde el patio de la cafetería cuando volví a girar a la derecha, y allí estaba, a un brazo de distancia, frente a mí: Emily. Casi nos chocamos.

La habían sorprendido en la entrada de la cafetería cuando salía a toda prisa. Allí, de pie, nos miramos fijamente a los ojos y luego bajamos la mirada. Se le escapó una risita de alivio. Tenía en la mano un plato de comida, atiborrado, de una arquitectura casi inverosímil. Muslos de pollo frito, pastel, pizza..., un edificio de auténtica recompensa calórica.

Más tarde me dijo que era su tercer viaje de ida y vuelta en diez minutos, para zambullirse en la cafetería, apilar comida, volver a salir por la entrada sin pagar y luego ir al patio a atiborrarse, purgarse y regresar. Un ciclo de recompensa y liberación, sin consecuencias, pero con la esperanza, la necesidad de que la atraparan. El subterfugio: la victoria sobre el cuerpo y las ecuaciones del balance de masa. Eso era todo, y no había manera de parar. Sin embargo, lo sentía como una locura, sabía que era peligroso y no quería estar sola.

Aquella noche estaba de turno y, en el primer momento de tranquilidad, salí solo a la azotea por la puerta cercana a la sala de descanso donde los residentes podían dormir unos minutos entre los ingresos y las consultas, y me quedé sobre la franja de hormigón, barandillas y rejillas de ventilación iluminada por la luna. En las contadas noches que eran tranquilas, a veces salíamos dos o tres de nosotros, residentes, internos o estudiantes, y nos sentábamos bajo las estrellas, recostados en los duros armazones metálicos con nuestras delgadas batas.

La azotea era incómoda, pero daba la sensación de ser un santuario, un espacio aparte antes de la siguiente ráfaga de llamadas y mensajes al busca. Aquella noche me pareció importante estar solo y tranquilo, para pensar en lo que había pasado con Emily. Había algo en la biología de este trastorno alimentario que me resultaba difícil e inaceptable, y he descubierto que cuando ese sentimiento aparece es mejor buscar un momento para sentarme con el misterio.

El trastorno me parecía único e importante, así como la pista de algo profundo desde el punto de vista científico; sin embargo, primero debía preguntarme: ¿cuánta de esta intensa reacción que sentía —que la neurociencia necesitaba aprender mucho de esta enfermedad— se debía a mi propia simpatía paternal transferida, a un impulso de cuidar a Emily? Reviví otra escena: la de un padre junto a la cama de su hija de catorce años en el pabellón de anorexia pediátrica, después de un infarto y un neumotórax; llevaba una camisa del taller de cambio de aceite que ponía «Nick» sobre el bolsillo izquierdo. Se había hablado de la posibilidad de la muerte, y él era consciente de ello. Ya no era capaz de mirarla; solo la sostenía, el tacto era su único sentido, no veía nada, solo estaba concentrado en la frágil forma de gorrión de la escápula, en el latido intermitente del corazón, que apenas se percibía a través del pecho cada dos segundos, y en el débil y fresco aliento de su hija en el hombro. No... lo que él recordaba era aquel sonido antes de su nacimiento, el sonoro bum del corazón que salía de la ecografía como un tambor de guerra y que llenaba la habitación, intenso, fuerte y rápido; no podían retenerla, era suya y ya casi llegaba, y las lágrimas brotaron cual estallido de sus ojos, entonces y también en aquel momento. Ella era, tenía que ser siempre, invencible.

Con las palmas de las manos me apreté los ojos y parpadeé hacia la luna. Ahí estaba el conflicto esencial que veía: el yo estaba en guerra con sus propias necesidades.

Parecía que, para entender la biología de los trastornos alimentarios, debíamos comprender algo aún más fundamental y no más accesible: la base biológica del yo. Y si el yo podía separarse de sus necesidades, entonces ¿qué era el yo? ¿Qué hay dentro y fuera de sus límites? Es una pregunta ancestral, sin resolver. Nos sentimos en casa —somos nativos; somos el yo, pensamos— y, sin embargo, no podemos trazar con precisión nuestras fronteras, ni dar un nombre a nuestra capital. Ni como seres humanos ni como neurocientíficos, ni siquiera hoy en día.

Se pueden suponer algunos límites. Por ejemplo, el yo no se extiende fuera de la piel. Aun así, ni siquiera esa distinción es tan obvia como imaginamos; la crianza de los hijos parece difuminar esa línea. Y tampoco el yo ocupa todo el volumen bajo la piel, ni siquiera todo el cerebro. El yo siente las necesidades del cuerpo, pero estas las transmite un agente que es diferente, aunque sigue dentro del cuerpo. El dolor o el placer, repartidos por algún adusto y reservado banquero neuronal —sufrimiento cuando no se satisfacen las pulsiones, alegría cuando ocurre lo contrario—, solo parecen monedas que motivan al yo a actuar, sin ser más yo que cualquier instrumento monetario: activos y deudas, incentivos.

La filosofía, la psiquiatría, la psicología, el derecho, la religión... todos tienen sus propios puntos de vista acerca del ser. Todos sin excepción fruto de la imaginación, aunque cada fantasía describe, en cierto modo, una especie de verdad. Sin embargo, la neurociencia, con su poder para descubrir un nuevo tipo de verdad y darla a conocer, no acaba de dar con una respuesta. Tenemos que ser cautelosos, pues es posible que aún no existan las palabras científicas adecuadas. Tal vez, después de todo, no exista algo como el yo.

A veces tenemos una sensación muy intensa del propio yo —por ejemplo, cuando luchamos contra una pulsión, nos resistimos a ella y la superamos—, pero esa sensación puede ser ilusoria y la entidad victoriosa, nada más que una alianza cambiante con otras pulsiones rivales. Aun así, estudiar el proceso de resistencia a las pulsiones primarias (con los trastornos alimentarios como ejemplo extremo) podría ser útil, pues en la anorexia en fase avanzada la entidad que rehúsa la comida no es, por supuesto, una pulsión rival. Me parecía que no había ningún proceso natural claro que compitiera con el hambre —ninguna razón para arrostrar que los pacientes conocieran, comprendieran o pudieran expresar—, y sin embargo, a pesar de eso, era posible resistirse al hambre. Es cierto que la resistencia a comer había comenzado por una razón, como un impulso primario —la presión social, que llevaba a buscar la pérdida de peso—, pero ese solo era el desencadenante, lo que iniciaba el reclutamiento de células y circuitos para ese nuevo y vasto ejército, que al final no tenía más razón para la devastación definitiva del cuerpo que el hecho de su propia existencia. Y aun así, pese a la magnitud de su ciego poder destructivo, la biología subyacente tal vez se pusiera de manifiesto, así como un terremoto, en el acto de romper la tierra, deja al descubierto los estratos destrozados que muestran cómo se formó el planeta.

Los biólogos hablan de mutaciones genéticas con «ganancia de función» o «pérdida de función», lo que significa que se ha producido un cambio, una mutación, que aumenta o disminuye la función del gen. Estas mutaciones ayudan a revelar para qué sirve el gen. Saber qué ocurre con una cantidad excesiva o insuficiente de algo revela mucho sobre la función de ese algo. En el caso de la drástica reducción en la ingestión de Micah, a pesar de todo lo que había perdido, yo podía empezar por pensar en este comportamiento como una ganancia de función en el yo, en lo que sea que pueda resistirse al impulso natural de comer cuando tiene hambre o de beber cuando tiene sed (por supuesto, sin que eso signifique que esta forma distorsionada del yo sea buena para el ser humano, como tampoco la mutación de un gen con ganancia de función es buena, sino destructiva). No obstante, si fuera posible espiar la actividad de las neuronas de todo el cerebro, se podría escuchar y localizar un circuito que sobresaliera por resistirse a las imposiciones del impulso, al menos bajo algunas condiciones, y que pudiera reclutar aliados —otros circuitos— para ayudar a inhibir las acciones que satisfacen la pulsión.

Pensé que era un punto de partida muy interesante y que se prestaba bien a la exploración debido a su trazabilidad. Sin embargo, este punto de partida se entendería desde el comienzo como una mera simplificación, pues el yo incluye representaciones más abstractas y complejas del control de la pulsión que comer o beber, y se extiende a todos los principios y prioridades, roles y valoraciones. Me di cuenta de que había una dimensión diferente también dentro del yo, que ayudaba a definirlo, pero que estaba separada por completo de las prioridades y de la asignación de la pulsión primaria. Esta dimensión aparte del yo eran sus recuerdos.

Cuando empecé a sentir el frío nocturno, pero sin querer dejar aún la azotea iluminada por la luna —la noche era perfecta para un momento y un recuerdo que podría perdurar—, me pareció que los recuerdos de lo que hemos sentido y hecho podrían ser una parte del yo tan importante y fundamental como las prioridades. Si, en lugar de cambiar estas últimas, una fuerza externa cambiara mis recuerdos, podría sentir aún más una pérdida de mi yo.

A la hora de responder cuál es la parte más importante de un yo, podría ser relevante quién hace la pregunta.

En aquella azotea, entre los armazones metálicos y las rejillas de ventilación que zumbaban, cuando pensé en casi todos los demás en su mundo —compañeros de trabajo, líderes de la sociedad, extraños en la calle— sus prioridades parecían un aspecto más importante de sus yoes que sus recuerdos. Mucho más importante, en realidad, en el sentido de que cualquier cambio en esos principios me importaría más a mí. Los yoes de los demás estaban en una categoría diferente, pues para mi propio yo lo contrario era cierto: los recuerdos importaban más que las prioridades. Los seres queridos estaban quizá en el medio; los recuerdos de mi hijo parecían tan importantes como sus prioridades. Son unos límites del yo un poco difuminados, tal vez. Las relaciones extienden el yo hacia el mundo, a través del amor.

¿Por qué los recuerdos de nuestras experiencias personales del pasado son tan importantes para nuestro sentido del yo, con una relevancia al menos comparable a la de nuestros principios? Dado que no controlamos nuestros recuerdos, es extraño que los consideremos tan esenciales para nuestros yoes, incluso en el caso de las experiencias que sin duda son externas y que nos sobrevienen, como un beso repentino o una ola imprevista.

Al considerar este rompecabezas, a solas bajo las estrellas casi imperceptibles, empezó a surgir una respuesta integradora: tal vez nuestro sentido del yo no provenga solo de las prioridades ni solo de los recuerdos, sino de los dos, que en conjunto definirían nuestro camino por el mundo. El yo podría incluso considerarse idéntico a este camino; no un camino simplemente a través del espacio, sino a través de algún reino de dimensiones superiores, a través de tres dimensiones del espacio, una del tiempo y quizá una última dimensión de la valoración, la del valor o el coste en el mundo, con valles de recompensa y crestas de dolor.

No nos definen los obstáculos ni los caminos que otros establecieron, ni la naturaleza ni las pulsiones internas del cuerpo. No somos esos detalles. Otras personas, tormentas y necesidades van y vienen, y al hacerlo alteran las colinas y los valles del paisaje, pero el yo elige la ruta que sigue. Las prioridades escogen el camino. Nuestros yoes no son el contorno de ese paisaje disponible para nosotros, en esta compleja topografía que recorremos; más bien son el camino elegido. Y los recuerdos sirven para marcar el sendero a lo largo de la ruta, de modo que podamos encontrarnos, personificados por donde hemos pasado.

Así fue como pude ver el yo como la fusión de recuerdos y principios, amalgamados en el elemento unitario del camino.

No estaba claro cómo hacer progresos inmediatos con nada de esto, y no llegué muy lejos esa noche antes de que el busca, una vez más, me convocara al hospital que había bajo mis pies. Aunque me hice estas preguntas a lo largo de toda mi formación, tuvieron que pasar quince años desde el día en que conocí a Emily para que la neurociencia me respondiera, para que dijera algo a cambio. Y cuando las palabras de la ciencia fueron pronunciadas por fin sobre este asunto, fueron absolutas y expresadas en el idioma de la ingestión: de la comida y el agua, del hambre y la sed.

El ángel caído de Milton en *El paraíso perdido* consideraba que las pérdidas mundanas eran triviales en comparación con la estabilidad y la certeza de uno mismo, de «un espíritu que no cambiarán tiempo ni lugar alguno», incluso cuando acaba de caer en el infierno, un escenario conocido por los pacientes de trastornos alimentarios y sus familias. La mayoría de nosotros estamos familiarizados con esta defensa psicológica y la hemos utilizado de vez en cuando. «Aquí al menos seremos libres»: el sufrimiento es tolerable si es el precio de la libertad.

Esta perspectiva ayuda a definir el yo de una manera útil, como aquel que aceptará el sufrimiento en lugar de servir a la tiranía de la necesidad y el placer. El yo crea, y es, su propio lugar en el espacio y el tiempo; no lo definen la necesidad ni la circunstancia, sino la elección de un camino que se resiste a la necesidad. ¿Cuáles son, pues, las células y regiones del cerebro que podrían tener la capacidad, y la facultad, de elegir ese camino, de definir una trayectoria a través del mundo que se resista a la necesidad intensa (sin limitarse a satisfacer otra pulsión)? Tales circuitos darían lugar a un tipo especial de libertad, y en algunos pacientes habilitarían un tipo especial de infierno. Hace poco, la neurociencia arrojó apenas un poco de luz sobre este problema al iluminar la línea entre la necesidad y el yo, y entreabrió esta puerta al misterio.

El hambre y la sed, dos de las pulsiones más poderosas de la actividad animal, comienzan en el cerebro como señales neuronales procedentes de pequeñas pero sólidas poblaciones de neuronas ubicadas en lo más profundo del cerebro, células mezcladas en un denso revoltijo que tienen diversas funciones en apariencia no relacionadas entre sí, dentro y alrededor de una estructura llamada «hipotálamo». El hipotálamo yace en las profundidades; el prefijo «hipo» refleja su progresivo hundimiento evolutivo bajo eones de sedimentos neuronales: debajo del tálamo, más grande, que a su vez se encuentra debajo del cuerpo estriado, mucho más grande, que a su vez yace debajo de la corteza, más reciente, que forma el denso tejido neuronal en la superficie de nuestro cerebro.

Algunos de los primeros experimentos optogenéticos se llevaron a cabo en estas profundidades; en efecto, la primera manipulación optogenética sobre el libre comportamiento de los mamíferos se realizó en el hipotálamo.[6] En 2007 se logró que un solo tipo de neuronas —la población de células productoras de hipocretina— respondieran a la luz suministrada a través de una fibra óptica. El resultado fue que se controlaron la vigilia y el sueño, así como la fase REM de los sueños; el suministro de pulsos de luz azul que duran milisegundos, veinte veces por segundo, a estas células específicas de esta parte del hipotálamo hizo que los ratones que estaban dormidos, incluso en la fase REM, se despertaran antes de lo esperado en circunstancias normales.

Esta nueva precisión era necesaria, tanto aquí como en cualquier otra parte del cerebro, pues el hipotálamo alberga, dentro de su mezcla aparentemente caótica, no solo neuronas relacionadas con el sueño, sino también células para el sexo, la agresión y la temperatura corporal, para el hambre y la sed, así como para casi todas las pulsiones primarias de la supervivencia. Todas estas células ejercen de transmisores de las necesidades personales, e imponen (o tratan de imponer) su mensaje en el cerebro más amplio, en el yo, dondequiera que se encuentre, para impulsar la acción que aborde esa necesidad, mediante el accionamiento de las palancas del sufrimiento y la alegría según sea necesario para reforzar dicha acción. Sin embargo, todas estas células están entrelazadas en el hipotálamo, y los científicos no pueden acceder por separado a ellas en tiempo real para verificar sus roles en el comportamiento.

Sin embargo, la optogenética permitió realizar experimentos de ganancia o pérdida de función, para revelar cómo las pulsiones primarias de la supervivencia surgen de patrones de actividad específicos en determinados tipos de células, o incluso en determinadas células. Los neurocientíficos pudieron controlar —suministrar o cortar— la actividad eléctrica de cualquiera de estos diversos tipos de células entremezcladas de forma selectiva, mediante el mismo principio optogenético que había iluminado la ansiedad, la motivación, el comportamiento social y el sueño, en el que los genes de los microorganismos provocan la producción de corrientes eléctricas activadas por la luz solo en las células de interés.

La optogenética permitió comprobar cuáles de estas células hipotalámicas enterradas en las profundidades —que por naturaleza están activas durante los estados de necesidad— causan en efecto las conductas asociadas al hambre o la sed e instan en realidad al consumo de comida o agua.[7] Los destellos de luz láser se aplicaron en el cerebro mediante una fibra óptica para activar o desactivar tipos de células específicas de la región hipotalámica al tiempo que las acciones animales eran escogidas en el entorno. Con solo pulsar un interruptor para activar la excitación optogenética, un ratón saciado de comida comenzó de inmediato a comer con voracidad, y el experimento opuesto —una intervención optogenética inhibidora— suprimió el consumo de comida incluso en un ratón hambriento, lo cual puso de manifiesto la importancia natural de estas células.

Experimentos similares se llevaron a cabo con diferentes células hipotalámicas, las de la sed. Estos experimentos mostraron, de la forma más descarnada posible, que las opciones de acción de un animal puede determinarlas la actividad eléctrica de ciertas neuronas muy específicas y bastante escasas ubicadas en las profundidades de la parte central del cerebro. El enigma de la voluntad (¿existe o no el libre albedrío?), aunque no tiene respuesta, está muy bien planteado aquí. Que unos pocos picos de actividad eléctrica en unas pocas células controlan las decisiones y acciones del individuo, es algo que ya no se puede negar.

Al observar estos efectos en tiempo real en ratones, un psiquiatra puede verse inundado de recuerdos personales; imágenes clínicas desgarradoras de bulimia y anorexia, en las cuales alguien se atiborra de comida que no necesita o suprime la ingestión de alimentos que necesita con desesperación. Los experimentos optogenéticos sobre el hambre y la sed demostraron que un grupo de células localizado en lo más profundo del cerebro puede inducir y suprimir esos síntomas, de modo que tal vez exista la posibilidad de diseñar medicamentos u otros tratamientos dirigidos a esas células.

Sin embargo, había una diferencia clave entre los experimentos optogenéticos y la realidad de la enfermedad, una distinción importante para el tratamiento y para entender la ciencia básica del ser. En los experimentos optogenéticos, manipulamos directamente —mediante la activación o la inhibición— las profundas células de la necesidad que transmiten el impulso del hambre o la sed. Pero los pacientes con bulimia y anorexia, a pesar de sus pensamientos y acciones extremos, aún saben que el hambre —o al menos el ansia— está allí. Lo que los pacientes pueden hacer es contrarrestar los efectos de esa sensación, asociando la actitud positiva con el ansia. Si los pacientes no pueden acceder de manera directa a las células de la necesidad ubicadas en el hipotálamo —fuera del control consciente del yo—, así es como debe hacerse; traer recursos opuestos para luchar contra los efectos de esas células de la necesidad, formar una tropa lo bastante numerosa y fuerte para ganar, para superar el hambre.

¿Acaso es así como la anorexia y la bulimia adquieren una personalidad? Encaramadas sobre los circuitos del yo, aunque claramente separadas, son como un parásito, un virus que recluta la maquinaria de la célula anfitriona, un caparazón que funciona encima de un sistema operativo, una emulación del yo. Solo así la enfermedad puede acceder a la capacidad de resolución de problemas de la mente humana. La enfermedad recluta todo el cerebro al que el yo suele tener acceso, y al que debe acceder, pues convierte el hambre en un problema que resolver.

Esta simple subversión, que el paciente avala en un principio —convertir el hambre en un reto—, permite hacer uso de aquello para lo que nuestro cerebro parece haber evolucionado de forma tan satisfactoria: resolver problemas, de una forma general y abstracta, para atender necesidades que la evolución nunca podría haber previsto; si no tuviéramos tanta versatilidad para solucionar los problemas, quizá nunca habríamos desarrollado la capacidad de sufrir este tipo de enfermedades. Como pensé el día en que perdimos —y encontramos— a Emily, es posible que pacientes diferentes resuelvan el problema con trucos distintos: algunos mediante el uso de circuitos que son expertos en acciones discretas repetitivas, como el cuerpo estriado (para desencadenar un placer similar al del TOC de los ritmos de contar, golpear, cavar, rascar y tejer), y otros quizá utilicen impulsos de restricción localizados en la corteza frontal (para reclutar potentes circuitos de función ejecutiva que suprimen la alimentación en el contexto de las señales sociales).

Se trata de posibilidades intrigantes, pero no descabelladas; en 2019 los experimentos optogenéticos pusieron de manifiesto la existencia de grupos de células concretas en la corteza frontal que estaban activas por naturaleza durante la interacción social, pero no durante la alimentación; cuando estas células sociales fueron activadas mediante optogenética, pudieron suprimir la alimentación, al tiempo que generaban una resistencia, incluso en ratones que estaban hambrientos.[8] Con todo, al margen de su procedencia específica en uno u otro paciente, las milicias convocadas son circuitos poderosos y expansivos, aunque algunos han surgido hace bien poco en la escala evolutiva, como los de la neocorteza, esa delgada y vasta capa de células que incluye la corteza frontal, la encargada de resolver problemas en asociación con el cuerpo estriado, más profundo y antiguo, su ejecutor y enlace con la acción.

Los roedores tienen cerebros mucho más pequeños que los nuestros y, en comparación, menos neocorteza, de modo que los ratones quizá sean menos capaces de resistirse a las pulsiones. Sin embargo, sí tienen neocorteza, y en una serie independiente de experimentos optogenéticos realizados en 2019 se descubrió que ciertas partes de la neocorteza pueden mantenerse al margen incluso de las pulsiones primarias más intensas. Cuando un ratón está saciado de agua, pero las profundas neuronas de la sed se activan mediante optogenética,[9] se produce un comportamiento frenético de búsqueda de agua; sin embargo, algunas partes del cerebro no se dejan engañar y parecen saber que el animal no está en realidad sediento. Estos circuitos escuchan la pulsión, pero no la compran; sus patrones de actividad neuronal local solo se ven levemente afectados. Este resultado fue uno de los varios descubrimientos que se produjeron a raíz del experimento de audición de todo el cerebro que yo había esperado años antes: utilizar largos electrodos para escuchar decenas de miles de neuronas en todo el cerebro, mientras se estimulan optogenéticamente las profundas neuronas de la sed.

El primer, y muy sorprendente, hallazgo importante de esta escucha a lo largo y ancho del cerebro, fue que la mayor parte de este

—incluidos los sectores a los que se consideraba en principio sensoriales o solo relacionados con el movimiento, o ninguno de los dos— participaba de manera activa en el simple estado de búsqueda de agua cuando se tiene sed. Este hallazgo tal vez revelara un importante proceso natural mediante el cual el cerebro mantiene informadas a todas sus zonas sobre todos los movimientos y objetivos planeados, a fin de que cada parte de él experimente incluso las acciones simples como algo generado desde el propio yo, y de que no haya confusión en cuanto a la fuente del impulso de la acción. Esta cualidad unitaria puede verse alterada en trastornos como la esquizofrenia, en la que las acciones simples pueden parecer ajenas, como si fueran generadas desde fuera del yo.

Más de la mitad de las neuronas del cerebro sometidas a rastreo estaban comprometidas con la tarea de conseguir agua, tanto cuando el animal la necesitaba de verdad como cuando, por medio de la optogenética, habíamos creado un estado similar al de la sed. Así que ya no solo se demuestra que son erróneas aquellas viejas historias (que solían considerarse ciertas) según las cuales utilizamos solo la mitad, o incluso el 10 por ciento, de nuestro cerebro para esto o aquello, sino que además parece probable que casi todo el cerebro se active en patrones específicos en cada experiencia o acción concreta (pues ahora sabemos que una tarea tan sencilla como beber agua cuando se tiene sed involucra a la mayoría de las neuronas de gran parte del cerebro).

El segundo hallazgo clave fue la localización de la resistencia: la identificación de las regiones cerebrales que se niegan a dejarse intimidar por el profundo impulso dominante. A pesar de que estaban claramente influidas y de que oían de manera innegable la señal de sed enviada desde abajo, estas escasas estructuras corticales, de reciente evolución y situadas en la superficie del cerebro, destacaban. No respondían del todo, su respuesta no correspondía a la que se observa en un animal que busca agua de forma natural cuando tiene sed. La resistencia se manifestó como una sombra proyectada a través tanto de la corteza prefrontal (una región ya conocida por ser la responsable de la generación de planes o caminos a lo largo del mundo y de la ubicación del individuo en esos caminos) como de la corteza retrosplenial (una región ya conocida por su estrecha vinculación con la corteza entorrinal y el hipocampo, dos estructuras involucradas en la exploración y la memoria de los caminos en el espacio y el tiempo).[10] Tanto la corteza prefrontal como la retrosplenial se ajustaban así a la idea del yo como camino, y ya se sabía que estaban activas durante el pensamiento independiente del estímulo, como cuando a una persona se le pide que se siente tranquila y que no piense en nada en particular, que tan solo esté con su yo.[11] Este patrón contrastó con el de las áreas corticales vecinas (la corteza insular, la corteza cingulada anterior y otras), que mostraron patrones de actividad neuronal casi indistinguibles de los observados en el ratón que necesitaba de verdad agua, cuando la sed era real.

Así pues, al parecer, muchas áreas cerebrales pueden sentir y codificar el estado de sed natural, como deben hacerlo para orientar la acción apropiada que preserve la vida del animal. No obstante, al menos dos áreas —la corteza prefrontal y la retrosplenial, quizá en su papel de creación y exploración del yo (o el camino)— conocen mejor, en cierto sentido, cuáles deberían ser las prioridades del animal, en cuanto a dónde ha estado y hacia dónde va, al margen del profundo impulso de la sed. Estas dos regiones se hallan en áreas cerebrales que son recientes en la evolución, en esencia de mamíferos y muy desarrolladas en nuestro linaje.

Es a lomos de tal resistencia donde los trastornos alimentarios pueden encontrar su fortaleza: un ejército estable, acantonado en cuarteles neuronales, pero siempre impaciente y listo en caso de que la enfermedad lo llame a las armas. Al igual que el circuito propio que imaginé años atrás en los fríos armazones metálicos de la azotea iluminada por la luna —mientras pensaba en Emily y me recuperaba de lo sucedido—, estas partes pueden librar una guerra total y salir victoriosas.

Acompañé a Emily desde la cafetería hasta su habitación; se sentía tranquila por haber regresado. Logramos un acuerdo para que los miembros del personal la acompañaran por turnos, lo que requirió cierta negociación; no había ninguna normativa de peso contra los atracones y las purgas, aunque teníamos cierta potestad al haber robado comida. Sonia fue la primera que se quedó con ella; Sonia, que había vuelto a ser la de antes, con toda su fortaleza e incluso su serenidad restablecidas. Emily pudo por fin descansar, sin que, por el momento, tuviera la posibilidad de reincidir en las conductas bulímicas; pudo empezar a recuperarse y a participar en el desarrollo de un plan a largo plazo para su completa curación. Es más, mientras trabajábamos para asegurarnos de que Emily no se quedara sola, la trabajadora social empezó a perfilar las etapas de su incorporación a un programa ambulatorio. La bulimia no había habitado mucho tiempo en Emily, y nos sentimos esperanzados cuando le dieron el alta dos días después.

En el caso de Micah, que tenía más de cuarenta años y un comportamiento que parecía muy arraigado, tenía menos esperanzas. Ya habíamos probado todo lo que estaba en nuestras manos. A veces, cuando la presión sanguínea y el ritmo cardiaco descendían a niveles peligrosos, aún era posible colocarle la sonda nasogástrica para alimentarlo, pero la base jurídica para hacerlo era siempre inestable y dependía de su consentimiento inconstante. No tenía tendencias suicidas ni homicidas, lo único que la ley considera a la hora de autorizar un tratamiento obligatorio basado en la psiquiatría. O eso o una discapacidad grave, la incapacidad de satisfacer sus necesidades básicas, pero Micah podía atenderlas sin problema; solo que optó por no hacerlo. Los médicos también pueden obligar a un paciente a recibir atención urgente si es incapaz de comprender la naturaleza y las consecuencias del tratamiento y no puede tomar una decisión informada, pero, también en este caso, Micah entendía a la perfección todas las opciones y consecuencias. No sufría delirios ni estaba psicótico. Solo deseaba que su cuerpo adoptara una forma inusual, con todos los riesgos que ello conllevaba. Al menos en lo tocante a eso podía ser libre.

Mientras Micah siguió aceptando de vez en cuando la sonda nasogástrica —al parecer, solo para jugar conmigo y quitársela después por la noche— me pregunté qué impresión tendría de mí durante la hospitalización. ¿Pensaría que era miserable e infantil, soberbio y amenazante, o más bien que ni siquiera valía la pena prestarme atención? La doble enfermedad de Micah le había fijado un rumbo tan definido que podía trazar su andadura por las colinas más empinadas del dolor en ese reino del espacio, el tiempo y el valor en el que le daba igual cualquier cosa que yo dijera o hiciera, era apenas un leve tropiezo con la grava que tenía bajo los pies. Rechazó un medicamento que, en un intento desesperado, confiábamos en que le podía ayudar a organizar sus pensamientos, una baja dosis de olanzapina, que también le haría ganar peso como efecto secundario. Una semana más tarde, me retiré del servicio y dejé a Sonia a cargo de Micah. A los pocos días le dieron de alta para que fuera a un centro ambulatorio, sin que hubiera mejorado a pesar de todas nuestras intervenciones.

Ese mismo mes, Sonia se desmayó durante una cena del equipo de psiquiatría en el apartamento de otro residente. Hacía tres semanas que no la veía. David, un residente de neurocirugía, pareja de otro psiquiatra del grupo, estaba junto a ella y reaccionó de inmediato. Sonia no había perdido el conocimiento del todo, pero David la sometió a un primer chequeo sobre la alfombra y luego la examinó de manera más exhaustiva, después de que la lleváramos al sofá y le diéramos zumo de naranja. Nos retiramos para dejarlo trabajar, hasta que por fin dio un paso atrás, convencido de que solo se había desmayado y estaba estable; entonces, en una escena surrealista, porque yo al parecer conocía mejor a Sonia, David se acercó para exponerme el caso como si yo fuera el médico de turno y no otro residente como él.

A pesar de lo preocupado que estaba y de mi deseo de hablar con ella en privado, recuerdo que en aquella sala poco iluminada pensé en lo elegante que era la exposición de David. Repasó el historial que había recopilado, resumió el examen médico y neurológico que había realizado con el milagroso sonar íntimo del médico que no dispone de instrumentos —la percusión rítmica, como de pianista, con la yema de los dedos, del aire, el agua y los órganos internos, de los reflejos, el ritmo cardiaco y la presión sanguínea—, y concluyó que Sonia tenía una deshidratación grave. Había hecho mucho ejercicio, y admitió que corría trece o catorce kilómetros todas las mañanas y que comía poco; que no tenía mucho tiempo, afirmó. Ese día solo había comido zanahorias y un poco de café.

Traté de mirar más allá de David, en un intento de ver a Sonia a través de la penumbra mientras permanecía recostada en el sofá en el otro extremo de la habitación. Tenía el mismo aspecto que cuando habíamos trabajado juntos en el pabellón, no estaba delgada ni débil. ¿Qué me había perdido, pues, de Sonia, la interna sobresaliente? O quizá fuese más bien que era una recién llegada a esta manera de ser, porque en las últimas semanas se le había unido otra, que ahora compartía su viaje.

Si alguien podía resolver las ecuaciones del equilibrio de masas y crear un camino, un estado de insubordinación a una pulsión primaria, esa era Sonia. Ella era su movimiento, su camino, y no puede haber un yo sin movimiento a lo largo del camino. ¿Resistirse? También es posible. Sonia tenía esa parte que se mueve y se resiste, y por la que se llega al infierno.

7

Moro

El dique en ruinas, el malecón arrasado,
los fértiles campos se inundaron y el rebaño se ahogó,
ajena y traicionera toda la tierra firme,
no quedó más que un caos flotante
de árboles y hogares desarraigados, ¿fue ese el día en que
el hombre se derrumbó en silencio sobre su sombra
y murió, después de trabajar mucho y de encontrar
su carga más pesada que una colcha de barro?
No, nada de eso. Lo vi en el agua cuando el sol se había
ocultado, apoyado en su único remo
por encima de su jardín aún visible en la penumbra...
Allí llevaba el arado, aquí se deshacía de la maleza sin rumbo...
Y remó sobre su tejado para llegar a la costa,
con la cara crispada y el bolsillo lleno de semillas.

EDNA ST. VINCENT MILLAY,
«Epitaph for the Race of Man»

—El señor Norman está en el 4A. Es un veterano de ochenta años, con un largo historial de demencia multiinfarto. La familia lo trajo ayer a urgencias. —La voz del residente al teléfono sonaba ansiosa; quería terminar su trabajo, trataba de poner fin a esa consulta lo más pronto posible—. Dijeron que dejó de hablar poco a poco, hasta llegar al silencio total al cabo de un par de meses. Ese es el único síntoma nuevo.

En mi mente, ese historial, ya de por sí preocupante por la enfermedad neurológica, planteó el espectro de un nuevo accidente cerebrovascular —sobre todo en vista del aparente historial de infartos cerebrales—, aunque sería raro que un cuadro relacionado con un derrame cerebral evolucionara durante meses de esa forma. Sentí una curiosidad un tanto gratificante, fue una sensación que me recordó al ajedrez, cuando encontraba una jugada de apertura poco convencional. Fue una sensación tan placentera que hasta me sentí un poco culpable. Me recosté en la silla y miré el techo sucio y descascarillado de la cafetería del hospital.

—Interesante —empecé a responder, pero el residente me interrumpió con brusquedad para proseguir.

—El paciente se mudó hace poco desde Seattle después de la muerte de su esposa —dijo—. Hace unos meses que vive con la familia de su hijo en Modesto. Los familiares estaban preocupados de que hubiera sido otro derrame cerebral, pero anoche no vimos nada nuevo en el escáner, solo lesiones viejas en la sustancia blanca. Tiene una infección de las vías urinarias, así que empezamos a tratarle; por eso lo hospitalizamos anoche, además de para estudiar qué ha pasado con el habla. Y ahora, ¿adivinas qué?

Una pausa para lograr un efecto; a pesar del ritmo ansioso de su discurso, el residente no podía ocultar que también le parecía un caso interesante. Los momentos de satisfacción intelectual suelen ser tan efímeros en los turnos de admisión hospitalaria que resultan frustrantes, casi no dejan tiempo para satisfacer la curiosidad humana; ahora, al parecer, había llegado uno de esos momentos que valía la pena.

—Logré que hablara —continuó el residente—. Resulta que puede hacerlo cuando quiere. Es un personaje realmente desagradable; no le importa nadie, le trajo sin cuidado que su familia estuviera preocupada. Es como un témpano de hielo. Creo que se trata de personalidad antisocial. Supongo que ni siquiera vosotros podéis resolver eso. —Oí que pasaba unas hojas—. Todavía estoy en trámites para que me envíen los expedientes de Seattle, pero la clínica es pequeña y está cerrada hasta el lunes. Su hijo está aquí, pero no conoce bien el historial clínico; no es una familia unida. No me sorprende. El médico tratante quería que te llamara, para ver si puedes evaluar las posibilidades psiquiátricas, ya que no podemos encontrar nada más. En realidad, no creo que se trate de un delirio, porque parece orientado, aunque podríamos probar con haloperidol; sin embargo, su QTc es de 520, así que debemos tener cuidado. De todos modos, creo que simplemente no le gusta la gente. No te va a llevar mucho tiempo.

El residente había pensado en el efecto secundario sobre el ritmo cardiaco, y tenía razón; si el intervalo entre dos picos en el electrocardiograma ya llegaba a los 520 milisegundos, corríamos el riesgo de provocar una arritmia cardiaca severa con ciertos medicamentos como el haloperidol. Sin embargo, su idea de que padecía un trastorno de personalidad antisocial no me pareció acertada, y los diagnósticos que me parecían más apropiados empezaron a aparecer sin esfuerzo y poblaron mi área mental de trabajo. Pensé que era más probable que se tratara de una forma de delirio que no se ajustaba a las perspectivas del residente; un subtipo silencioso de desorientación que aumenta y disminuye y que suele observarse en los ancianos; a veces surge como efecto secundario de la medicación, o la causa una enfermedad moderada como la infección del tracto urinario. Era posible que el equipo médico lo hubiera evaluado por casualidad durante una fase lúcida del ciclo de delirio y que por eso estuviera orientado.

Los silenciosos suelen pasar desapercibidos; muchos médicos esperan un estado de delirio muy activo, elocuente y manifiesto, pero la variedad que llamamos «delirio hipoactivo» es de retraimiento, mutismo y quietud de cara al exterior, mientras que en el interior arrecia una tormenta de confusión.

Por otro lado, si el residente hubiera tenido algo de razón en cuanto a que no se trataba de un delirio, sino de un problema de personalidad, entonces el cambio de personalidad que conlleva la demencia podía ser más relevante que el trastorno de personalidad antisocial. El rasgo de la escasa empatía asociado a la personalidad antisocial habría constituido un patrón persistente, y, aunque desagradable, no habría sorprendido a la familia como algo inusual. Además, en favor de la explicación de la demencia, las imágenes cerebrales habían confirmado al parecer el proceso subyacente: bloqueos del flujo sanguíneo (de duración suficiente para causar la muerte celular) en los vasos que suministran azúcar y oxígeno a las profundidades del cerebro.

Estos infartos, puntos de tejido muerto que son resultado de los accidentes cerebrovasculares, pueden detectarse por medio de la tomografía computarizada incluso años después de los taponamientos,[1] a modo de agujeros dispersos en el denso entramado sedoso de fibras interconectadas que unen a las células cerebrales situadas a gran distancia; en las imágenes de la tomografía computarizada pueden apreciarse como espacios negros similares a lagos, y se conocen como «lagunas». Incluso en pacientes sin un derrame cerebral del que se tenga constancia, tecnologías más sensibles como la resonancia magnética pueden revelar de una manera diferente el taponamiento de los pequeños vasos que es propio de la demencia vascular:[2] numerosos e intensos puntos blancos, dispersos por el cerebro, que marcan el final de la luz del día, como las estrellas lo hacen cuando empieza a oscurecer.

Cambio de personalidad en la demencia... Bueno, no hay que buscarle tres pies al gato. Estos cambios aparecen en todos los síndromes de demencia, en el transcurso de la vida y sobre todo hacia el final, cuando las partes del cerebro que gestionan las preferencias y los valores comienzan a venirse abajo. Había visto a pacientes con enfermedad de Alzheimer con nuevos síndromes de ira agresiva, incluso explosiva; a pacientes con Parkinson con una repentina tendencia a buscar situaciones de riesgo, y a pacientes con demencia frontotemporal con un egocentrismo casi infantil, rayano en el comportamiento antisocial, aquel que el residente podría haber percibido.

En la demencia, la pérdida de la memoria es el síntoma más verificado, pero demencia no equivale solo a amnesia. Más bien, la palabra significa en esencia la pérdida de la propia mente. Los recuerdos —los juicios, sentimientos y conocimientos almacenados a lo largo del viaje de la vida que dan color y significado al camino— se desvanecen junto con los valores que establecen los límites y la dirección del sendero. Y esto último, el cambio de personalidad y la alteración del sistema de valores, puede ser tan impactante como la pérdida de la memoria: una transformación fundamental de la identidad, de la esencia del ser, de la persona conocida y de la que se ha dependido durante tanto tiempo.

Este era, pensé, el síndrome más verosímil, pero sin ver al paciente no podía estar seguro. También cabía la posibilidad de que el residente hubiera dado en el clavo con el diagnóstico completo; tal vez la infección del tracto urinario había desenmascarado un trastorno de personalidad antisocial bien disimulado. Empecé a imaginar la frialdad inconfundible del antisocial y, por instinto, me blindé para enfrentarme a esa astuta indiferencia, a esa farsa de cortesía social, a esa mirada viperina que me iba a revelar sin querer lo poco que yo importaba, que me iba a mostrar que no se puede disimular lo que no se entiende.

Era una tranquila tarde de sábado de finales de la primavera, el personal de consulta de psiquiatría que solía estar entre semana tenía el día libre y yo era el residente de turno para todo lo relacionado con psiquiatría. Me tocaba a mí, así que me levanté de la pequeña mesa en la estrecha cafetería del hospital, me puse mi armadura —bata blanca almidonada, estetoscopio, martillo de reflejos, bolígrafo—, retiré la taza de café y me dirigí al pabellón de hospitalización de pacientes crónicos de la cuarta planta.

Cada una de las principales especialidades médicas del hospital tiene un servicio de interconsulta para ayudar a los colegas en casos complejos. En psiquiatría, este servicio se denomina «equipo de consulta y enlace», y la formación en psiquiatría implica una alta dosis de consulta y enlace, es decir, atender llamadas de todo el hospital: de las unidades de cuidados intensivos y de pacientes crónicos para tratar el delirio, de la planta de obstetricia para evaluar la psicosis posparto y de cirugía para resolver cuestiones de competencia y consentimiento y, a veces, para trasladar a un paciente cuando se necesita de verdad una puerta cerrada y bajo llave.

Los casos muy interdisciplinarios o misteriosos, con interconsultas de todo tipo, pueden congregar al hospital en una especie de verbena de la atención clínica, en la que muchos servicios bullen en torno a ella. Por supuesto, aquel no había sido uno de esos casos —por su aparente simplicidad—, aunque cuando consulté el historial en el puesto de enfermería descubrí que ya habían hecho varias interconsultas antes de la mía; la de neurología era la más reciente. Yo era el último recurso para el señor N. (como se referían al paciente las notas, en el marco de la cultura de respeto al anonimato del hospital de veteranos).

Entre las posibilidades que el residente no había mencionado, pero que las diferentes interconsultas habían dejado registradas en las notas de evolución del historial clínico, estaban las formas de parkinsonismo; el personal de foniatría había señalado de manera acertada que en la enfermedad de Parkinson se puede presentar una vocalización reducida y de movimientos lentos. Después, el equipo de neurología, árbitro definitivo del parkinsonismo, se había desentendido del caso, tras confirmar la mala memoria a corto plazo y la demencia multiinfarto; sin embargo, como no había encontrado ningún signo de enfermedad de Parkinson, había concluido por último que, aunque el señor N. nunca sonreía de manera espontánea, podía mover los músculos faciales cuando se le pedía; no presentaba la rigidez con aspecto de máscara del parkinsonismo.

Neurología, además, había dejado un comentario sobre las imágenes cerebrales que confirmaban la demencia multiinfarto; los accidentes cerebrovasculares recientes y los antiguos tienen un aspecto muy diferente en dichas imágenes, y, dado que no se apreciaba ningún nuevo derrame cerebral en la tomografía computarizada, la novedosa negativa del señor N. a hablar necesitaba alguna otra explicación. Así que, por último, llamaron a psiquiatría para completar la secuencia habitual de especialidades médicas, que finaliza en el reino de lo desconocido.

Encontré al señor N. acostado en la cama, con la vista al frente y en una extraña quietud. Su calva hirsuta estaba apoyada en tres almohadas y sus mejillas arrugadas parecían brillar un poco bajo las luces fluorescentes. Después del examen físico que le hice, también pensé que no se trataba de Parkinson; no había rigidez parkinsoniana en las extremidades ni temblores. Tampoco vi signos de catatonia, un raro síndrome de inmovilidad que debía descartar porque puede ser fruto de la psicosis o la depresión; pudo mover con facilidad todos los músculos cuando se lo pedí, nervio por nervio.

Asimismo, podía en buena medida excluir el delirio, con la salvedad muy improbable de que se tratara, por casualidad, de otro momento de lucidez. Como había dicho el residente, el señor N. podía hablar, y me dirigió unas pocas palabras; decidió responder solo cuando le preguntaba varias veces y si la pregunta era objetiva. Sin embargo, esto fue suficiente para establecer que estaba orientado desde el punto de vista espaciotemporal. El señor N. sabía que estaba en un hospital, quién era el presidente e incluso en qué estado nos encontrábamos. Sabía el nombre de su hijo —Adam, que vivía en Modesto—, que lo había traído esta vez al hospital y que había traído dos nietos a la vida del señor N.

Aunque se negó a responder las preguntas sobre su estado interior, con una actitud impasible o un ligero movimiento de cabeza, una de sus negativas traía aparejado un rasgo sutil que podría haber pasado por alto si no hubiera permanecido atento. En psiquiatría, como parte del examen completo del estado mental, se indaga sobre la participación en intereses y pasatiempos cotidianos y se pregunta si se les dedica tiempo y se disfruta de ellos. La pregunta parece coloquial, pero revela mucho sobre la motivación y la capacidad de sentir placer. Su respuesta a esto, a mi pregunta de si disfrutaba de sus intereses y actividades personales, no fue verbal, sino solo una contracción hacia abajo de una comisura de la boca en un atisbo de mueca; un gesto a medias de displicencia que me pareció incompatible con el delirio o la personalidad antisocial.

Entonces sentí que tenía una responsabilidad apremiante, que ni el médico residente ni yo habíamos previsto. Tras vislumbrar su estado interior, ahora debía descartar una depresión, tal vez acompañada de paranoia (que puede deberse a una depresión severa y que podía explicar su renuencia a hablar); de alguna manera tenía que abordar esta posibilidad que amenazaba la vida de un paciente que casi no hablaba, a pesar de que todos los criterios de diagnóstico en psiquiatría son, en última instancia, de naturaleza verbal.

Si el señor N. iba rumbo a una tormenta de depresión psicótica, mostrando un creciente estoicismo externo al tiempo que en el interior las alucinaciones y la paranoia lo paralizaban poco a poco, hubiera sido un desastre pasar por alto este síndrome; en particular, porque se habría podido tratar de manera elegante con una medicación directa. O bien, incluso si no era una psicosis, sino solo un estado depresivo grave que suprimía la asignación de esfuerzos —haciendo que fuera un desafío motivacional demasiado grande articular palabras, mover lo suficiente los labios, la lengua y el diafragma para mantener una simple conversación—, también era necesario descartarlo. Una depresión no psicótica tan grave podía ser mortal, pero desde luego también se podía tratar.

Necesitaba un enfoque diferente para que el paciente no tuviera que formar palabras. Al ver una fotografía enmarcada junto a su cama —una jugadora de baloncesto de alrededor de quince años del Instituto de Secundaria de Modesto—, que su hijo quizá había dejado allí, le pedí al señor N. que me enseñara una foto de su nieta. Sin mostrar ninguna emoción ni orgullo de abuelo, y solo al sentirse presionado por mi petición, accedió; sin embargo, no mostró ningún interés en mirarla. Solo me dirigió con los ojos a la evidencia; eso fue todo. No había ni rastro de la desorganización de la psicosis.

Cogí la foto y se la mostré; señalando a su nieta, le pregunté cómo se llamaba mientras lo observaba con atención. No hubo un solo atisbo de sonrisa, ni de dulzura en los ojos; pero su mirada no estaba tan seca como me había parecido. De cerca pude rastrear el brillo casi imperceptible de sus mejillas; me había parecido que era un viso muy tenue de transpiración, pero la habitación del hospital estaba fría y ahora podía descubrir el origen, rastrear su camino disperso y discontinuo a través de fisuras y bifurcaciones hasta el manantial en las esquinas de los ojos del señor N. Permaneció callado y no pudo decir su nombre. El silencio se estrelló a nuestro alrededor; un estruendo ensordecedor y nocivo.

En el trastorno depresivo mayor, la pérdida de placer es un síntoma clásico, y se le da un nombre que suena clásico, «anhedonia», la ausencia de belleza y alegría en la vida. Así, con la misma nitidez y rotundidad con que se pierden los sentidos del gusto y del olfato durante el resfriado común, el placer puede desligarse de alguna manera de la experiencia.

A pesar de que ya había visto muchas veces la anhedonia de la depresión —esta incapacidad de encontrar satisfacción o motivación en las alegrías naturales—, siempre me resultaba inquietante. Pude ver hasta qué punto había llevado al residente a aventurar un diagnóstico equivocado. Los médicos, los amigos y la familia habían traducido ese síntoma como una especie de inhumanidad, como una falta de cariño en apariencia reptiliana, incluso hacia su propia nieta.

¿Cuántos millones de personas con depresión, a lo largo de la historia de la humanidad, habrán visto empeorar su aislamiento y dolor así, al provocar sin querer la ira y frustración de los demás, exacerbando el resto de los problemas y padecimientos de su enfermedad? Incluso teniendo esto en mente, todavía tenía que trabajar en mis propias cogniciones para no reaccionar ante él de manera negativa como persona. Saber es una cosa, pero comprender es otra. Lo sabía, pero aún no lo entendía, no a fondo, ni como animal humano ni como científico.

Para entender cómo puede desligarse el placer de experiencias humanas tan universales y básicas, podríamos empezar por preguntarnos, en primer lugar, cómo se vincula el valor a la experiencia: ¿dónde y por qué en el cerebro humano? Y ¿dónde y por qué en la historia de la humanidad? Las respuestas, si pudiéramos encontrarlas, podrían explicar la fragilidad de la alegría.

A veces la asignación de la alegría es automática. Podemos sentir poderosas gratificaciones innatas, que sirven como refuerzo natural del comportamiento esencial para la supervivencia y la reproducción. Una de estas satisfacciones preestablecidas puede ser el placer de interactuar con un nieto; una actividad que, de manera natural, parece tener una valoración positiva para nosotros, si bien aumenta con la experiencia. Esta respuesta (que no es universal entre los mamíferos) podría haber adquirido valor para la supervivencia de nuestro linaje solo cuando los primates se volvieron más longevos y sociales, debido a su utilidad para fomentar la protección y la educación de las crías. Aquellos con mayor capacidad de vincular los circuitos de satisfacción a las representaciones de la familia extensa podrían haberse beneficiado con creces de esa innovadora conexión innata. Ahora bien, todas esas conexiones, como estructuras físicas, son vulnerables, como cualquier otra parte del cerebro, a un accidente cerebrovascular, y, dependiendo de la localización exacta del infarto, el efecto puede ser específico de un tipo de satisfacción y motivación (que causa un trastorno de las prioridades y por tanto un aparente cambio de personalidad) o una pérdida más general y profunda del placer de vivir (como la anhedonia inespecífica de la depresión).

Otros placeres innatos parecen tener poco sentido desde el punto de vista evolutivo, y su existencia no hace más que subrayar nuestra ignorancia. La recompensa de ver la agreste orilla del mar —sin la promesa de alimento, agua o compañía— no se explica bien por sí sola. No es la alegría de volver a casa, no como la conocemos, ni siquiera en un sentido evolutivo. Nuestros antepasados, similares a los peces, aprendieron a respirar en el límite entre la tierra y el agua, pero no en la azotada interfaz de los acantilados y las olas. Esa parte de nuestra historia se encuentra más bien en los pantanos poco profundos de hace 350 millones de años, cuando los primeros peces que respiraron fuera del agua pasaron a la tierra.[3]

¿Por qué, entonces, casi todos vemos belleza en la orilla del mar? ¿Acaso existe un misterio innato en el salvaje contraste entre el acantilado y la ola que bate, en la potencia y el peligro del ímpetu frente al baluarte? ¿O será que las olas evocan de algún modo el paso del viento entre las copas de los árboles o la repetición incesante de una canción de cuna que tranquiliza con su ritmo y constancia? Sea cual sea su significado, esta alegría es real. Todos la compartimos y nos llega a lo más profundo, pese a lo cual ninguna lógica parece explicarla por completo. Hay muchos ejemplos de este tipo.

La selección natural ofrece una posible respuesta al significado de la alegría, y es que no existe ninguno. El significado es una magnitud esquiva, incluso absurda, en la evolución; no hubo ningún significado subyacente en la aparición de los mamíferos que dominaron el mundo después de los dinosaurios; solo fue una casualidad, el impacto de un meteorito gigantesco que otros desastres naturales agravaron hace sesenta y cinco millones de años y que exterminó la mayor parte de la vida cuando el polvo expelido ocultó al sol. No tenía sentido, pero sí que tuvo consecuencias, el súbito valor de ser pequeño, de reproducirse rápidamente, de tener sangre caliente, de estar cubierto de pelo y de poseer un fuerte impulso innato a vivir en madrigueras.

Algunos sentimientos, y los impulsos conductuales resultantes, podrían surgir de esas asociaciones fortuitas, solo caprichos del entorno. Si un pequeño grupo de nuestros ancestros humanos sintió una afinidad espontánea por —y planificó su vida en torno a— la orilla del mar, entonces la contracción, sin nada que ver con un cuello de botella, de las poblaciones humanas hace muchas decenas de miles de años pudo haber dado lugar a un efecto fundador; es decir, un pequeño grupo de supervivientes ejerció un gran efecto sobre la población posterior. Si la mayoría de esos seres humanos sobrevivieron gracias a los mejillones y los restos de las marismas, raspando como lapas las rocas húmedas mientras la rica vida vegetal y los grandes animales depredadores de la Tierra se extinguían, la humanidad superviviente podría albergar una alegría y una afinidad por la orilla del mar, un intenso aprecio por su singular belleza imaginaria, una alegría que no fue resultado de un desplome demográfico, sino del hecho de que pudo seguir adelante y continuar propagándose, pues la humanidad estuvo al borde de la extinción. No es que sepamos que algo así ocurrió, aunque la paleogenética nos permite comprobar que sí hubo cuellos de botella para nosotros, incluido ese colapso mundial de las poblaciones humanas que llegó a su punto más bajo hace solo cincuenta mil años.[4] Por tanto, puede que nuestras impresiones instintivas más misteriosas acerca de la belleza no sean nada más que huellas accidentales, dejadas por artistas de la supervivencia, en la pared de la caverna de nuestro genoma.

Cuando todos sentimos alegría o satisfacción sin un aprendizaje previo, se trata de una huella del pasado, plasmada a lo largo de milenios de experiencia de nuestro linaje; es muy probable que nuestros antepasados, en algún momento, sintieran esa alegría, de modo que quienes pudieron sentirla pudieron llegar a engendrarnos. No obstante, las satisfacciones aprendidas son algo diferente, algo que surge en el transcurso de una vida, incluso en un minuto. El cerebro parece estar diseñado para asimilar nueva información y para transformarse con rapidez en respuesta a ella —así es como se crean los recuerdos y se aprenden o se cambian los comportamientos en la vida de un individuo—, y estos rápidos cambios físicos pueden estudiarse en el laboratorio, con un modelo a corto plazo de aquello con lo que la evolución podría trabajar en escalas temporales más largas. Los comportamientos aprendidos pueden ajustarse en poco tiempo mediante la modulación de la fuerza de las conexiones cerebrales, y el trabajo básico para el comportamiento innato de la búsqueda de recompensa podría configurarse de modo similar durante milenios, es decir, como fuerzas de conexión evolutivas y prescritas por la genética. Ya sean aprendidos o innatos, los sentimientos pueden vincularse a la experiencia (o desvincularse de ella) mediante el recurso físico de cambiar la fuerza de ciertas conexiones en el cerebro. Así pues, dos conceptos diferentes —sentimiento y memoria— convergen de manera poderosa, tanto en la salud como en sus estados alterados, la anhedonia y la demencia.

Necesitábamos el historial médico del señor N. para saber si antes ya le habían detectado una depresión, si se había observado algún indicio de psicosis o catatonia y si se le había prescrito algún tratamiento

psiquiátrico, exitoso o no, o con efectos secundarios. Estos datos podían ser esenciales para encontrar una medicación que fuera segura y
evitar tentativas terapéuticas perjudiciales (una consideración crítica
en psiquiatría geriátrica).

La clínica de Seattle estaba cerrada hasta el lunes, había dicho el
residente, y apenas era sábado por la noche. Necesitaba esa información antes de sugerir un tratamiento farmacológico. El siguiente paso
era ponerme en contacto con el personal de atención primaria y
elaborar una propuesta, pero ya era tarde; era hora de que el señor N.
durmiera. Por el momento se encontraba estable y en buenas manos,
así que me despedí y le dije que volvería a verlo al día siguiente con
un plan de tratamiento. No respondió.

Cuando llegué a la puerta, la abrí y ya miraba hacia el pasillo, oí
a mi espalda una voz: «Va a ser una noche larga».

Me quedé helado. De manera espontánea, ese paciente, que no
había hablado en absoluto y solo había mascullado una o dos sílabas
juntas al presionarlo, había pronunciado una frase completa.

Me di la vuelta y volví a mirar al otro lado de la habitación. Ahora estaba erguido de manera escalofriante y con la mirada fija en mí.
El brillo de las mejillas, solo en la parte superior, cerca de las esquinas
interiores de los ojos, era más intenso. La habitación se desvaneció. Lo
vi del todo: la cabeza calva y venosa que se mecía con suavidad con
cada respiración, la inclinación simétrica de los ojos y la boca, su mirada fija en mí. No volvió a hablar. Había dicho algo importante que
necesitaba que yo supiera.

Tras una larga pausa, le dediqué mi sonrisa más cálida y un gesto
tranquilizador. «No se preocupe, señor Norman, estaremos con usted
todo el tiempo».

«Va a ser una noche larga»; la última frase que diría.

La perdurabilidad de la demencia —ya sea de años o décadas— es casi
con toda seguridad un nuevo fenómeno de la vida sobre la Tierra,
propiciado por la medicina moderna y el eficiente cuidado de la fa-

milia extensa. Mediante estructuras sociales de apoyo construidas con nuestros cerebros, hemos hecho posible la perpetuación de la demencia, y aún no hemos encontrado una solución. No hay cura, y los pocos medicamentos disponibles solo retardan un poco el avance progresivo de la enfermedad.[5]

En psiquiatría, la demencia se denomina en la actualidad (algo que volverá a cambiar) «trastorno neurocognitivo mayor»; su diagnóstico requiere la pérdida tanto de la funcionalidad independiente como de la cognición (que puede incluir casi todo lo relativo a la memoria, el lenguaje, la función social/perceptiva/motora, la atención, la planificación o la toma de decisiones). Esta larga lista, y la amplia variedad de síntomas tenidos en cuenta para emitir el diagnóstico, posibilitan a su vez que la demencia —o el trastorno neurocognitivo mayor como constructo médico— abarque todas las pequeñas y grandes alteraciones de la comunicación cerebral que pueden ocurrir a lo largo de la vida: por lagunas fruto de accidentes cerebro-vasculares, por placas y ovillos neurofibrilares en la enfermedad de Alzheimer, por puntos de daño focal derivados de lesiones reiteradas.

Desconexión, mala comunicación, pérdida de vías. Pero ¿qué es lo que falta en realidad?

Aunque es cierto que las células cerebrales mueren en la demencia, no se sabe si la merma de la memoria se debe siempre a la pérdida de las células o de las sinapsis responsables de mantener los recuerdos, como cuando se borra el disco duro de un ordenador. En cambio, es posible que, al menos en algunos de los estadios de la lesión de la materia blanca, como ocurre en la demencia multiinfarto, los recuerdos permanezcan intactos, pero aislados de las proyecciones de entrada o salida y con la pérdida tan solo de su conectividad.

Si solo se interrumpe la entrada —se pierde el acceso a la memoria, solo el puntero o la herramienta de búsqueda de información—, la memoria estaría presente pero no sería posible reactivarla. O quizá solo se produzca una interrupción de la salida; los recuerdos muy bien podrían reactivarse, pero no podrían volver a la mente consciente. Ya esté hibernando en la nieve o gritando en el vacío, un recuerdo puede seguir vivo intacto pero aislado, con la conectividad perdida a causa de las marismas, las lagunas, los infartos focales que interrumpen las fibras de largo alcance que atraviesan el cerebro.

Desde el punto de vista clínico, un porcentaje considerable de los pacientes con demencia multiinfarto también presentan anhedonia, una correlación asombrosa entre dos síndromes sin una relación aparente. Algunos estudios muestran un aumento notable de la anhedonia en poblaciones de ancianos con deterioro cognitivo,[6] en comparación con grupos con una cognición intacta; este incremento es incluso mucho mayor en pacientes con demencia manifiesta. Dicho nexo entre el sentimiento y la memoria es aún más profundo; en estas poblaciones, cuanto mayor era el volumen acumulado de lagunas en la materia blanca —evidencia de una mayor pérdida de conexiones de largo alcance,[7] las transmisoras y reguladoras de la información— más anhedonia se observaba. Cuando la memoria falla, el sentimiento la puede secundar.

Los experimentos de optogenética han mostrado que el valor —o valencia, como decimos— puede acoplarse a los estados cerebrales mediante conexiones de largo alcance a través del cerebro; por ejemplo, que la valencia de la liberación de la ansiedad se establece en parte mediante proyecciones del BNST a los circuitos de recompensa ubicados en las profundidades del mesencéfalo.[8] Y los intrigantes vínculos epidemiológicos observados en humanos —la asociación entre la anhedonia y la demencia, y la existente en la demencia entre el volumen lacunar y la anhedonia— podrían explicarse si el mismo proceso que causa el deterioro de la memoria (en virtud del cual quedan dañadas las vías de largo alcance de la materia blanca, las entradas y salidas) también provocara el deterioro de los sentimientos. Las células que podrían generar sentimientos aún están presentes, pero desconectadas, de la misma forma en que pueden perderse los recuerdos: cuando se quedan sin voz.

La memoria también necesita sentir, en cierto sentido. Quizá no esté muy justificado almacenar y evocar el recuerdo de una experiencia, a menos que esta última tenga la importancia suficiente para suscitar un sentimiento. El almacenamiento de información ocupa espacio, consume energía y crea dificultades de organización; no se puede asumir semejante coste a largo plazo en escalas de tiempo evolutivas sin que se obtenga de ello algún beneficio. Así pues, el mismo acto de almacenar y recuperar información, de elaborar y utilizar un recuerdo, suele estar ligado al hecho de que la experiencia es importante, lo que en seres conscientes como nosotros suele comportar la asociación con un sentimiento. De este modo, la anhedonia no solo podría surgir del mismo proceso subyacente a la demencia, sino que también perjudicaría a la propia memoria, lo cual aumentaría aún más la correlación entre estos dos estados.

Hoy en día, muchos neurocientíficos consideran que recordar conlleva una reactivación de algunas de las neuronas que estuvieron activas en la experiencia original. Varios investigadores han utilizado la optogenética para evaluar esta idea, no en las regiones sensoriales del cerebro, sino en las estructuras relacionadas con la memoria denominadas «hipocampo» y «amígdala». Para ello, marcan las células que estuvieron muy activas durante una experiencia de aprendizaje (como un episodio aterrador en un contexto concreto) y después, mucho más adelante, reactivan con luz un subconjunto de esas células marcadas, fuera del contexto que resultó aterrador, tanto en el espacio como en el tiempo.

En estos casos se puede ver que los ratones sienten miedo, incluso en ausencia de cualquier aspecto relacionado con la experiencia original que lo indujo, es decir, a falta de todo excepto de la reactivación optogenética de algunas de las neuronas de la memoria del miedo.[9] Al parecer, el recuerdo se produce, pues, cuando la combinación adecuada de células cerebrales —llamada «agrupación»— habla al unísono.

Si esto es recordar, entonces ¿qué es el propio recuerdo cuando no se le recuerda de forma activa? ¿En qué moléculas, células o procesos residen los bits? ¿Dónde se encuentra la información real de un recuerdo —de la experiencia, el conocimiento o el sentimiento almacenado— cuando está latente, a la espera de ser recuperada?

En la actualidad, muchos expertos piensan que la respuesta a esta pregunta se encuentra en una magnitud denominada «fuerza sináptica», una medida de la fuerza con la que una neurona puede estimular a otra, algo que cabe definir como la ganancia desde el emisor hasta el receptor. Cuanto más fuerte sea una sinapsis, o conexión funcional, entre dos células, mayor será la respuesta de la célula receptora a un pulso fijo de actividad en la célula emisora. Por muy abstracto que parezca, esta variación en la intensidad de las sinapsis podría ser la memoria, en un sentido real y físico.

La fuerza sináptica tiene muchas características interesantes que hacen que esta sea una idea verosímil. En primer lugar, los neurocientíficos teóricos han demostrado que, en efecto, los cambios en la fuerza sináptica pueden almacenar recuerdos de forma automática mientras se están viviendo las experiencias (sin necesidad de una supervisión inteligente),[10] y además de una manera que permite recuperarlos con facilidad. En segundo lugar, ciertos cambios adecuados en la fuerza sináptica pueden presentarse en el mundo real —de hecho, lo hacen con mucha facilidad y rapidez en las neuronas y los cerebros vivos— como respuesta a ráfagas de actividad o a neurotransmisores.[11] Determinados patrones de pulsos de actividad sincrónica o de alta frecuencia pueden propiciar un aumento (una potenciación) de la fuerza sináptica, mientras que los pulsos asincrónicos, o de baja frecuencia, pueden provocar en ella una disminución (una depresión). Ambos efectos tendrían una utilidad verosímil en el proceso de almacenamiento de la memoria, según se ha establecido en trabajos teóricos.[12]

Que la fuerza sináptica registrada en ruta de una parte a otra del cerebro de un mamífero pudiera ajustarse de manera específica y directa para modificar el comportamiento solo había sido una hipótesis tentadora. Esta idea no se había podido probar formalmente, al no existir un método para generar, de un modo selectivo, pulsos de actividad que alteraran la fuerza sináptica en proyecciones con un origen y un destino definidos en el cerebro de un mamífero. Sin embargo, la optogenética hizo posible este tipo de intervención: podemos hacer que una conexión entre dos partes del cerebro sea fotosensible, y después se pueden aplicar pulsos de luz de alta o baja frecuencia a lo largo de esas vías.[13] En 2014, varios grupos que trabajaban con mamíferos ya habían aplicado la optogenética a las teorías sobre la memoria y habían confirmado que se pueden provocar cambios importantes y selectivos en el comportamiento a partir de los propios cambios de la fuerza sináptica que se hayan especificado en una determinada proyección.[14]

Las proyecciones ejemplifican en esencia la eficacia de la relación entre las diferentes partes del cerebro, ya sea estando sanos o enfermos;[15] por ejemplo, se sabe que la fuerza de la conectividad interregional predice las correlaciones de la actividad interregional.[16] También se sabe que las correlaciones de actividad interregional pueden estar vinculadas a estados de placer específicos; por ejemplo, una coordinación menor entre la corteza auditiva y una estructura profunda relacionada con la recompensa (el núcleo accumbens) predice la anhedonia por la música en los seres humanos.[17] Del mismo modo, la satisfacción básica y específica de cuidar a un nieto puede activar la capacidad de establecer una fuerte conectividad sináptica (y, por tanto, un compromiso efectivo) entre una región del cerebro responsable de abordar los impulsos o las recompensas (como el hipotálamo o el circuito ATV/núcleo accumbens) y otra región que representa jerarquías en las relaciones de parentesco (como el septo lateral).[18] Las fuerzas sinápticas específicas de la proyección pueden permitir que estos comportamientos específicos sean favorecidos y resulten gratificantes, en particular con la experiencia positiva aprendida.

De este modo, la fuerza sináptica de la interconexión de las regiones cerebrales es una magnitud interesante relacionada con el desarrollo y la evolución de nuestros sentimientos internos, ya que la evolución es idónea para trabajar con tales fuerzas de conexión interregional. Aunque por sí misma no sabe nada de música ni de nietos, la evolución pudo establecer las condiciones que permiten disfrutar de una o de las dos, hasta cierto punto, con la experiencia vital adecuada. Además, la complejidad genética disponible para sentar estas bases específicas es enorme, pues la riqueza de los patrones de expresión génica determina el modo en que la diversidad celular y la orientación de los axones implementan el cableado cerebral.[19]

A fin de cuentas, el valor —ya sea negativo para la aversión o positivo para la satisfacción— no es más que una especie de etiqueta neuronal, una etiqueta que se puede asociar o desligar de elementos como la experiencia o el recuerdo. Esta flexibilidad es crucial para el aprendizaje, el desarrollo y la evolución. No obstante, lo que se puede fijar con facilidad puede desprenderse de la misma manera —para bien o para mal, en la salud o en la enfermedad—, y ahora disponemos de un camino para entender cómo se puede habilitar esta flexibilidad. Tanto los recuerdos como los valores pueden residir en las fuerzas sinápticas, aprendidas o derivadas de la evolución como estructuras físicas. Y el camino hacia la sinapsis —a lo largo del axón, la fibra de largo alcance que emerge de una célula para tocar otras células— se establece, se orienta y se prolonga según las instrucciones de los genes (que siguen todas las reglas de la evolución), de modo que la propia sinapsis puede ser ajustada en gran medida por la especificidad de la experiencia. Nuestros caminos, nuestras alegrías y nuestros valores se extienden a lo largo de finos hilos que pueden interrumpirse; conexiones que llevan nuestros recuerdos, proyecciones que son nuestros yoes.

Le traspasé el turno al residente de psiquiatría de la noche, cuyo horario de sábado se intercalaba entre mis dos turnos de día del sábado y el domingo. No lo conocía; tenía un aspecto bastante atlético y vigoroso. Yo estaba cansado, pero como me considero generoso le hice un resumen de los pacientes de nuestra unidad que tenían problemas activos antes de irme en coche a casa para descansar unas horas.

A la mañana siguiente, a primera hora, mientras conducía de vuelta al hospital por las calles desiertas de Palo Alto, mis pensamientos regresaron al señor N. Todavía quedaban por resolver complejos asuntos de logística antes de iniciar la administración de un medicamento. Teníamos que determinar quién estaba capacitado según la ley para dar el consentimiento, y, si el señor N. no lo estuviera, el equipo principal debía hablar con su hijo, al que aún no conocía. No podía hacer mucho en ese momento; desde el punto de vista técnico, en este caso solo era un asesor, pero no el responsable de la toma de decisiones.

Después de lograr que el residente de la noche, ahora ojeroso, firmara el traspaso de turno de nuestro pabellón de psiquiatría y de arreglármelas para escuchar con un interés benevolente su farragosa explicación sobre lo acontecido aquella noche, me dirigí a un puesto de trabajo para ver si había alguna novedad en el caso del señor N. Me sorprendió que su ubicación hubiera cambiado; su nombre ya no aparecía en la lista de la unidad 4A de pacientes crónicos. Un momento después vi que estaba en la UCI, la unidad de cuidados intensivos.

El señor N. había sufrido una apoplejía la noche anterior, una hora después de mi visita. Su cuerpo seguía vivo, pero era poco probable que volviera a tener una vida autónoma. Su hijo tenía un poder de atención médica, y este impedía reanimar o intubar al paciente.

Me quedé mudo, con la mirada fija, impotente. Estaba en lo cierto y tenía que decírmelo. Su noche iba a ser muy larga.

Solo en los últimos momentos de la vida —una vez que hemos guardado el tablero de ajedrez, con todas las jugadas hechas, sin que nos vayan a asaltar más sorpresas y con la mayoría de las deudas saldadas— podemos juzgarnos con justicia y asignar el mérito a las acciones que, en última instancia, nos depararon el éxito o el fracaso. Sin embargo, también es entonces, al final, cuando los recuerdos de nuestras jugadas caen en el olvido; un giro cruel, porque sin memoria, ¿cómo podemos dar sentido a la vida que hemos vivido y encontrar el significado de los caminos que recorrimos en medio de la tragedia?

No podemos, y así terminamos donde empezamos, indefensos e inseguros.

El señor N. nos sorprendió al vivir varias semanas más antes de fallecer. Vi dos o tres veces a un hombre, que supuse que era su hijo, que entraba y salía de la unidad de cuidados paliativos, y le vi una vez más mientras empujaba al señor N., tumbado en posición supina sobre una camilla, por el pasillo. Recuerdo que aquel día me detuve a observarlos, mientras se acercaban a una ventana por la que entraba el sol, y recuerdo haber oído el tierno susurro de su hijo: «Aquí tienes un poco de sol, papi».

El señor N. parecía más viejo de lo que recordaba: tumbado, fláccido del todo, con la piel de un gris más ceniciento, los ojos cerrados y la boca abierta, atonal, inmóvil por completo. Se había jubilado y se había ido a casa. Sin embargo, su cabeza hirsuta, la única parte que no estaba cubierta por la manta y la sábana, me pareció orgullosa y digna. Me evocó el recuerdo de su último movimiento, sentado en la cama del hospital, mientras me decía algo relevante a través de la niebla de la demencia y la profundidad de la depresión, cuando ya se lo habían arrebatado casi todo.

A medida que se acercaban a la ventana y a su amplio rayo de sol, alcancé a oír a un grupo de médicos que se aproximaban deprisa charlando sobre el aleteo auricular. El hijo del señor N. también los oyó; para que pudieran pasar, empujó un poco más rápido la camilla y la dirigió con torpeza hacia la ventana al lado del pasillo. Cuando el equipo pasó junto a mí, alzando cada vez más la voz en medio del acalorado debate, la camilla se estremeció un poco cuando una de sus esquinas golpeó la pared. Al producirse el impacto, los dos brazos del señor N. se elevaron de repente hacia el techo, torcidos pero juntos; la sábana cayó mientras un brazo apuntaba firme hacia el cielo, el otro, más débil, quedaba a medio levantar y ambas manos permanecían abiertas, con los dedos separados. Estable y fuerte. Un movimiento frenético, una fuerza sorprendente.

Un asombroso momento de silencio se apoderó del pasillo y de su variopinta colección de espectadores, mientras el hijo del señor N., los internos y yo mirábamos los brazos que se extendían y se aferraban, todos y cada uno de nosotros enfrascados en la escena surrealista durante uno o dos segundos..., y luego los brazos volvieron a la camilla, al mismo tiempo. El señor N. volvió a quedar en reposo.

El grupo de médicos había disminuido la velocidad, pero no se detuvo. Su parloteo tardó unos segundos en volver a intensificarse y adquirir una nueva forma, mientras el grupo doblaba una esquina al final del pasillo, pero ahora zumbaba en una clave menor; la neurología de los reflejos afloraba en sus mentes desde un torbellino de recuerdos y deseos.

En la demencia vuelven los reflejos infantiles, movimientos coreografiados por la evolución para que los bebés primates sobrevivieran: el reflejo de Moro (los brazos se mueven hacia arriba cuando el cuerpo se deja caer o se acelera de repente,[20] una reliquia de nuestros ancestros que trepaban a los árboles que les salvaba la vida en la infancia) y el reflejo de enraizamiento (un ligero toque en la mejilla desencadena un giro de la cabeza y la apertura de la boca, para encontrar la leche). Caer desde las alturas y perder el contacto con la madre; son los miedos básicos innatos de los recién nacidos humanos.

Ambos patrones de reacción se desvanecen después de unos pocos meses de vida, pero vuelven a aparecer con la demencia o el daño cerebral; no se recrean al final de la vida, sino que en realidad nunca desaparecen; siempre están ahí, latentes durante décadas, recubiertos de funciones superiores, revestidos de inhibición y control cognitivo, con todos los hilos de la vida recorrida. A medida que el tejido se deshilacha y se pierde la textura, el yo original encuentra de nuevo la voz en un angustioso intento de asirse a la seguridad, en busca de una madre que hace tiempo que no existe.

Todos los detalles de la vida que importaron tanto a lo largo de los años, que trajeron momentos de felicidad o dolor, solo la habían ocultado; la trama fue tejida con tantos hilos que era imposible verla. Pero siempre había estado allí, y ahora, al final, el entramado de todo vuelve a quedar a la vista. A medida que los finos hilos se desprenden, ella se convierte, una vez más, en el mundo entero. Podría estar de nuevo al alcance, la hembra mamífero que dio vida a su bebé, que temblorosa sostuvo, amamantó y protegió a su hijo, de la lluvia y el sol.

Cuando los hilos de la mente se desintegran y las numerosas fibras aisladas se fragmentan y se deshilachan, cuando la memoria y el albedrío se disuelven, lo único que queda es lo que había en el momento de nacer..., un bebé humano envuelto en una fina tela gris, ahora expuesto de nuevo al frío.

Ahora todo lo que queda, en la confusa oscuridad, es un suave vaivén... Y cuando el equilibrio cambia de repente, cuando la débil rama seca se rompe, el bebé se precipita en la noche, se desprende del mundo, y cae con las manos extendidas, desesperado por aferrarse.

Una rama se quiebra, y eso es todo al final. Un bebé que vive en los árboles, que se aferra a la madre, que cae al vacío.

Epílogo

Mi gran cuarto azul, el aire tan quieto, apenas una
nube. En paz y silencio. Pude haberme quedado allá
arriba para siempre solo que. Es algo que nos falla.
Primero percibimos. Después precipitamos. Y ahora si
quiere que llueva. Abundante o fuerte como guste.
Que llueva de cualquier manera porque mi tiempo ha
llegado [...].
  Las hojas se me han ido a la deriva. Todas. Pero
una se aferra todavía. Voy a retenerla.

JAMES JOYCE, *Finnegans Wake*[1]

La lanzadera oscila, va de un lado a otro en el borde del tapiz que
avanza, y entretanto incrusta momentos y sentimientos, marca el
tiempo en el espacio como un péndulo. Los hilos de la urdimbre se-
ñalan el camino en un espacio indeterminado, enmarcan —pero no
definen— lo que sucede más adelante.

Esta progresión constante de la experiencia aclara los patrones y
oculta los hilos estructurales. Cualquiera que sea el resultado, constituye una especie de resolución.

Mi hijo mayor, con quien viví como padre soltero durante muchas de estas experiencias —cuyo hogar desintegrado me atemoriza-
ba en el contexto de lo que veía en la clínica—, se convirtió en un
científico experto en informática y en un estudiante de Medicina
muy trabajador, con relaciones afectivas y talento para la guitarra. Los

hilos que se entrecruzan pueden interrumpir o crear un patrón, y la vida no da explicaciones. Ahora tengo cuatro adorables hijos menores con una eminente médica y científica —también de mi universidad— cuya misión es estudiar y tratar el mismo tumor del tallo cerebral que había crecido en la niña de los ojos desviados,[2] aquella que casi me hizo abandonar mi camino en la medicina. En el centro de cada historia de este libro hay un niño extraviado; sin embargo, todavía es posible encontrarlo.

Cada una de las sensaciones que describo en estas páginas, cada uno de los sentimientos y pensamientos que me llevaron hasta este punto, parece tener ahora una textura más rica que cuando lo experimenté por primera vez, y se entreteje de manera más profunda. No obstante, la sensación original, ¿la definen mejor estas conexiones que se formaron con el paso del tiempo o, por el contrario, se oculta bajo ellas? En cierto modo, no importa; también los hilos ocultos de la urdimbre pueden quedar muy expuestos sin destruir el tejido, y también podemos volver a exponer y experimentar nuestros sentimientos originales sin tener que cortar las conexiones y los recuerdos, y perdernos a nosotros mismos.

El incesante desarrollo científico no dejará de aportar interpretaciones más precisas a las ideas descritas en este libro. Con cada nuevo descubrimiento, el concepto de nosotros mismos desde la perspectiva de la evolución resulta cada vez más complejo, e incluso la extinción de los neandertales adquiere una mayor dimensión a medida que la paleogenética avanza. Por supuesto, aún viven en nosotros y, por tanto, no se han extinguido de forma definitiva, pero ahora es evidente una verdad aún más profunda. En la actualidad se sabe que cuando los últimos neandertales murieron ya formaban parte de la humanidad moderna, pues el mestizaje se dio en ambos sentidos, y es posible que el último neandertal también fuera el último superviviente de una oleada de humanos modernos que había salido antes de África.[3] Su extinción en realidad es humana, es decir, nuestra.

Con el paso del tiempo, la mayoría de los descubrimientos médicos que describo se identificarán como simples elementos de un panorama mucho más amplio, y esos serán los resultados satisfactorios. Unos pocos quedarán relegados al olvido, o resultarán tan imperfectos que será necesario corregirlos y cambiarlos. No obstante, este proceso de descubrimiento y subsanación de las deficiencias de nuestro conocimiento es idéntico al progreso de la ciencia. Los vacíos y defectos, por su naturaleza inherente —al igual que los procesos patológicos—, iluminan y revelan.

En la naturaleza, la luz solo pasa a través de los espacios que ya existen, como los resquicios en la capa de nubes o los pasadizos que el viento abre en el dosel arbóreo. Sin embargo, con esta biología, y en estas historias, la luz visible invierte ese paradigma abriendo físicamente una puerta; la información crea un camino para sí e ilumina a todo el linaje humano a medida que este lo recorre. A veces parece que el canal solo se abre con dificultad, como una puerta para las vacas que se atasca en el húmedo pastizal del campo; no hemos preparado del todo el camino, ni nos hemos preparado a nosotros mismos, para lidiar con la información que llega. Pero la puerta ya está abierta.

Los últimos años han traído consigo el conocimiento de la propia puerta. Por volver a los sentimientos que experimenté al comienzo de mi viaje científico —en el que he pasado de un ámbito a otro y he sondeado los misterios de todo el cerebro, aunque siempre a escala celular en nuestros métodos científicos—, debo decir que ahora hemos profundizado aún más, hasta unos niveles de resolución moleculares y atómicos, en el estudio del funcionamiento de la proteína activada por la luz llamada «canalrodopsina».[4] Logramos dilucidar el misterio en virtud del cual la luz es detectada por una molécula para luego convertirse en una corriente eléctrica que fluye a través de un poro en esa misma molécula. Estos experimentos emplean una técnica que utiliza intensos haces de rayos X, la cristalografía, la misma que permitió descubrir la estructura de doble hélice del ADN.

Ha habido una fuerte controversia: algunos destacados investigadores han afirmado que no había un poro activado por la luz dentro de la molécula de canalrodopsina. Sin embargo, la cristalografía de rayos X no solo nos permitió ver el poro y demostrar su existencia, sino también utilizar ese conocimiento para rediseñarlo y mostrar de muchas maneras cuán profunda era nuestra interpretación: el cambio de los átomos circundantes —mediante una modificación del revestimiento interior del poro— para crear canalrodopsinas que conducen iones de carga negativa en lugar de positiva, o para hacer que estas moléculas respondan a la luz roja y no solo a la azul, o para cambiar la escala temporal de la electricidad inducida, mediante la aceleración o ralentización repetidas de las corrientes. Estas nuevas canalrodopsinas ya han demostrado su utilidad en una amplia gama de aplicaciones de la neurociencia, de modo que descifrar el código estructural de este enigmático canal activado por la luz —que resolvió así un misterio fundamental arraigado en la biología básica de una planta muy sorprendente— también abrió una vía científica a nuevas investigaciones acerca del mundo natural y de nosotros mismos.

En la actualidad, mientras la ciencia avanza en mi laboratorio de Stanford, todavía atiendo a pacientes ambulatorios en una clínica especializada en depresión y autismo (y todos los años presto mis servicios hospitalarios como médico tratante durante unas horas después de mi horario laboral); a la vez, trabajo con una nueva generación de residentes de psiquiatría, a quienes les transmito mis conocimientos y con quienes aprendo mientras viajamos juntos a través de un campo que todavía me parece tan fascinante y misterioso como lo percibí al principio en el caso de aquel paciente con trastorno esquizoafectivo. Logramos curar a muchos pacientes y, en el caso de otros, solo podemos gestionar los síntomas; es un camino que se sigue en muchos campos de la medicina, donde nos enfrentamos a enfermedades intratables porque podemos y porque, de no hacerlo, el paciente moriría. Somos honestos vendedores de hierbas medicinales, de verbena y dedalera.

A medida que nuestra comprensión de la psiquiatría y nuestro conocimiento de los circuitos neuronales que controlan el comportamiento progresan a la par, quizá sea sensato que iniciemos un diálogo incómodo para el que no nos sentimos preparados. Tendremos que ir por delante en materia de filosofía y moral, en lugar de intentar ponernos al día cuando ya sea demasiado tarde. Un mundo incierto ya le está exigiendo a la psiquiatría respuestas a preguntas difíciles sobre nosotros mismos, y ello en relación con personas que están sanas, no solo enfermas. Las razones de esta presión son importantes: descubrir, luego afrontar y después asumir las contradicciones edificantes y perturbadoras de la humanidad.

Así pues, a modo de epílogo, podemos mirar de forma somera hacia el futuro a lo largo de tres caminos oscuros y bosques densos, apenas iluminados por las historias de este libro, que requieren un análisis más profundo: nuestro proceso de la ciencia, nuestra lucha contra la violencia y la comprensión de nuestra propia consciencia.

Los avances científicos son difíciles de predecir o regular, lo cual contrasta de modo extraño con gran parte del proceso de la ciencia, que es un ejercicio de razonamiento controlado y ordenado. De hecho, el pensamiento ordenado le parece natural a la mente humana en general, y el control sobre el flujo de los pensamientos complejos se da por sentado, al igual que asumimos el constante avance del tiempo. Y, sin embargo, no podemos utilizar nuestro gusto por el orden y el control para planificar por completo el proceso de la ciencia. Esta es una de las principales lecciones de la mayoría de los avances científicos, incluido el de la optogenética, que revelan la necesidad de apoyar la investigación básica que a cierto nivel no está planificada. Habría sido imposible predecir el impacto, en el campo de la neurociencia, de la investigación sobre las respuestas microbianas a la luz llevada a cabo en los últimos ciento cincuenta años.[5] Asimismo, otros desarrollos inesperados han puesto en marcha varios campos científicos; dicho sea de paso, como este libro es en parte una autobiografía, las historias se centran en la optogenética, pero otros campos pioneros también han convergido desde direcciones inesperadas para definir el paisaje de la biología actual.

Así pues, la optogenética no solo ha permitido conocer bastante sobre el cerebro, sino también, desde una perspectiva sencilla, sobre la naturaleza del proceso científico básico. Es importante tener presente esta idea mientras avanzamos juntos hacia el futuro: la verdad científica —una fuerza que puede rescatarnos de los puntos débiles de nuestros propios constructos— surge de la libre expresión y el descubrimiento puro. De eso, y quizá también de un poco de pensamiento desordenado.

Se me viene a la mente un paciente con cirrosis alcohólica que estuvo bajo mi cuidado; no había expectativas de conseguir un nuevo hígado y el hombre estaba en las últimas. Se ahogaba en tierra firme en un líquido de su propia creación. Tenía el vientre turgente y tenso por la ascitis: diez litros o quizá más del líquido amarillo parduzco de la insuficiencia hepática, que le distendía el abdomen y le comprimía los pulmones y el diafragma por debajo. Solo tenía cuarenta y ocho años, pero le costaba respirar, jadeaba en la cama frente a mí.

Yo sostenía una tosca herramienta, un trocar; medieval, pesado en mis manos, lo único útil. Aunque iluminado por la molesta luz brillante de la lámpara de cirugía que se encontraba al lado de la cama, el trocar parecía opaco como el estaño, estéril pero manchado, sin brillo, un cilindro romo para efectuar un drenaje en la pared abdominal. Le pude extraer cinco o seis litros de líquido del abdomen en una sola sesión, aunque eso solo le permitiría respirar durante dos o tres días antes de que la acumulación constante de la ascitis lo inundara de nuevo. No puedo curar la enfermedad, pero puedo hacer algo, de manera constante y cuidadosa, hasta que sepamos algo más.

Por ahora, la verdad es nuestro trocar. La verdad que podemos alcanzar, tan pronto como podamos alcanzarla, mediante los diálogos francos que conocemos, el debate libre y el descubrimiento creativo.

La ciencia, al igual que las canciones y los cuentos, sirve como una forma libre de comunicación humana. La ciencia también difiere en que, al principio, el diálogo parece limitado a la minoría de seres humanos capacitados para apreciar su significado completo. Sin embargo, como dijo la artista de *performances* Joan Jonas al referirse en 2018 a su obra,[6] la ciencia es «un diálogo con el pasado y el futuro, y con un público». Los científicos no son reclusos que gritan datos al vacío, ni autómatas que llenan de bits los ordenadores. Buscamos la verdad, pero la verdad para comunicarla bajo formas que pensamos y esperamos que sean importantes. El significado de nuestro trabajo proviene de los interlocutores humanos que imaginamos y a quienes dirigimos nuestra voz, y somos conscientes de que estos diálogos no serán unidireccionales.

De hecho, la concreción de un gran avance requiere comprender cómo va a ser comunicado, y esto a su vez exige tener en cuenta al público, así como al portavoz y al contexto volátil: el marco dinámico del mundo más allá de sus límites, su tiempo y su lugar en la historia humana. En los espacios abiertos, sin convenciones, que no suponen juicios ni posturas, nuestro camino a seguir es el de un paciente en psicoterapia, que alcanza el discernimiento solo mediante el compromiso libre y honesto, y sin correr el riesgo de ser penalizado. De lo contrario, se recurre a defensas inmaduras: se levantan muros que evidencian que no hay ningún entendimiento, que aíslan nuestros sentimientos; muros que se construyen porque no se da prioridad a un diálogo honesto y libre que comprometa a todos los miembros de la familia humana. Necesitamos ser lo que podríamos ser, para poder descubrir quiénes somos.

No lejos de la superficie, existe una parte nuestra que puede ser violenta con los demás. Existen muchos —demasiados— caminos que conducen a la violencia, con una complejidad social que debemos comprender, pero este quizá sea tema de un libro diferente. Sin embargo, cuando los seres humanos ejercen violencia sobre otros seres humanos, sin una razón obvia, al parecer en beneficio propio, entonces la psiquiatría (y, por tanto, la neurociencia) podría estar tan cerca de la primera línea como cualquier escuela de pensamiento humano. Esta situación suele enmarcarse en la psiquiatría como «trastorno de personalidad antisocial», cuyo significado coincide en gran medida con el de «sociopatía», un término muy utilizado por la sociedad en general. No tenemos respuestas a las preguntas sencillas del ser humano —¿por qué existe este trastorno y qué se puede hacer?—, aunque, al parecer, la necesidad de comprender esta condición es cada vez más urgente.

¿Qué porcentaje de la humanidad es capaz de infligir dolor, o muerte, mostrando un desprecio total por los sentimientos humanos? Las estimaciones varían de manera considerable entre el 1 y el 7 por ciento, según el estudio o la población,[7] tal vez por cuestiones relativas a las escalas de medición y a la varianza de oportunidad, que puede ser lo único que separa los casos activos de aquellos que se encuentran en un estado latente.

En psiquiatría, la definición del trastorno de personalidad antisocial incluye «una pauta de larga duración de desprecio o violación de los derechos de los demás», de modo que los criterios puede cumplirlos una persona que de niño haya sido cruel con los animales y que de adulto haya despreciado la integridad física o psicológica de otros seres humanos. Ambas partes de la historia pueden estar ocultas, pero a menudo salen a la luz con sorprendente facilidad en el examen psiquiátrico, y el psiquiatra cualificado puede llegar a un diagnóstico preliminar con bastante rapidez.

¿Qué hacer con este entre 1 y 7 por ciento, con esta alta cifra y este amplio abanico? ¿Somos buenos de corazón o pecadores por naturaleza? En cualquier caso, existe un argumento de peso para establecer sociedades en las cuales nunca se confíe ni se le otorguen plenos poderes a una persona, con controles a todos los niveles: personal, institucional y gubernamental. Pero incluso con un porcentaje reducido esto significa que la afección está muy arraigada en la población. Parece una carga pesada para nuestra especie que explica gran parte de la historia humana y de la actualidad —aunque se espera que sea menor en el futuro, porque, si no, ¿cómo cabe imaginar un futuro para la humanidad?— a medida que las consecuencias de nuestras acciones se vuelven más globales y permanentes.

Los astrofísicos se plantean una pregunta análoga al pensar en el cosmos: con sus innumerables planetas y sus miles de millones de años, si la transformación tecnológica total de una especie y de un mundo solo requiere unos cientos de años, como sabemos, tan solo un instante, un parpadeo, ¿por qué el universo parece tan tranquilo? Una explicación sencilla es que a la tecnología le sigue muy pronto la extinción.[8] Ninguna restricción institucional ha sido suficiente: al final, las pulsiones que favorecen la supervivencia también impulsan la extinción. La evolución crea una inteligencia que resulta inadecuada para el mundo que la inteligencia crea a su vez.

¿Acaso puede salvarnos una comprensión científica más profunda de la biología? Poco se sabe acerca de la biología de la personalidad antisocial. Existe un componente hereditario[9] (que representa hasta el 50 por ciento), según los estudios realizados en gemelos, y alguna evidencia acerca de un menor volumen de células en la corteza prefrontal, donde operan aspectos de la contención y la sociabilidad. A algunos genes específicos se los ha relacionado con la sociopatía o la agresividad,[10] entre ellos los que codifican proteínas que procesan neurotransmisores como la serotonina en las sinapsis; además, se han observado patrones de actividad cerebral alterados, incluidos algunos cambios en la coordinación entre la corteza prefrontal y las estructuras relacionadas con la recompensa, como el núcleo accumbens. No obstante, seguimos sin contar con una comprensión profunda o con vías de actividad identificadas de manera inequívoca. Todavía abundan las contradicciones en este campo; por ejemplo, no ha habido ningún acuerdo a la hora de determinar si el síntoma principal más relevante es la violencia impulsiva o su polo opuesto, la violencia calculadora y manipuladora. Cada concepción apunta a ideas opuestas para el diagnóstico y el tratamiento.

Sin embargo, la neurociencia moderna ha comenzado a esclarecer los circuitos subyacentes a la violencia dirigida a otro miembro de la misma especie, mediante estudios que, aunque reveladores, rayan en lo profundamente perturbador. En un ejemplo sorprendente de que este tipo de descubrimiento no pudo realizarse con los métodos tradicionales, un grupo de investigadores utilizó roedores para la estimulación eléctrica de una pequeña porción del cerebro de los mamíferos que parece modular la agresión: la parte ventrolateral del hipotálamo ventromedial, o VMHvl. El equipo de investigación no pudo observar respuestas agresivas a pesar de los numerosos intentos de estimulación con un electrodo, quizá porque la VMHvl. es una estructura pequeña rodeada muy de cerca de otras estructuras que, en cambio, provocan medidas defensivas, como la inmovilización o la huida; estas estructuras circundantes o sus fibras también se habrían activado con la estimulación eléctrica de la VMHvl. lo que generó resultados desconcertantes y confusos sobre el comportamiento. Sin embargo, cuando el equipo utilizó la precisión de la optogenética para dirigirse solo a las células de la VMHvl. con una opsina microbiana excitativa, la fotoestimulación de estas células provocó un frenesí de violencia hacia otro ratón[11] de la jaula (un miembro más pequeño y no amenazador de la misma especie y de la misma cepa, que el ratón controlado por optogenética había dejado en paz hasta el momento de encender la luz láser).

El hecho de que se pueda manipular de forma tan instantánea y poderosa la manifestación de la violencia de los individuos apunta a profundas cuestiones de filosofía moral. Cuando enseño optogenética a los estudiantes universitarios, me sorprende su reacción ante los vídeos —revisados por pares académicos y publicados en las principales revistas— del control optogenético instantáneo de la agresión violenta en los ratones. Después de eso, los estudiantes suelen necesitar un periodo de discusión, casi una sesión de terapia, solo para procesar lo que acaban de ver e incorporarlo a su visión del mundo.

¿Qué significa para nosotros que la agresión violenta pueda inducirse de forma tan específica y poderosa tras activar unas pocas células en lo más profundo del cerebro? Como profesor puedo transmitir la idea de que no se trata de un efecto del todo novedoso: durante décadas la agresividad se ha modulado, en mayor o menor grado, mediante estrategias genéticas, farmacológicas, quirúrgicas y eléctricas. No obstante, saber esto parece tener poco valor para los estudiantes en ese preciso momento. Con las intervenciones tradicionales, siempre ha habido un barniz de inespecificidad y efectos secundarios. Por el contrario, cuanto más precisa es una intervención optogenética, en el contexto de una aparente falta de autolimitación, más problemáticas son sus implicaciones y mejor parecen plantearse ciertos enigmas.

¿Y cuáles son con exactitud esos enigmas? La optogenética es demasiado compleja para ser un arma; más bien, la cuestión es lo que los animales parecen decirnos sobre nosotros mismos: el cambio en el comportamiento violento, en cuanto a su potencia, velocidad y especificidad, parece desvinculado de —o ajeno a— las formas en que tratamos de combatir la violencia en nuestra civilización; es decir, estos poderosos procesos de los circuitos neuronales parecen destinados a superar en última instancia las frágiles estructuras sociales establecidas para evitar el desapego moral. ¿Qué se puede hacer? ¿Qué esperanza hay? ¿Qué somos en realidad cuando la violencia asesina puede inducirse en un instante con solo unos cuantos parpadeos eléctricos en unas pocas células?

No obstante, unos pocos estímulos también pueden suprimir la violencia, de modo que ahora al menos hay un camino que seguir: utilizar la optogenética y los métodos relacionados con ella para dilucidar qué células y circuitos suprimen la agresión. Y, aunque no sea práctica o terapéutica de inmediato, esta dimensión del conocimiento basada en la neurociencia nos permite ir más allá de los intensos debates sociales del pasado (al tiempo que construimos sobre lo que ya existe). Ahora podemos empezar a unificar la influencia combinada de los genes y la cultura en un marco concreto y causal. Ahora entendemos lo suficiente sobre la causalidad del comportamiento para ver cómo los elementos de la neurofisiología subyacentes a comportamientos tan complejos como la agresión violenta pueden manifestarse en componentes físicos bien definidos del cerebro: proyecciones dotadas de forma (dirección y potencia) por el desarrollo cerebral, por una parte, y por la experiencia vital aprendida, por otra.

Dado que no controlamos del todo ni nuestro desarrollo cerebral ni nuestra experiencia vital, la naturaleza precisa de la responsabilidad personal por la acción sigue siendo una cuestión interesante y polémica. Una perspectiva de la neurociencia moderna, derivada del tipo de trabajo que se describe en este libro, podría sostener que no existe responsabilidad personal por algunas acciones que involucran al cerebro (como la reacción de sobresalto) porque los circuitos que implican al yo nunca fueron consultados, a diferencia de otros tipos de acción en los que pesan las prioridades y los recuerdos; es decir, en los que se involucra a los circuitos que definen el recorrido de uno por el mundo, como la corteza retrosplenial y la corteza prefrontal. Dado que una frase de este tipo, que describe conceptos causales y medibles, puede escribirse de manera razonable sin utilizar palabras como «consciencia» o «libre albedrío», que son difíciles de cuantificar, es posible que la neurociencia moderna sí pueda avanzar en estas preguntas difíciles, que hasta ahora solo han habitado el fascinante dominio de la disertación filosófica.[12]

Es poco probable que haya un solo sitio en el cerebro que explique la elección de acciones por voluntad propia; de hecho, cada vez podemos abordar mejor los circuitos de distribución más amplia relacionados con la toma de decisiones y la selección de caminos, conforme alcanzamos perspectivas cada vez más amplias sobre la actividad de las células y las proyecciones en todo el cerebro durante el comportamiento. En 2020, el registro de la actividad de las células cerebrales de ratones y seres humanos[13] permitió comprender la construcción del yo a escala de circuito, y ello gracias al estudio del fascinante proceso de la disociación, en el que el sentido interno del yo del individuo se separa de su experiencia física, de modo que el individuo se siente disociado de su propio cuerpo. El yo es consciente de las sensaciones, pero está separado de ellas, ya no se siente dueño ni responsable del cuerpo. Gracias a la optogenética y otros métodos, se descubrió que los patrones de actividad de la corteza retrosplenial (en consonancia con las ideas descritas en la historia de los trastornos alimentarios), así como algunos de los lejanos socios de su proyección, son importantes en la regulación de la naturaleza unificada del yo y su experiencia. Así pues, se puede aceptar que es posible que cualquier acción, y también el yo, tengan un origen diseminado, sin renunciar a la idea del yo como agente real y biológico sujeto a una investigación científica precisa.

Afrontar esta complejidad puede permitirnos con el paso del tiempo comprender y tratar a los antisociales, y sentir empatía por ellos; son personas que pueden tener tanto libre albedrío y responsabilidad personal como cualquier otra, pero que a menudo también pueden ser crueles consigo mismos, con su propio yo, tal vez debido a una forma biológicamente definible de desapego o disociación de los sentimientos propios y ajenos. Como médico, comprender este último rasgo —más que cualquier otro aspecto— me ayuda a preocuparme como debo, y como hago, por estos seres humanos, a pesar de todo.

El futuro de este viaje científico —dado el acelerado progreso que nos permite acceder a todas las células, conexiones y patrones de actividad de las células cerebrales de los animales durante el comportamiento— nos está llevando no solo a entender y tratar nuestro difícil y peligroso diseño, sino también a comprender uno de los misterios más profundos del universo. La pregunta que rivaliza con aquella de «¿Por qué estamos aquí?» es «¿Por qué somos conscientes?».

En 2019 la tecnología optogenética empezó a permitir, de una manera por completo novedosa, el control del comportamiento de los mamíferos; ya era posible no solo controlar las células según su tipo —el caballo de batalla de la optogenética durante los primeros quince años—,[14] sino también la actividad de muchas células concretas, o de determinadas neuronas específicas.[15] En la actualidad, podemos elegir de manera deliberada decenas o cientos de células para el control optogenético,[16] células a las que se selecciona entre millones de vecinas en virtud de su ubicación, su tipo e incluso su actividad natural durante los experimentos.

Este efecto se logró mediante el desarrollo de nuevos microscopios que incluyen los dispositivos holográficos basados en cristales líquidos. Estas máquinas representan un salto enorme, más allá de la fibra óptica, en el uso de hologramas como interfaz entre la luz y el cerebro, y permiten generar una especie de escultura de las complejas distribuciones de la luz incluso en tres dimensiones, para controlar neuronas productoras de opsina durante el comportamiento de un mamífero como el ratón.

En una de las aplicaciones de este método, podemos lograr que animales sumidos en una completa oscuridad se comporten como si estuvieran viendo objetos visuales específicos que hemos diseñado. Por ejemplo, podemos elegir las células que responden de manera natural a las rayas verticales (pero no a las horizontales)[17] en el entorno visual y luego, sin ningún estímulo visual de este tipo, encender optogenéticamente solo esas células con nuestros destellos de luz holográficos, para observar si el ratón actúa como si en realidad hubiera unas rayas verticales. Tanto el ratón como su cerebro se comportan de hecho como si las rayas verticales estuvieran allí; al observar la actividad de muchos miles de neuronas específicas en la corteza visual primaria (la parte de la corteza que recibe primero la información de la retina), podemos ver que el resto de este circuito —con toda la complejidad de su inmenso número de células— actúa como lo hace durante la percepción natural de rayas verticales reales (pero no horizontales).

Ahora nos encontramos en una posición asombrosa: podemos seleccionar grupos de células que se activan de manera natural durante una experiencia y luego (por medio de luz y optogenética unicelular) volver a insertar sus patrones de actividad, pero sin la experiencia; cuando lo hacemos, el animal (y su cerebro) se comportan de una manera en apariencia natural, como lo harían al percibir un estímulo real. El comportamiento animal que discrimina de manera correcta es similar tanto si el estímulo sensorial es natural como si se deriva por completo de la manipulación optogenética; además, la representación interna detallada, en tiempo real y a escala celular de la discriminación sensorial a través de las dimensiones del cerebro también es similar, tanto si el estímulo sensorial es natural como si es solo resultado de la optogenética. Así pues, hasta donde podemos decir (con la ad-

274

vertencia de que nunca sabré lo que otro animal, humano o no, experimenta en realidad de forma subjetiva), lo que hacemos es introducir de forma directa algo que se asemeja a una sensación específica, como definen el comportamiento natural y la representación interna natural.

Nos intrigaba saber cuál era el número mínimo de células que podíamos estimular para imitar la percepción, y descubrimos que bastaba con un puñado: entre dos y veinte células, en función de lo bien entrenado que estuviera el animal. De hecho, bastaron tan pocas células que fue necesario plantear una nueva pregunta: ¿por qué los mamíferos no suelen distraerse por eventos de sincronía fortuita entre unas pocas células que por casualidad tienen una respuesta natural similar, y así engañan al cerebro para que concluya (de manera errónea) que el objeto que estas células están diseñadas para detectar debe estar presente? Esto puede ocurrir en personas con el síndrome de Charles Bonnet; estos pacientes sufren una ceguera que se inicia en la edad adulta y pueden experimentar complejas alucinaciones visuales; el sistema visual parece actuar como si todo estuviera demasiado tranquilo, y trata de crear algo, cualquier cosa, a partir de la interferencia. Traté a un paciente con este síndrome en el hospital de la Administración de Veteranos, un anciano amable, ciego del todo, que tenía visiones muy estructuradas, a menudo de ovejas y cabras inofensivas que pastaban a media distancia. Descubrimos que podíamos reducir sus visiones con un medicamento antiepiléptico llamado «ácido valproico», pero al final le dimos de alta sin ninguna prescripción; se había encariñado con lo que su privada corteza visual había decidido brindarle.

En términos más generales, esta espontánea reacción indeseada —de cualquier parte del cerebro debido a las correlaciones espurias entre unas pocas de sus células— podría ser un principio subyacente a muchos trastornos psiquiátricos, que van desde las alucinaciones auditivas reales de la esquizofrenia hasta las reacciones motoras y los pensamientos involuntarios de los trastornos de tics y el síndrome de Tourette, pasando por las cogniciones fuera de control, como las de los trastornos alimentarios y de ansiedad. El cerebro de los mamíferos se encuentra en un punto cercano, casi peligroso, al nivel en que la interferencia podría escapar para ser tratada como una señal; esta es una idea importante tanto para la neurociencia básica de la variabilidad natural del comportamiento de los mamíferos como para la psiquiatría clínica.

Más allá de la ciencia y la medicina, los rompecabezas filosóficos en torno a la consciencia subjetiva se plantean de repente mejor con este control múltiple de una sola célula. Incluso se ha insuflado nueva vida a los experimentos mentales filosóficos[18] (*Gedankenexperimente*, como habrían dicho los físicos Ernst Mach y Albert Einstein, según una tradición que se remonta al menos hasta Galileo), antiguos en cuanto a su formulación y discusión. La versión modernizada de una vieja historia podría ser la siguiente.

Supongamos que se pudiera controlar (como ocurre con esta nueva forma de optogenética unicelular) el patrón de actividad exacto, durante algún lapso de tiempo, de cada célula del cerebro de un animal capaz de tener una sensación subjetiva —pongamos por caso, de una sensación interna placentera y muy gratificante—, y supongamos que dicho control incluso pudiera guiarse con precisión, al observar y registrar primero esos patrones de actividad en el mismo animal durante la exposición natural a un estímulo real y gratificante, como ya sabemos que se puede hacer en el caso de las percepciones visuales simples en la corteza visual.

Entonces, la pregunta, en apariencia trivial, es: ¿tendría el animal la misma sensación subjetiva? Ya sabemos que tanto el ratón como su corteza visual se comportarán como si hubieran recibido y procesado el estímulo real, pero ¿tendría también el animal la misma percepción interna al experimentar su cualidad más allá de la propia información, como conciencia subjetiva natural, salvo que ahora el patrón de actividad se presenta de manera artificial?

Es importante que se trate de un experimento mental —por supuesto, no podemos conocer a fondo la experiencia subjetiva de otro individuo, ni siquiera de otro ser humano, ni hemos alcanzado aún el control total que aquí se considera—, pero, al igual que el *Gedankenexperimente* original de Einstein que iluminó de forma tan poderosa a la relatividad, este experimento mental nos lleva de golpe a una crisis conceptual, una que, de llegar a ser resuelta en algún momento, podría ser bastante ilustrativa.

El problema es que responder «sí» o «no» a esta pregunta parece en esencia imposible. Decir «no» implica que existe algo en las sensaciones subjetivas además de patrones celulares de actividad cerebral, pues en el experimento mental se nos permite equiparar los patrones precisos de todos los fenómenos físicos que la actividad celular induce, incluidos los neuromoduladores, los eventos bioquímicos y demás, que son las consecuencias naturales de la actividad neuronal. De resultas, no tenemos ningún marco para entender cómo esa respuesta puede ser «no». ¿Cómo pueden hacer las células cerebrales algo más de lo que ya hacen?

Decir «sí» plantea cuestiones igual de inquietantes. Si a todas las células se las controla de manera activa y se produce una sensación subjetiva, entonces no hay razón alguna para que todas las células deban estar en la cabeza del animal. Podrían estar repartidas por todo el mundo y controladas de la misma manera y con la misma sincronización relativa, durante un periodo tan largo como fuera conveniente, y la sensación subjetiva debería seguir produciéndose de algún modo, en algún lugar, de alguna manera, en el animal; un animal que ya no existe de ninguna forma física definida. En un cerebro natural, las neuronas están cerca unas de otras, o conectadas entre sí, solo para influirse de manera mutua. Sin embargo, en este experimento mental las neuronas ya no necesitan influirse; el efecto exacto de lo que habría sido esa influencia, durante cualquier periodo, ya lo está proporcionando el estímulo artificial.

Esta respuesta también parece errónea de manera intuitiva, aunque no estamos seguros de cómo; tan solo parece que no supera una prueba de absurdidad. ¿Cómo y por qué podrían las distintas neuronas repartidas por todo el mundo seguir dando lugar a los sentimientos internos de un ratón o un humano? La pregunta solo es interesante porque estamos considerando una sensación interna. Si, en cambio, dividiéramos una pelota de baloncesto en cien mil millones de partes parecidas a células que se distribuyeran por todo el mundo y fueran controladas por separado para que se movieran como lo harían durante un rebote, no habría ningún debate filosófico sobre si este nuevo sistema siente como si rebotara. Como cabe suponer, la respuesta sería: no más ni menos que la bola original.

Nos queda un problema filosófico, que la optogenética ha enmarcado de forma nítida y clara. Seguro que hay muchos misterios de este tipo sobre el cerebro, tales como la naturaleza de nuestros estados subjetivos internos, que no tienen cabida en los marcos científicos actuales; son preguntas profundas y sin respuesta, pero algunas de ellas, según parece, se pueden plantear ahora como es debido.

Y esos estados subjetivos, llamados «qualia» o «percepciones», no son solo conceptos abstractos o académicos. Son los mismos estados internos que han constituido el foco central de este libro, los que me llevaron por primera vez a la psiquiatría hace años, cada uno de ellos inseparable de su propia proyección a través del tiempo, de los segundos y de las generaciones. Estas experiencias subjetivas subyacen a nuestra identidad común y definen el camino que, juntos, hemos recorrido como humanidad, aunque solo se compartan como historias, en un libro o alrededor de una fogata.

Agradecimientos

Tengo una gran deuda con muchísimas personas que ayudaron a nutrir este trabajo y que me brindaron motivación y energía en los momentos difíciles.

Doy de corazón las gracias a Aronon Adalman, Sarah Caddick, Patricia Churchland, Louise Deisseroth, Scott Delp, Lief Fenno, Lindsay Halladay, Alizeh Iqbal, Karina Keus, Tina Kim, Anatol Kreitzer, Chris Kroeger, Rob Malenka, Michelle Monje, Laura Roberts, Neil Shubin, Vikaas Sohal, Kay Tye, Xiao Wang y Moriel Zelikowsky por sus notas y comentarios, al igual que a mi perspicaz e incansable representante, Jeff Silberman, y a mi editor y redactor, el profundamente reflexivo Andy Ward, cuya confianza en estas historias fue siempre mayor que la mía.

Estoy muy agradecido a todas las personas que compartieron este camino conmigo, al fusionar en algún momento sus historias con las mías.

Autorizaciones

Agradecemos a las siguientes entidades el permiso concedido para la reproducción de material publicado en estas páginas:

La Edna St. Vincent Millay Society c/o The Permissions Company, LLC: «Epitaph for the Race of Man: X», extraído de Edna St. Vincent Millay, *Collected Poems*, © 1934 y 1962 por Edna St. Vincent Millay y Norma Millay Ellis. Reimpreso con permiso de The Permissions Company, LLC en nombre de Holly Peppe, Albacea Literaria, The Edna St. Vincent Millay Society, <www.millay.org>.

Faber and Faber Limited: extracto de «Estrellas en Tallapoosa», extraído de Wallace Stevens, *Collected Poems*. Reimpreso con permiso de Faber and Faber Limited.

Notas

A continuación se ofrece una lista de breves referencias relativas a los antecedentes científicos de cada historia. Todos los artículos son de libre acceso; el enlace se puede copiar y pegar en la barra de búsqueda de un navegador (en un dispositivo con conexión). En el caso de las notas etiquetadas como PMC (abreviatura de PubMedCentral), se debe visitar la página <www.ncbi.nlm.nih.gov/pmc/articles/> y en la barra de búsqueda introducir el identificador digital correspondiente (en el caso de PMC4790845, introduzca 4790845) para leer los artículos en línea o descargarlos en formato pdf de manera gratuita.

PRÓLOGO

1. Trad. cast. extraída de *Finnegans Wake*, trad. de Marcelo Zabaloy, Buenos Aires, El Cuenco de Plata, 2016.
2. <https://en.wikipedia.org/wiki/Hopfield_network>; <https://en.wikipedia.org/wiki/Back propagation>.
3. <https://www.ncbi.nlm.nih.gov/pmc/articles/PMC4790845/>.
4. <https://www.ncbi.nlm.nih.gov/pmc/articles/PMC5846712/>.
5. <https://www.ncbi.nlm.nih.gov/pmc/articles/PMC6359929/>.
6. <https://braininitiative.nih.gov/sites/default/files/pdfs/brain 2025_508c.pdf>; <https://braininitiative.nih.gov/strategic-planning/acd-working-group/brain-research-through-advancing-innovative-neurotech nologies>.

7. <https://www.ncbi.nlm.nih.gov/pmc/articles/PMC4069282/>; <https://www.ncbi.nlm.nih.gov/pmc/articles/PMC4790845/>.

8. <https://www.ncbi.nlm.nih.gov/pmc/articles/PMC4780260/>; <https://www.ncbi.nlm.nih.gov/pmc/articles/PMC5729206/>.

1. EL DEPÓSITO DE LAS LÁGRIMAS

1. Trad. cast. extraída de *Harmonium*, trad. de Julián Jiménez Heffernan, Barcelona, Icaria, 2002.

2. <https://www.ncbi.nlm.nih.gov/pmc/articles/PMC5426843/>.

3. <https://www.ncbi.nlm.nih.gov/pmc/articles/PMC5723383/>.

4. <https://www.ncbi.nlm.nih.gov/pmc/articles/ PMC5100745/>.

5. <https://en.wikipedia.org/wiki/Gorham%27s_Cave>; <https://www.ncbi.nlm.nih.gov/pmc/articles/PMC6485383/>; <https://www.ncbi.nlm.nih.gov/pmc/articles/ PMC5935692/>.

6. <https://www.ncbi.nlm.nih.gov/pmc/articles/PMC6690364/>.

7. <https://www.ncbi.nlm.nih.gov/pmc/articles/PMC4069282/>; <https://www.ncbi.nlm.nih.gov/pmc/articles/PMC3154022/>; <https://www.ncbi.nlm.nih.gov/pmc/articles/PMC3775282/>.

8. <https://www.ncbi.nlm.nih.gov/ pmc/articles/PMC5262197/>; <https://www.ncbi.nlm.nih.gov/pmc/articles/PMC4743797/>.

9. <https://www.ncbi.nlm.nih.gov/pmc/articles/PMC6690364/>.

10. <https://www.ncbi.nlm.nih.gov/pmc/articles/PMC5908752/>.

11. <https://www.ncbi.nlm.nih.gov/pmc/articles/PMC4882350/>; <https://www.ncbi.nlm.nih.gov/pmc/articles/PMC5363367/>.

12. <https://www.ncbi.nlm.nih.gov/pmc/articles/PMC4934120/>; <https://www.ncbi.nlm.nih.gov/pmc/articles/PMC6402489/>.

13. <https://en.wikipedia.org/wiki/Cranial_nerves>.

14. <https://www.ncbi.nlm.nih.gov/pmc/articles/PMC6726130/>.

15. <https://www.ncbi.nlm.nih.gov/pmc/articles/PMC5929119/>.

16. <https://www.ncbi.nlm.nih.gov/pmc/articles/PMC3942133/>.

17. <https://en.wikipedia.org/wiki/Background_extinction_rate>.

18. <https://www.ncbi.nlm.nih.gov/pmc/articles/PMC5161557/>; <https://www.ncbi.nlm.nih.gov/pmc/articles/PMC4381518/>.

2. La primera ruptura

1. \<https://en.wikipedia.org/wiki/United_Airlines_Flight_175>.
2. \<https://www.ncbi.nlm.nih.gov/pmc/articles/PMC3137243/>; \<https://www.ncbi.nlm.nih.gov/pmc/articles/PMC2847485/>.
3. \<https://www.ncbi.nlm.nih.gov/pmc/articles/PMC2796427/>.
4. \<https://www.ncbi.nlm.nih.gov/pmc/articles/PMC4421900/>.
5. \<https://www.ncbi.nlm.nih.gov/pmc/articles/PMC2267819/>; \<https://www.ncbi.nlm.nih.gov/pmc/articles/PMC5474779/>.
6. \<https://www.ncbi.nlm.nih.gov/pmc/articles/PMC5182419/>.
7. \<https://www.ncbi.nlm.nih.gov/pmc/articles/PMC4160519/>; \<https://www.ncbi.nlm.nih.gov/pmc/articles/PMC4188722/>.
8. \<https://www.ncbi.nlm.nih.gov/pmc/articles/PMC4492925/>.
9. \<https://www.ncbi.nlm.nih.gov/pmc/articles/PMC6362095/>.
10. \<https://www.ncbi.nlm.nih.gov/pmc/articles/PMC3856665/>; \<https://www.ncbi.nlm.nih.gov/pmc/articles/PMC2703780/>.
11. \<https://www.ncbi.nlm.nih.gov/pmc/articles/PMC5625892/>.

3. La capacidad de comunicación

1. Trad. cast. extraída de *Discursos premios Nobel*, t. I, trad. de Robert Mintz, 2003.
2. \<https://www.ncbi.nlm.nih.gov/pmc/articles/PMC166261/>; \<https://www.ncbi.nlm.nih.gov/pmc/articles/PMC4467230/>.
3. \<https://www.ncbi.nlm.nih.gov/pmc/articles/PMC4896837/>; \<https://www.ncbi.nlm.nih.gov/pmc/articles/PMC3378107/>.
4. \<https://www.ncbi.nlm.nih.gov/pmc/articles/PMC3016887/>.
5. \<https://www.sciencedirect.com/science/article/pii/S0960982217300593?via%3Dihub>; \<https://www.sciencedirect.com/science/article/pii/S0960982213010567?via%3Dihub>.
6. \<https://www.ncbi.nlm.nih.gov/pmc/articles/PMC5908752/>.
7. \<https://www.ncbi.nlm.nih.gov/pmc/articles/PMC4402723/>; \<https://www.ncbi.nlm.nih.gov/pmc/articles/PMC4624267/>; \<https://www.biorxiv.org/content/10.1101/484113v3>.
8. \<https://www.ncbi.nlm.nih.gov/pmc/articles/PMC4105225/>.

9. <https://www.ncbi.nlm.nih.gov/pmc/articles/PMC6748642/>;
<https://www.ncbi.nlm.nih.gov/pmc/articles/PMC6742424/>.

10. <https://www.ncbi.nlm.nih.gov/pmc/articles/PMC4155501/>.

11. <https://www.ncbi.nlm.nih.gov/pmc/articles/PMC3390029/>.

12. <https://www.ncbi.nlm.nih.gov/pmc/articles/PMC5723386/>.

13. <https://www.ncbi.nlm.nih.gov/pmc/articles/PMC4155501/>.

14. <https://www.ncbi.nlm.nih.gov/pmc/articles/PMC5570027/>;
<https://www.ncbi.nlm.nih.gov/pmc/articles/PMC4836421/>.

15. <https://www.ncbi.nlm.nih.gov/pmc/articles/PMC5126802/>

4. La piel destrozada

1. Trad. cast. extraída de *Sula*, trad. de Mireia Bofill, Barcelona, Plaza & Janés, 2001.

2. <https://en.wikipedia.org/wiki/Germ_layer>.

3. <https://www.youtube.com/watch?v=tRPu5u_Pizk>.

4. <https://www.ncbi.nlm.nih.gov/pmc/articles/PMC4245816/>.

5. <https://www.ncbi.nlm.nih.gov/pmc/articles/PMC6481907/>.

6. <https://www.ncbi.nlm.nih.gov/pmc/articles/PMC4102288/>.

7. <https://www.ncbi.nlm.nih.gov/pmc/articles/PMC3402130/>.

8. <https://www.ncbi.nlm.nih.gov/pmc/articles/PMC5201161/>.

9. <https://www.sciencedirect.com/science/article/pii/S009286
7414012987?via%3Dihub>.

10. <https://www.ncbi.nlm.nih.gov/pmc/articles/PMC5723384/>.

11. <https://www.ncbi.nlm.nih.gov/pmc/articles/PMC5708544/>;
<https://www.ncbi.nlm.nih.gov/pmc/articles/PMC4790845/>.

12. <https://www.ncbi.nlm.nih.gov/pmc/articles/PMC5472065/>.

13. <https://www.ncbi.nlm.nih.gov/pmc/articles/PMC4743797/>.

14. <https://www.ncbi.nlm.nih.gov/pmc/articles/PMC3493743/>.

15. <https://www.ncbi.nlm.nih.gov/pmc/articles/PMC6726130/>.

16. <https://www.ncbi.nlm.nih.gov/pmc/articles/PMC6584278/>.

5. La jaula de Faraday

1. \<https://en.wikipedia.org/wiki/Faraday_cage>.
2. \<https://en.wikipedia.org/wiki/Kalman_filter>.
3. \<https://en.wikipedia.org/wiki/Chebyshev_filter>; \<https://en.wikipedia.org/wiki/Butterworth_filter>.
4. \<https://en.wikipedia.org/wiki/James_Tilly_Matthews>.
5. \<https://www.ncbi.nlm.nih.gov/pmc/articles/PMC4112379/>; \<https://www.ncbi.nlm.nih.gov/pmc/articles/PMC4912829/>.
6. \<https://www.ncbi.nlm.nih.gov/pmc/articles/PMC3494055/.

6. La consumación

1. \<https://www.ncbi.nlm.nih.gov/pmc/articles/PMC6181276/>.
2. \<https://www.ncbi.nlm.nih.gov/pmc/articles/PMC4418625/>.
3. \<https://www.ncbi.nlm.nih.gov/pmc/articles/PMC2907776/>.
4. \<https://www.ncbi.nlm.nih.gov/pmc/articles/PMC5581217/>; \<https://www.ncbi.nlm.nih.gov/pmc/articles/PMC6097237/>.
5. \<https://www.ncbi.nlm.nih.gov/pmc/articles/PMC5937258/>; \<https://www.ncbi.nlm.nih.gov/pmc/articles/PMC4844028/>.
6. \<https://www.ncbi.nlm.nih.gov/pmc/articles/PMC6744371/>.
7. \<https://www.ncbi.nlm.nih.gov/pmc/articles/PMC5723384/>.
8. \<https://www.ncbi.nlm.nih.gov/pmc/articles/PMC6447429/>.
9. \<https://www.ncbi.nlm.nih.gov/pmc/articles/PMC6711472>.
10. \<https://escholarship.org/uc/item/4w36z6rj>.
11. \<https://www.ncbi.nlm.nih.gov/pmc/articles/PMC1157105/>.

7. Moro

1. \<https://en.wikipedia.org/wiki/Vascular_dementia>.
2. \<https://www.ncbi.nlm.nih.gov/pmc/articles/PMC3405254/>.
3. \<https://www.ncbi.nlm.nih.gov/pmc/articles/PMC3903263/>.
4. \<https://www.ncbi.nlm.nih.gov/pmc/articles/PMC5161557/>; \<https://www.ncbi.nlm.nih.gov/pmc/articles/PMC4381518/>.

5. <https://www.ncbi.nlm.nih.gov/pmc/articles/PMC6309083/>.

6. <https://www.ncbi.nlm.nih.gov/pmc/articles/PMC2575050>; <https://www.ncbi.nlm.nih.gov/pmc/articles/PMC4326597/>.

7. <https://www.ncbi.nlm.nih.gov/pmc/articles/PMC2575050/>.

8. <https://www.ncbi.nlm.nih.gov/pmc/articles/PMC6690364/>.

9. <https://www.ncbi.nlm.nih.gov/pmc/articles/PMC3331914/>; <https://www.ncbi.nlm.nih.gov/pmc/articles/PMC6737336/>; <https://www.ncbi.nlm.nih.gov/pmc/articles/PMC4825678/>.

10. <https://en.wikipedia.org/wiki/Hopfield_network>; <https://en.wikipedia.org/wiki/ Backpropagation>.

11. <https://www.ncbi.nlm.nih.gov/pmc/articles/PMC1693150/>; <https://www.sciencedirect.com/science/article/pii/S00928674008 04845?via%3Dihub>; <https://www.ncbi.nlm.nih.gov/pmc/articles/ PMC1693149/>.

12. <https://www.ncbi.nlm.nih.gov/pmc/articles/PMC5318375/>.

13. <https://www.ncbi.nlm.nih.gov/pmc/articles/PMC3154022/>; <https://www.ncbi.nlm.nih.gov/pmc/articles/PMC3775282/>; <https://www.ncbi.nlm.nih.gov/pmc/articles/PMC6744370/>.

14. <https://archive-ouverte.unige.ch/unige:38251>; <https://archive-ouverte.unige.ch/unige:26937>; <https://www.ncbi.nlm.nih.gov/pmc/articles/PMC4210354/>.

15. <https://www.ncbi.nlm.nih.gov/pmc/articles/PMC4069282/>.

16. <https://www.biorxiv.org/content/10.1101/422477v2>.

17. <https://www.ncbi.nlm.nih.gov/pmc/articles/PMC5135354/>.

18. <https://www.nature.com/articles/s41467-020-16489-x/>.

19. <https://www.ncbi.nlm.nih.gov/pmc/articles/PMC6086934/>; <https://www.ncbi.nlm.nih.gov/pmc/articles/PMC6447408/>; <https://www.biorxiv.org/content/10.1101/2020.03.31.016972v2>; <https://www.biorxiv.org/content/10.1101/2020.07.02.184051v1>; <https://www.ncbi.nlm.nih.gov/pmc/articles/PMC5292032/>.

20. <https://en.wikipedia.org/wiki/Moro_reflex>.

EPÍLOGO

1. Trad. cast. extraída de *Finnegans Wake*, trad. de Marcelo Zabaloy, Buenos Aires, El Cuenco de Plata, 2016.

2. <https://www.ncbi.nlm.nih.gov/pmc/articles/PMC5891832>; <https://www.ncbi.nlm.nih.gov/pmc/articles/PMC5462626>; <https://www.ncbi.nlm.nih.gov/pmc/articles/PMC6214371>.

3. <https://www.ncbi.nlm.nih.gov/pmc/articles/PMC4933530/>; <https://www.biorxiv.org/content/10.1101/687368v1>.

4. <https://www.ncbi.nlm.nih.gov/pmc/articles/PMC5723383/>; <https://www.ncbi.nlm.nih.gov/pmc/articles/PMC6340299/>; <https://www.ncbi.nlm.nih.gov/pmc/articles/PMC6317992/>; <https://www.ncbi.nlm.nih.gov/pmc/articles/PMC4160518/>.

5. <https://www.ncbi.nlm.nih.gov/pmc/articles/PMC5723383/>.

6. <https://twitter.com/KyotoPrize/status/1064378354168606721>.

7. <https://www.ncbi.nlm.nih.gov/books/NBK55333/>.

8. <https://en.wikipedia.org/wiki/Fermi_paradox>.

9. <https://www.ncbi.nlm.nih.gov/pmc/articles/PMC6309228/>; <https://www.ncbi.nlm.nih.gov/pmc/articles/PMC5048197/>.

10. <https://www.ncbi.nlm.nih.gov/pmc/articles/PMC2430409/>; https://www.ncbi.nlm.nih.gov/pmc/articles/PMC6274606/>; https://www.ncbi.nlm.nih.gov/pmc/articles/PMC6433972/>; https://www.ncbi.nlm.nih.gov/pmc/articles/PMC5796650/>.

11. <https://www.ncbi.nlm.nih.gov/pmc/articles/PMC3075820/>.

12. <https://www.sciencedirect.com/science/article/pii/S0896627313011355?via%3Dihub>.

13. <https://www.ncbi.nlm.nih.gov/pmc/articles/PMC7553818/>.

14. <https://www.ncbi.nlm.nih.gov/pmc/articles/PMC5296409/>.

15. <https://www.ncbi.nlm.nih.gov/pmc/articles/PMC5734860/>; <https://www.ncbi.nlm.nih.gov/pmc/articles/PMC3518588/>.

16. <https://www.ncbi.nlm.nih.gov/pmc/articles/PMC6447429/>; <https://www.ncbi.nlm.nih.gov/pmc/articles/PMC6711485/>; https://www.biorxiv.org/content/10.1101/394999v1>.

17. <https://www.ncbi.nlm.nih.gov/pmc/articles/PMC6711485>.

18. <https://en.wikipedia.org/wiki/Einstein%27s_thought_experiments>.

Índice alfabético